周　期　表

10	11	12	13	14	15	16	17	18
								2 He ヘリウム 4.003
			5 B ホウ素 10.81	6 C 炭素 12.01	7 N 窒素 14.01	8 O 酸素 16.00	9 F フッ素 19.00	10 Ne ネオン 20.18
			13 Al アルミニウム 26.98	14 Si ケイ素 28.09	15 P リン 30.97	16 S 硫黄 32.07	17 Cl 塩素 35.45	18 Ar アルゴン 39.95
28 Ni ニッケル 58.69	29 Cu 銅 63.55	30 Zn 亜鉛 65.38	31 Ga ガリウム 69.72	32 Ge ゲルマニウム 72.64	33 As ヒ素 74.92	34 Se セレン 78.96	35 Br 臭素 79.90	36 Kr クリプトン 83.80
46 Pd パラジウム 106.4	47 Ag 銀 107.9	48 Cd カドミウム 112.4	49 In インジウム 114.8	50 Sn スズ 118.7	51 Sb アンチモン 121.8	52 Te テルル 127.6	53 I ヨウ素 126.9	54 Xe キセノン 131.3
78 Pt 白金 195.1	79 Au 金 197.0	80 Hg 水銀 200.6	81 Tl タリウム 204.4	82 Pb 鉛 207.2	83 Bi ビスマス 209.0	84 Po ポロニウム 〔210〕	85 At アスタチン 〔210〕	86 Rn ラドン 〔222〕
110 Ds ダームスタチウム 〔281〕	111 Rg レントゲニウム 〔280〕	112 Cn コペルニシウム 〔285〕	113 Nh ニホニウム 〔278〕	114 Fl フレロビウム 〔289〕	115 Mc モスコビウム 〔289〕	116 Lv リバモリウム 〔293〕	117 Ts テネシン 〔293〕	118 Og オガネソン 〔294〕

64 Gd ガドリニウム 157.3	65 Tb テルビウム 158.9	66 Dy ジスプロシウム 162.5	67 Ho ホルミウム 164.9	68 Er エルビウム 167.3	69 Tm ツリウム 168.9	70 Yb イッテルビウム 173.1	71 Lu ルテチウム 175.0
96 Cm キュリウム 〔247〕	97 Bk バークリウム 〔247〕	98 Cf カリホルニウム 〔252〕	99 Es アインスタイニウム 〔252〕	100 Fm フェルミウム 〔257〕	101 Md メンデレビウム 〔258〕	102 No ノーベリウム 〔259〕	103 Lr ローレンシウム 〔262〕

104 番元素以降の諸元素の化学的性質は明らかになっているとはいえない.

有機化学スタンダード

小林啓二・北原　武・木原伸浩 編集

立体化学

木原伸浩 著

裳 華 房

Stereochemistry

by

Nobuhiro KIHARA DR. ENG.

SHOKABO
TOKYO

JCOPY 〈㈳出版者著作権管理機構 委託出版物〉

刊 行 趣 旨

本シリーズは、化学専攻学科のみならず、広く理、工、農、薬、医、各学部で有機化学を学ぶ学生、あるいは高専の化学系学生を対象として、有機化学の2単位相当の教科書・参考書として編まれたものである。

理系の専門科目あるいは専門基礎科目としての有機化学は、「基礎有機化学」、「有機化学Ⅰ」、「有機化学Ⅱ」などの講義名で行われている例が多いように見受けられる。おおかたは、数ある分厚い"有機化学"の教科書の内容を、上記のようないくつかの講義に分散させたシラバスになっているようである。有機化学といってもその中身はたいへん広く、学部によって重点の置き方は違うのかもしれないが…。一方、裾野の広い有機化学の内容をテーマ（分野）別に学習するというのも、有機化学を学ぶ一つの有効な方法であろう。専門科目ではこのようなカリキュラムも設定されているはずである。専門基礎の教育にあっても、このようなアプローチは可能と思われる。以上のような背景を考慮して、有機化学の専門基礎に相当する必須のテーマ（分野）を選び、それぞれについて、いわばスタンダードとすべき内容を盛って、学生の学びやすさと教科書としての使いやすさを最重点に考えて企画したものが本シリーズである。

編集委員はそれぞれ、理学、工学、農学の各学部をバックグラウンドとする教育・研究の経験を豊富にもち、大学の初年度教育にも深くかかわってきている。編集委員のあいだで充分議論を重ね、テーマを選んだ。さらに、編集方針として、次の各点に配慮することにした。

1．対象読者にふさわしくできるだけ平易に、懇切に解説する。
2．記述内容はできるだけ精選し、網羅的でなく、本質的で重要なものに限定し、それらを充分に理解させるように努める。
3．全体を15章程度とし、各章を自己完結させる。これにより、15回の講義を進めやすくする。
4．基礎的概念を充分に理解させるため、各章末に演習問題を設け、また巻末にその解答を載せる。
5．適宜、内容にふさわしいコラムを挿入し、学習への興味をさらに深めるよう工夫する。

原稿は編集委員全員が目を通し、執筆者と相談しながら改善に努めた。さいわい、執筆者の方々のご協力により、当初の目的は充分遂げられたものと確信している。

本シリーズが理系各学部における有機化学の学習に役立ち、学生にとってのよき指針となることを願ってやまない。

「有機化学スタンダード」編集委員会

まえがき

私たちは情報を記録し伝えるために紙を使う。もちろん、有機化学を学ぶときにも紙が使われる。ディスプレイや黒板も重要な道具であるが、いずれも平面的であることには変わりはない。したがって、化学を学ぶときには、紙であれ黒板であれ、平面に書かれた化学式を通して学ぶことになる。

ところが、実際の分子は立体的な形をしている。そして、立体的である（奥行きがある）からこそ、分子は様々な機能を発揮しうるのである。立体化学とは、分子はどのような立体を持つか、分子の持つ立体をどのように（紙の上に）表現するか、分子が立体的であることによってどのような性質が現れるか、など、分子の立体について議論する有機化学の一分野である。

立体的な分子を平面に表して理解するために、多くの工夫がなされてきた。慣れてくれば、紙の上に書かれた分子が立体的に見えてくるが、不慣れな初学者にとってはつまずきやすい分野である。本書では、初学者にも分かりやすいように、多くの例をあげ、また、豊富に立体的な絵を用いた。各章には多くの演習問題が用意されているので、それも利用されたい。また、息抜きとしてだけでなく、立体化学に親しみをもってもらう一助になれば、と、様々なコラムを配置して、立体化学の歴史や豆知識、発展的な話題について触れている。

本書は、本シリーズの他の教科書と同様に、15 コマの授業に対応して 15 章からなる。しかし、章ごとに軽重がある。1 コマで 1 章を守るというのではなく、柔軟に取捨選択していただきたい。

第 1 章で異性体（立体配置）と立体配座異性体について述べたあと、第 2 章から第 4 章では立体配座異性体を取り扱った。第 5 章から第 13 章が本書の中心であり、立体配置とキラリティーおよび光学活性について取り扱った。第 14 章と第 15 章では、立体化学が反応とどのように関係するかを取り扱った。

本書では、できるだけ分かりやすいような記述を心がけたが、分子の立体的な形については「百聞は一見に如かず」である。ぜひとも手元に分子模型を置いて、分子を自分で実際に組み立てながら本書を読んでいただきたい。また、授業で本書を利用される先生は、分子模型を使いながら授業を進めていただきたい。最終的には紙に書かれた分子の立体が分かるようにならなければならないにせよ、具体的なイメージがあるのとないのとでは大違いだからである。

2017 年 10 月

木原 伸浩

目　次

第1章　異性体と立体配座異性体

第2章　ニューマン投影図・アンチとゴーシュ

第3章　シクロヘキサン・アキシアルとエクアトリアル

第4章　シクロアルカン

第5章　シスとトランス、シンとアンチ

第6章　キラリティー

第7章　エナンチオマーとジアステレオマー

第8章　ラセミ体およびメソ体とラセモ体

第9章　順位規則

第10章　*EZ* 表示法・*RS* 表示法

第11章　フィッシャー投影式・DL 表示法

第12章　光学活性と旋光度

第13章　光学純度とエナンチオマー過剰率

第14章　ワルデン反転

第15章　トランス脱離

COLUMN

第1章　異性体と立体配座異性体

本章では分子の形を決める要因について学ぶ。分子の機能は分子のもつ官能基だけでなく、その形で決まる。分子の形には、何らかの結合を切断しなければ変わらない立体配置と、結合を回すだけで変わる立体配座の二つがある。立体配置が違うものは異性体といい、原子のつながりが異なる構造異性体と、原子のつながりは同じで立体が異なる立体異性体がある。分子の形を表現するための方法についても学ぶ。

1・1　分子の形

有機化学という日本語はorganic chemistryの訳語である。Organicとは「生命の」という意味で、「機」という漢字は動き＝生命力を表す。私たち生物が「生きる」という働きをすることができるのは、私たちの体の中で「有機」化合物が働くからである。体の中の数百万種の有機化合物は、それぞれがそれぞれあるべき位置にあり、それぞれがそこで行われるべき反応を行う。それが「生きている」ということである。

それぞれの有機化合物がどこにいて何をするかは、その有機化合物の分子の「形」によって決まる。有機化合物はその「形」が収まる場所にいる。そして、その有機化合物がどのような反応をするかは、その「形」で決まる。したがって、有機化学を理解するためには、有機化合物がどのような「形」をしているかを理解する必要がある。

分子の形のことを「立体」といい、その化学を「**立体化学**」という。分子に形があるのは有機化合物だけのことではなく、無機化合物にも「立体」がある。本書では有機化合物の立体だけを扱うが、有機立体化学を学べば、無機化合物の立体[*1]についてもそのほとんどが理解できる。

立体化学　stereochemistry

＊1　$PtCl_2(NH_3)_2$という白金化合物には

$$\begin{matrix} Cl & & NH_3 \\ & Pt & \\ Cl & & NH_3 \end{matrix} \quad と \quad \begin{matrix} Cl & & NH_3 \\ & Pt & \\ H_3N & & Cl \end{matrix}$$

という二つの形がある。前者は抗がん剤として利用されるが、後者にはそのような働きはない。このような無機化合物の形は、1・5節で扱う幾何異性体に対応する。

有機化合物の形は

1．原子間にどのような結合がつくられているか

2．原子間の結合がどちらの方向を向いているか

の二つの要因で決まる。

1・2　異性体

次ページの**図1・1**に示すように、C_2H_6Oという分子式をもつ有機化合物には、原子間でどのような結合がつくられるかによって、二つの形がある。

このうち、**1-1**は常温常圧で気体であるのに対し、**1-2**は常温常圧で液体であり、匂いも異なる。このように、同じ分子式でも異なる結合をもつ化合物は異なる性質をもち、**1-1**と**1-2**は「**異性体**」であるという。異性体は、

異性体　isomer：
iso＝異なるように見えて同じ、mer＝もの

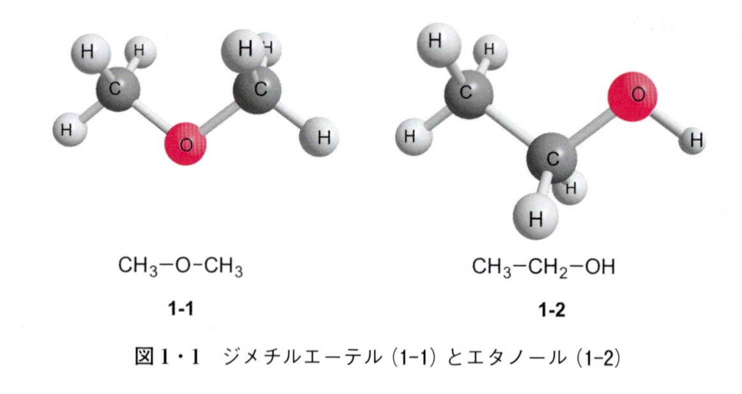

図1・1 ジメチルエーテル(1-1)とエタノール(1-2)

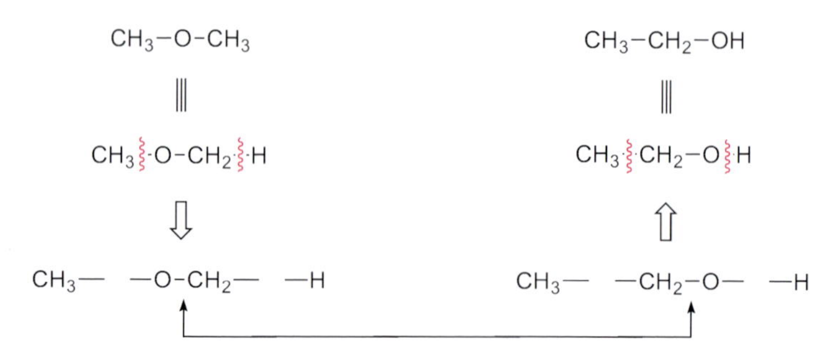

図1・2 ジメチルエーテルとエタノールを入れ換えるには結合の切断が必要

結合をいったん切断して入れ換えなければ、互いに移り変わることができない(**図1・2**)。このことを、「異性体は**立体配置**が異なる」と表現する。

立体配置 configuration

図1・3に示す**A**と**B**は、見かけは異なるがどちらも**1-2**である。**A**と**B**は**1-2**を図1・1とは異なる形で書いたものであり、**1-2**の異性体ではない。異性体でないものは分子を回したりひっくり返したりすることで互いに重ね合わせることができる。

異性体には、**1-1**と**1-2**のように、炭素骨格や官能基など、どの原子にどの原子が結合しているかという、「原子のつながり」そのものが異なる異性体(構造異性体)と、原子のつながりは同一で、立体が異なる異性体(立体異性体)の2種類がある(**図1・4**)。本書で取り扱うのは主に立体異性体の方である。

構造異性体 structural isomer

1・3 構造異性体

「原子のつながり」が異なる異性体は**構造異性体**と呼ばれる。構造異性体の中で、**官能基**(**置換基**)*2の位置だけが異なる異性体は**位置異性体**と呼ばれる。4ページの**図1・5**に示すように、C_3H_8Oという分子式をもつ有機化合物には三つの異性体**1-3**、**1-4**および**1-5**がある。このうち、**1-4**と**1-5**は官能基(ヒドロキシ基OH)が共通で、その結合している炭素が違う

*2 有機化合物は一般に「炭素が鎖状あるいは環状につながった母体鎖と、それに結合する原子団」という形をしている。母体鎖に結合している原子団のことを置換基(substituent)と呼ぶ。複雑な置換基では、置換基がさらに母体鎖と置換基でできている場合もある。その置換基が分子の性質(酸性・塩基性、反応性など)を決めるような働きをもっているとき、その置換基を官能基(functional group)と呼ぶ。

位置異性体 regioisomer：regio＝場所

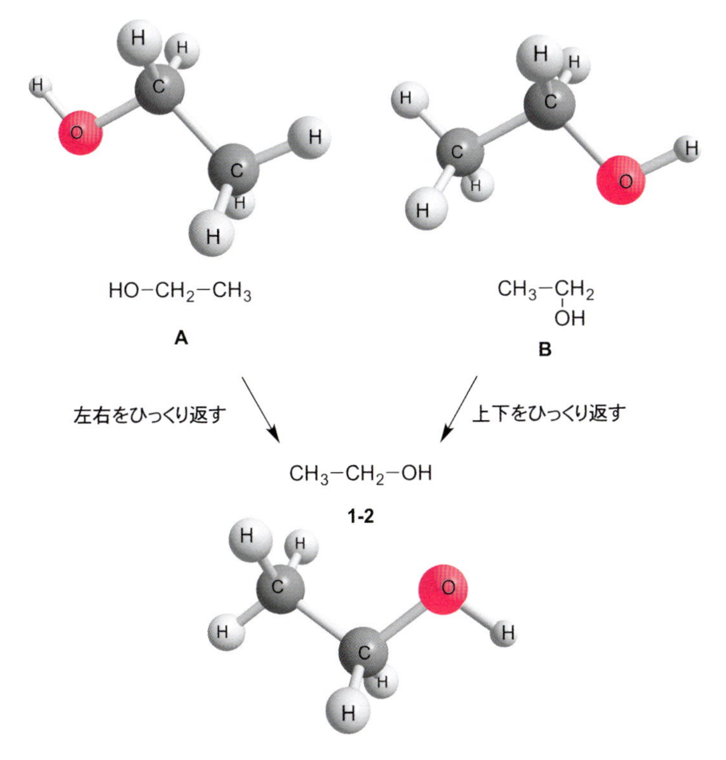

図1・3　同一の分子は重ね合わせることができる

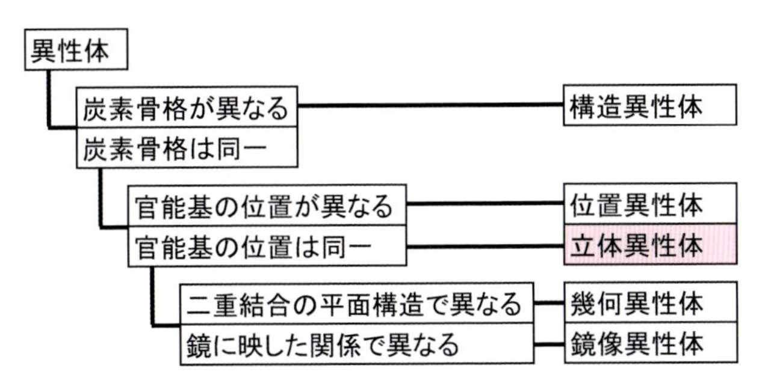

図1・4　異性体の分類（本書では主に立体異性体を扱う）

だけなので互いに位置異性体である。なお、**C** は **1-4** と同一の化合物であり位置異性体ではない。

1・4　立体異性体

「原子のつながり」が同一であるにもかかわらず、立体が異なり、互いに移り変わることができない異性体は**立体異性体**と呼ばれる。立体異性体には、二重結合が回転できないことに基づく立体異性体（**幾何異性体**）と、鏡に映した左右の関係にある立体異性体（**鏡像異性体**）がある。

立体異性体 stereoisomer：stereo ＝ 立体

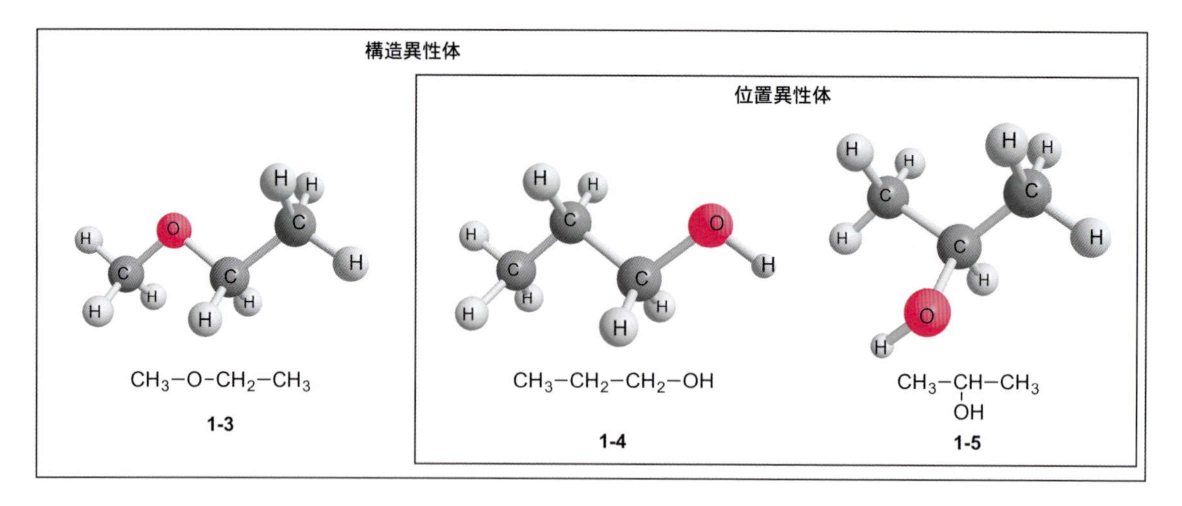

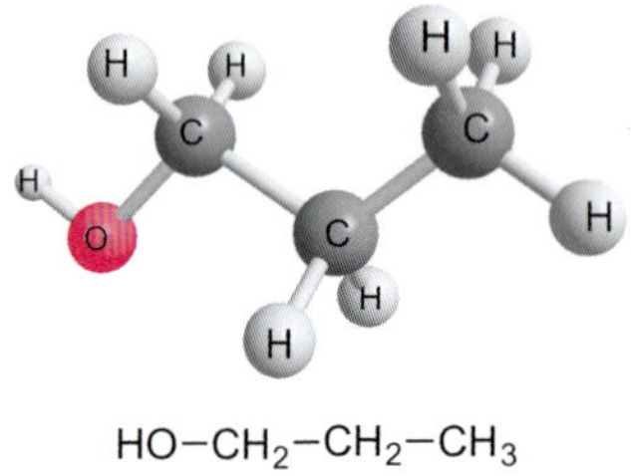

図1・5 C_3H_8O の異性体

1・5 幾何異性体

二重結合に含まれる二つの炭素原子と、それに結合する四つの原子は常にすべて同一平面上にある。二重結合は常に平面構造をとるため、二重結合は回転することができない（**図1・6**）。

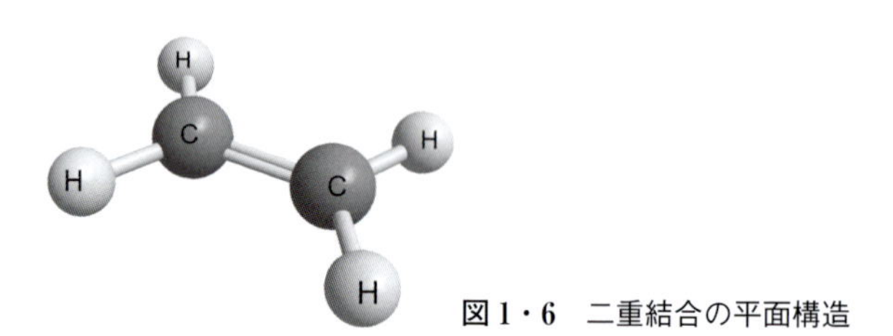

図1・6 二重結合の平面構造

図1・7 に示すように、$C_2H_2Cl_2$ という分子式をもつ有機化合物には、三つの異性体 **1-6**、**1-7** および **1-8** がある。このうち、**1-6** は、**1-7** および **1-8** と炭素骨格は同一であるが、塩素原子と炭素原子のつながりが異なるので位置異性体である。**1-7** と **1-8** では、それぞれの炭素原子には H と Cl が一つずつ結合しており、「原子のつながり」は同一である。しかし、二重結

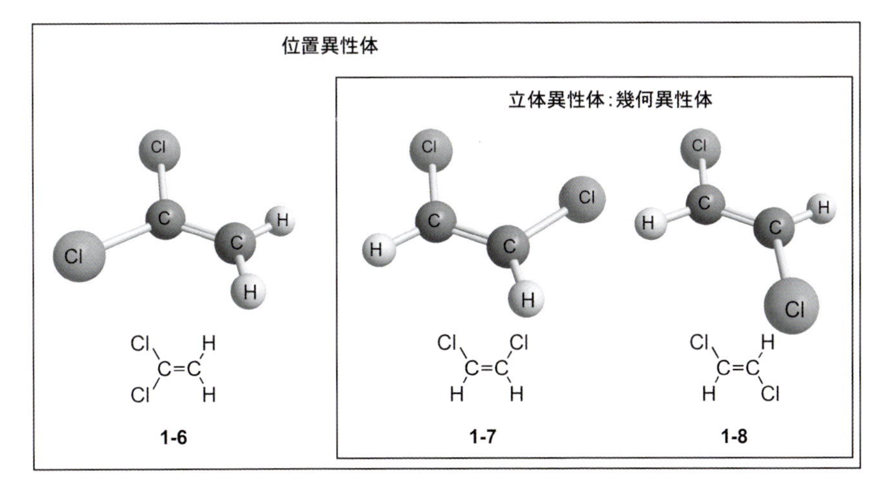

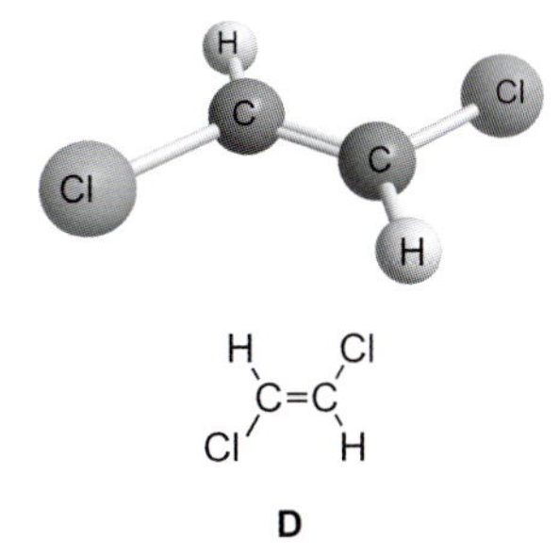

図1・7 $C_2H_2Cl_2$ の異性体

合が回転できないので 1-7 と 1-8 は互いに移り変わることができず、異性体の関係にある。すなわち、二重結合を回転させずに 1-7 を 1-8 に変えようとするなら、C-Cl 結合をいったん切断し、同じ炭素上の C-H 結合も切断して入れ換えなければならない。このように、二重結合が回転できないことに基づく立体異性体を**幾何異性体**と呼ぶ[*3]。

1・6 鏡像異性体

4 本の単結合をもつ飽和炭素原子[*4]では、4 本の単結合の先を結ぶと正四面体となる（**図1・8**）。炭素原子は正四面体の中央にいる。この四面体構造は強固なため、飽和炭素原子上の結合が入れ換わるようなことは起こらない。

次ページの**図1・9** に示すように、C_2H_4BrCl という分子式をもつ有機化合物には、三つの異性体 1-9、1-10 および 1-11 がある。このうち、1-9 は、1-10 および 1-11 と炭素骨格は同一であるが、塩素原子と臭素原子の炭素原子とのつながりが異なるので位置異性体である。1-10 と 1-11 では、一つの炭素原子に H と Cl と Br と CH_3 が一つずつ結合しており、「原子のつ

幾何異性体 geometrical isomer

＊3 シス-トランス異性体ともいう（5・1 節）。どのように名付けるかは第 10 章で学ぶ。

飽和炭素原子 saturated carbon atom

＊4 二重結合や三重結合には、他の原子を付加させることができる。したがって、二重結合や三重結合中の炭素原子は、まだ原子を受け入れることができるということになる。このような状態を不飽和（unsaturated）であるという。それに対して、単結合のみをもつ炭素原子には、それ以上原子が結合できない。このような状態を飽和（saturated）であるという。

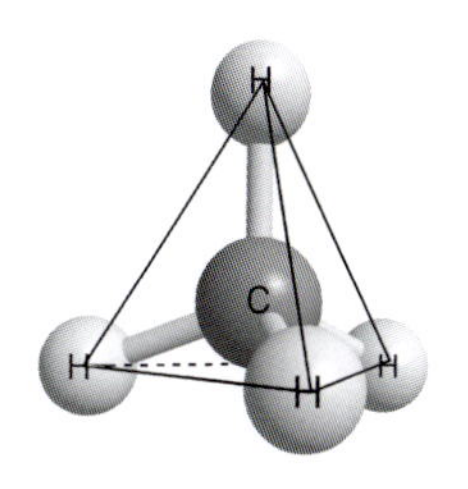

図1・8 飽和炭素原子の四面体構造

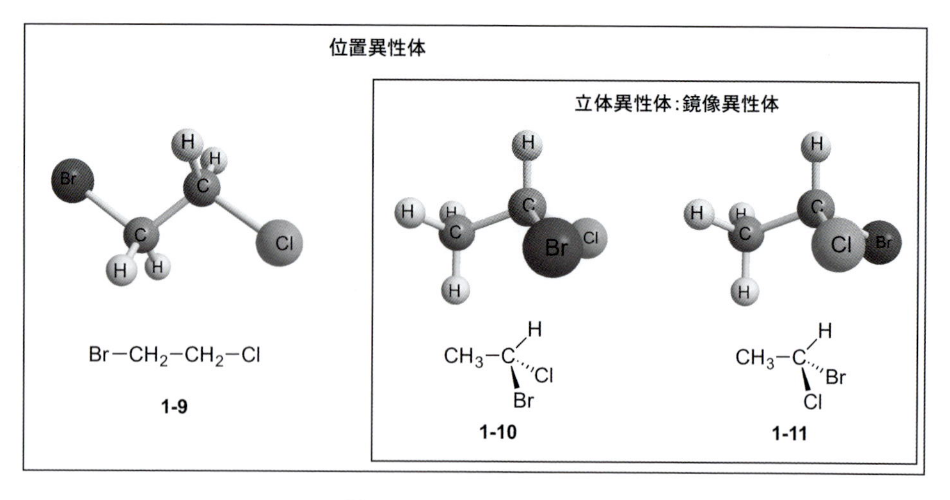

図1・9 C_2H_4BrCl の異性体

ながり」は同一である。しかし、**1-10** と **1-11** は互いに重ね合わせることができないので異性体である。飽和炭素原子上の結合は入れ換わらないので、**1-10** を **1-11** に変えようとするなら、C-Cl 結合をいったん切断し、C-Br 結合と入れ換えなければならない。

1-10 と **1-11** は互いに鏡に映した関係にあり、**1-10** を鏡に映すと **1-11** に重ね合わせることができるようになる。すなわち、**1-10** と **1-11** を重ね合わせることができないのは、右手と左手が違っており、右手と左手を重ね合わせることができないのと同じ理由である。このように、鏡に映した関係にある立体異性体を**鏡像異性体**と呼ぶ*5。

鏡像異性体
mirror-image isomer あるいは enantiomer（この用語については第7章で学ぶ。各異性体をどのように名付けるかは第10章で学ぶ。）

*5 鏡像異性体のことを光学異性体（optical isomer）とも呼ぶ。これは、鏡像異性体が互いに反対の光学活性を示すからである。光学活性については第12章で学ぶ。

1・7 破線・くさび表記

鏡像異性体を紙の上に書き表すためには、紙という平面の上で立体が分かるように、すなわち、ある結合が紙の手前に向かっているのか、紙の奥に向かっているのか、明示して表現する必要がある。

ある結合が紙の手前に向かっているとき、結合を「くさび」で表す（遠近法をイメージすればよい）。逆に、結合が紙の奥に向かっているときには結合を「破線」で表す（奥がかすんでいるイメージをもてばよい）。図1・9には**破線・くさび表記**で **1-10** と **1-11** を表現している。破線・くさび表記には見る方向によっていろいろな書き方がありえる。**図1・10** には **1-10** の破線・くさび表記のごく一部を示した。どれもすべて **1-10** である（確認してみよう！）。

破線・くさび表記
dash-wedge drawing

通常、破線やくさびは、有機化合物の母体鎖（最も長い炭素鎖）から、どちら側に置換基が出ているか、という形で用いる。母体鎖に含まれる C-C 結合には原則として破線・くさびを適用しない。たとえば、**図1・11** に示

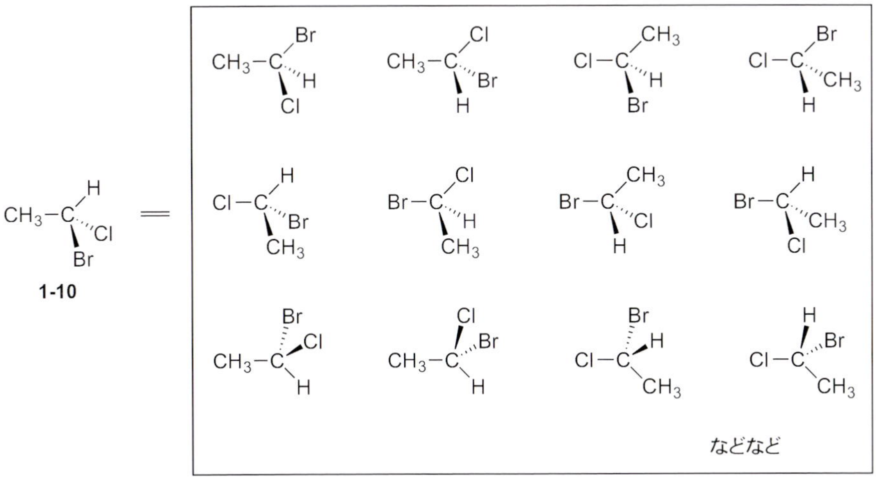

1-10 ＝ （破線・くさび表記の各種構造式）　などなど

図 1・10　破線・くさび表記による様々な 1-10 の表現

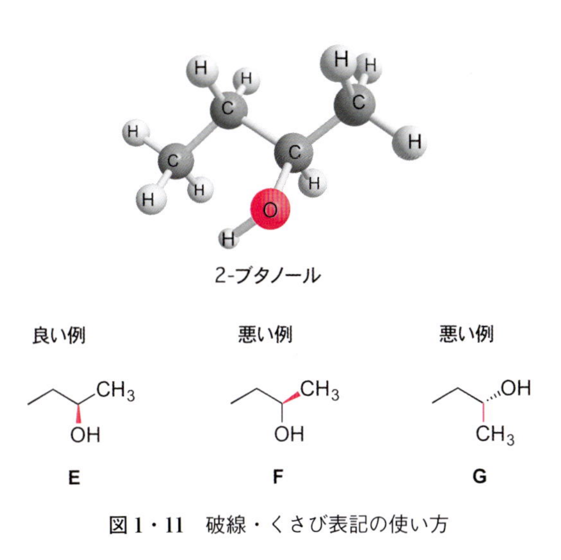

図 1・11　破線・くさび表記の使い方

した 2-ブタノールの鏡像異性体の立体を表すときには、**E** のように書き、**F** のような書き方はしない。

有機化合物の構造を書くときには、母体鎖をできるだけ左右に伸ばすように書く習慣がある。2-ブタノールの場合なら、**G** のような書き方はしない。

これ以後、立体異性体は破線・くさび表記を用いて表すことにする。

1・8　立体配座異性体

二重結合と異なり、単結合は自由に回転することができる。そのため、単結合には幾何異性体は存在しない。しかし、単結合の回転に伴い分子の形は変化する。たとえば、次ページの**図 1・12** に示すように、**1-9** は C–C 結合の回転に伴ってその形を変えていく。

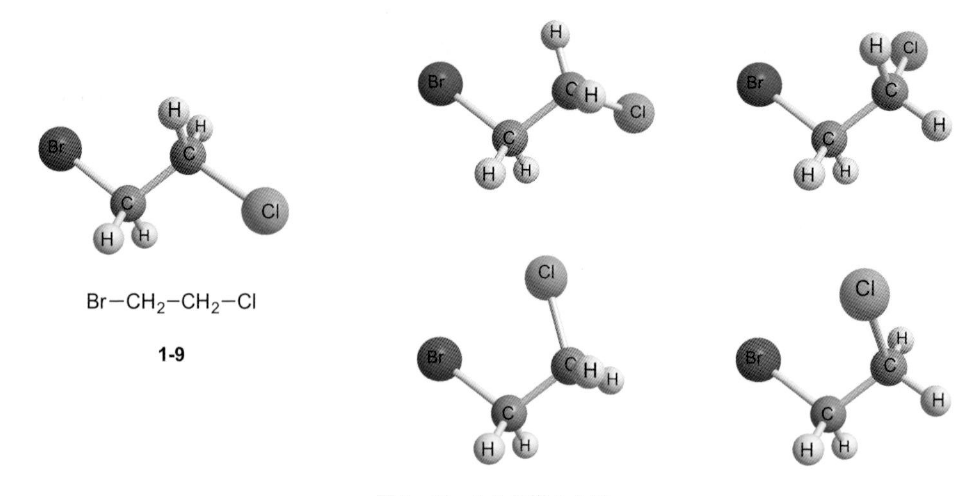

Br−CH_2−CH_2−Cl

1-9

図1・12　1-9の様々な形

このように、単結合の回転に伴って形が変化したとき、「**立体配座**が変化した」と表現する*6。立体配座が異なるものを**立体配座異性体**と呼ぶ。日本語には異性体という文字が入るが異性体ではない。立体配座異性体は、同一分子であるが、見た目の形が異なるものである。

立体配座 conformation

*6　本書では「立体配座」の用語を用いたが、英語のconformationをそのまま用いてコンホメーションと呼ぶことも多い。

立体配座異性体 conformer

立体配座異性体は破線・くさび表記で表すことができる。たとえば、図1・12に示した**1-9**のそれぞれの立体配座異性体は、**図1・13**のように破線・くさび表記を用いて表すことができる。

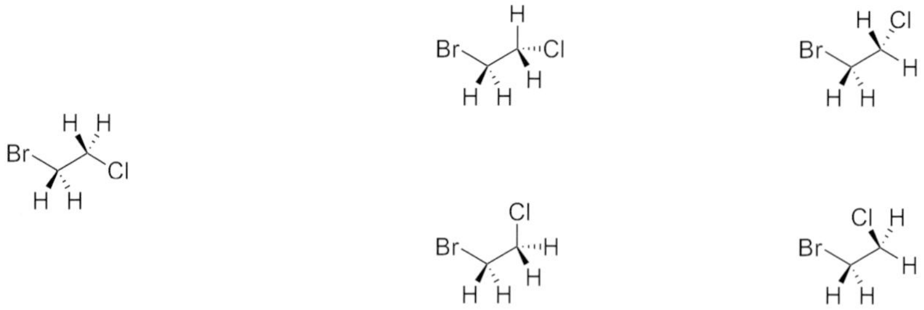

図1・13　1-9の立体配座異性体

演習問題

1・1　次のそれぞれの異性体をすべて書け。

(a) 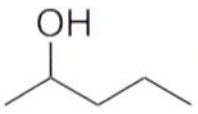　OH の位置異性体

(b) 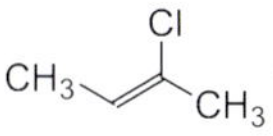　CH_3 Cl CH_3 の位置異性体

(c) 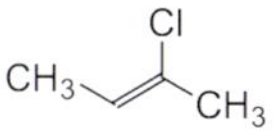　CH_3 Cl CH_3 の立体異性体

(d) 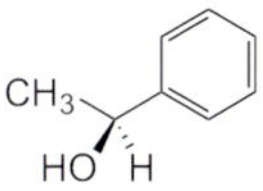　CH_3 HO H の立体異性体

1・2　C_4H_8 の異性体は全部で 6 個ある。すべての異性体の構造を書け。その中で、幾何異性体の関係にあるものはどれか。

1・3　C_5H_{10} の異性体は全部で 12 個ある。すべての異性体の構造を（必要に応じて破線・くさび表記を用いて）書け。その中で、幾何異性体の関係にあるものはどれか。鏡像異性体の関係にあるものはどれか。

1・4　C_3H_6O の異性体は全部で 11 個ある（そのすべてが実際に存在するわけではない）。すべての異性体の構造を（必要に応じて破線・くさび表記を用いて）書け。その中で、幾何異性体の関係にあるものはどれか。鏡像異性体の関係にあるものはどれか。

1・5　次の化合物について、立体配置が分かるように破線・くさび表記を用いて構造式を書け。

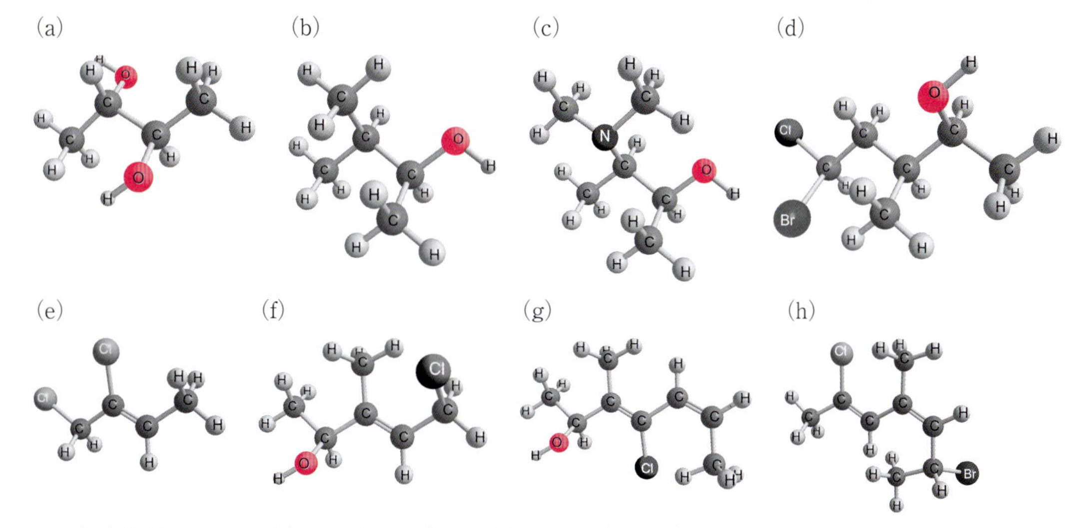

1・6　化合物群の中から（a）**1-12** と同じもの、（b）**1-12** の位置異性体、および、（c）**1-12** の立体異性体 をすべて選べ。

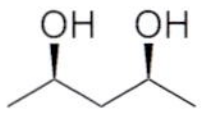

OH OH

1-12

【化合物群】

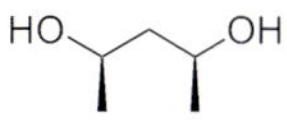

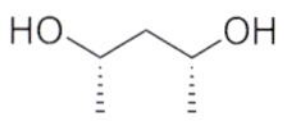

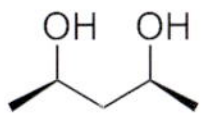

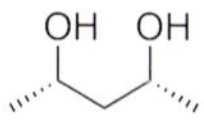

HO　OH　　HO　OH　　HO　OH　　HO　OH

OH OH　　OH OH

1・7　各問の左の化合物に対して、立体異性体であるもの、立体配座異性体であるものをそれぞれ選べ。

(a)

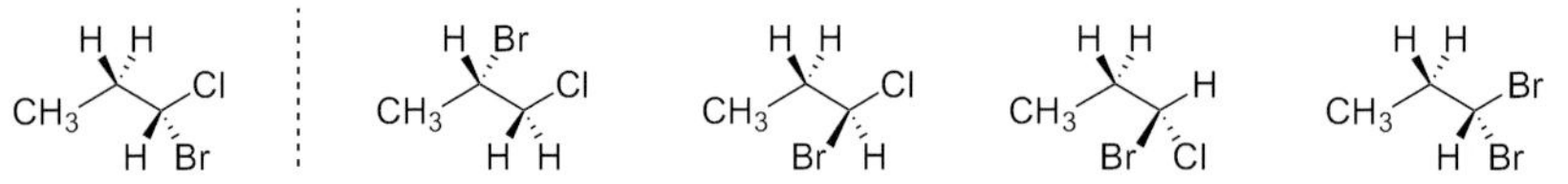

H H, CH_3, Cl, H Br ┆ H Br, CH_3, Cl, H H　H H, CH_3, Cl, Br H　H H, CH_3, H, Br Cl　H H, CH_3, Br, H Br

(b)

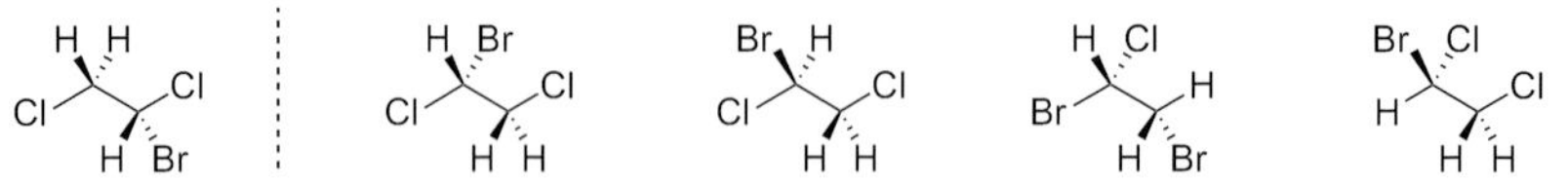

H H, Cl, Cl, H Br ┆ H Br, Cl, Cl, H H　Br H, Cl, Cl, H H　H Cl, Br, H, H Br　Br Cl, H, Cl, H H

(c)

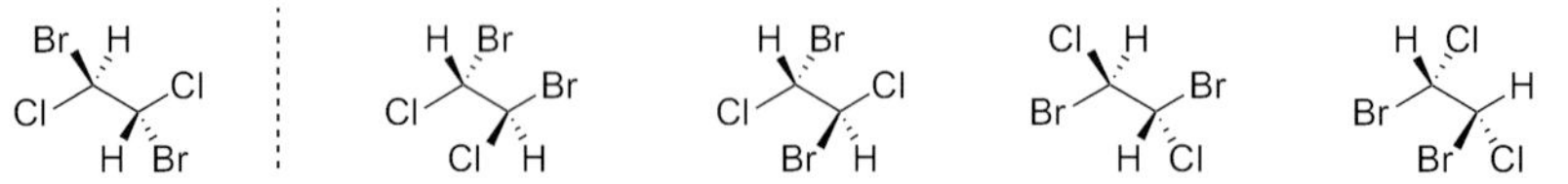

Br H, Cl, Cl, H Br ┆ H Br, Cl, Br, Cl H　H Br, Cl, Cl, Br H　Cl H, Br, Br, H Cl　H Cl, Br, H, Br Cl

(d)

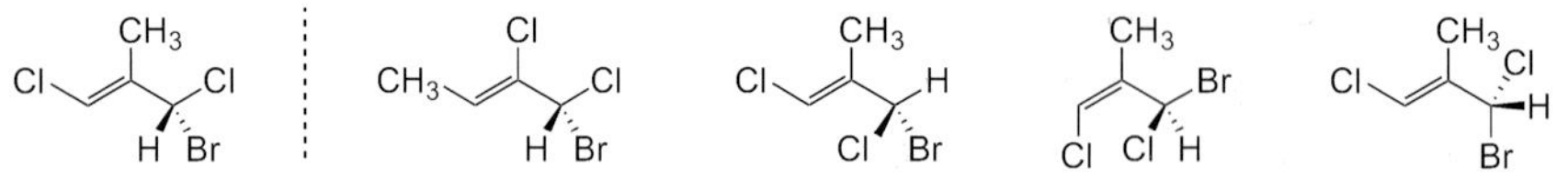

CH_3, Cl, Cl, H Br ┆ Cl, CH_3, Cl, H Br　CH_3, Cl, H, Cl Br　CH_3, Br, Cl, Cl H　CH_3, Cl, Cl, H, Br

(e)

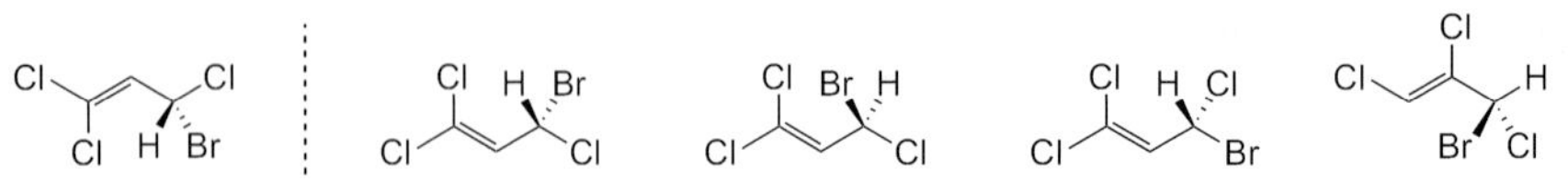

Cl, Cl, Cl, H Br ┆ Cl, H Br, Cl, Cl　Cl, Br H, Cl, Cl　Cl, H Cl, Cl, Br　Cl, Cl, H, Br Cl

(f)

Cl, Cl, Cl, H Br ┆ Cl, Cl, Cl, H Br　Cl Br, Cl, H, Cl　Cl, Br, H, Cl, Cl　Br H, Cl, Cl, Cl

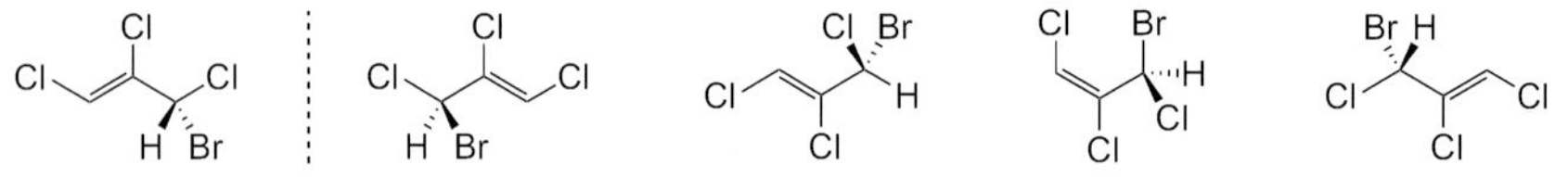

COLUMN 結合を直線で表した式

立体化学を議論するときに、分子の構造が正しく書けることが前提となっている。本書では、分子の立体を表現するのに、基本的に結合を直線で表す式を用いる。分子の立体に注目して分子の形を表現するときには、余計な情報がない分、通常の構造式より分かりやすいからである。

結合を直線で表した式の使い方については本シリーズの『基礎有機化学』を参照していただきたいが、不慣れな読者のために、結合を直線で表すときのルールと注意点についてまとめておくこととしよう。

ルール 1：炭素は角で表し表記は省略する

省略のない構造式

結合を直線で表した式

良い例

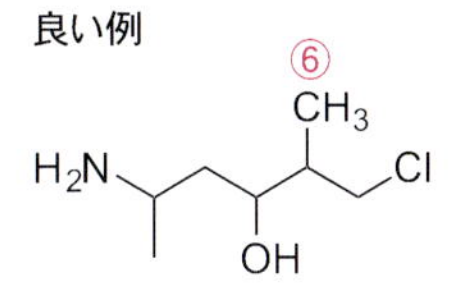

悪い例

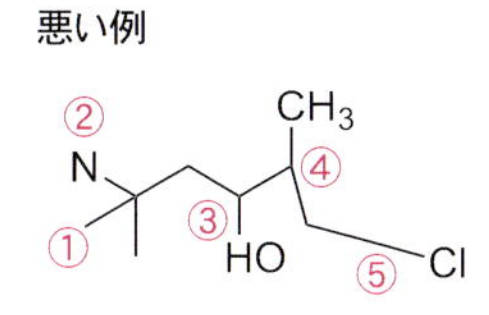

図 1 結合を直線で表した式

ルール 2：炭素に付いている水素は（結合の線ごと）省略する

注意点（**図 1**）

- 水素だけ省略して結合を残すとメチル基に見えるので、水素といっしょに結合の線も省略する ①
- 炭素以外に付いた水素を省略してはいけない ②
- 結合する原子に対して線を引く（C は O と結合していて、H とは結合していない）③
- 結合の角度はできるだけ 120° となるように書く ④
- 結合の線の長さを等しくするように書く ⑤
- その方が分かりやすいときにはメチル基を CH_3 と書く ⑥

結合を直線で表した式の前提は、炭素の手の数が 4 である（カチオンやアニオンなどの電荷も手の数のうちに入る）ことである。水素が省略されているため、この前提をうっかりすると、とんでもない構造を書いてしまうことがある（特にイオン構造であるとき）ので注意すべきである。本当に慣れるまでは、反応点近傍の水素を省略せずに、すべて表記しておかないと間違える。

長い炭素鎖の末端に置換基を置くときに、うっかり結合を忘れると炭素数が少なくなってしまう（**図 2**）。構造式を書いたら炭素数を確認する習慣をつけるとよい。

$CH_3-CH_2-CH_2-CH_3$ ⟹（□の炭素にClを付ける）$CH_3-CH_2-CH_2-CH_2Cl$

（□の炭素にClを付ける）⟹ Cl

ではなく

Cl

図 2 結合を忘れると…

第2章 ニューマン投影図・アンチとゴーシュ

本章では、立体配座の表し方と、代表的な立体配座異性体について学ぶ。第1章で学んだように、立体配座は破線・くさび表記法でも表すことができるが、ニューマン投影図を用いると分かりやすく表現することができる。立体配座としては、ねじれ形の立体配座が安定である。ねじれ形の置換基の位置関係には、アンチ形とゴーシュ形の二つの立体配座異性体がある。二つの状態の間のエネルギー差が、それぞれの状態にある分子の割合を決める。その割合はボルツマン分布と呼ばれる。

2・1 ニューマン投影図

エタン ethane

図2・1に示すように、**エタン**には炭素－炭素結合の回転に応じた様々な立体配座異性体がありうる。第1章では、立体配座異性体を破線・くさび表記法で表すことを学んだが、このような立体配座のわずかな違いは、破線・くさび表記法ではきちんと表すことができない。

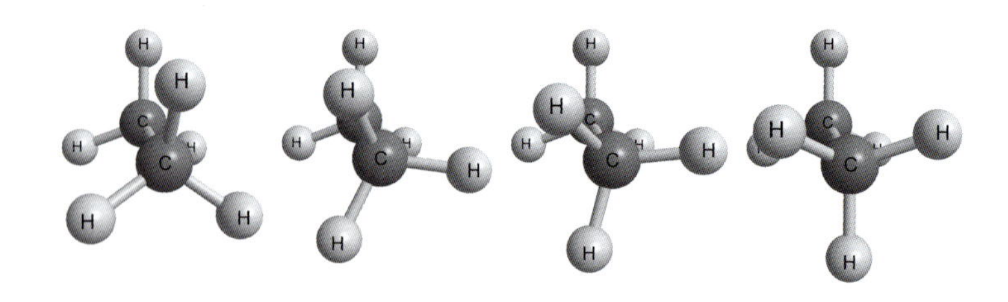

図2・1 様々なエタンの立体配座異性体

そこで、それぞれの立体配座を表すために、注目する結合について、その一方の方向から眺めることにする。ただし、単に眺めた通りに図を書くと、奥に置いた原子が手前の原子に隠れて見えなくなる。そこで、遠近法を逆にして、奥の原子を大きな円として書く。手前の原子は点に縮めてしまう。このようにして立体配座を模式的に表す図が**ニューマン投影図**[*1]である（**図2・2**）。

ニューマン投影図 Newman projection

*1 ニューマン投影式とも呼ばれる。立体配置や立体配座を表すための方法として、1955年にM. Newmanによって提案された。

炭素上の結合は四面体形となるので（1・6節 図1・8参照）、炭素化合物をある結合に沿って眺めると、残りの結合は120°ずつ均等に配置される。ニューマン投影図は、炭素化合物の立体を反映するものなので、それぞれの結合が120°になるように書く。エタンの場合であるならば、手前の炭素にも、奥の炭素にも三つずつ水素が付いているので、それぞれの水素が120°に広がっているように書く。

それぞれの結合が、互いに120°となっているため、エタンには**図2・3**の**A**と**B**の二つが代表的な立体配座として存在し、他の立体配座はその間に

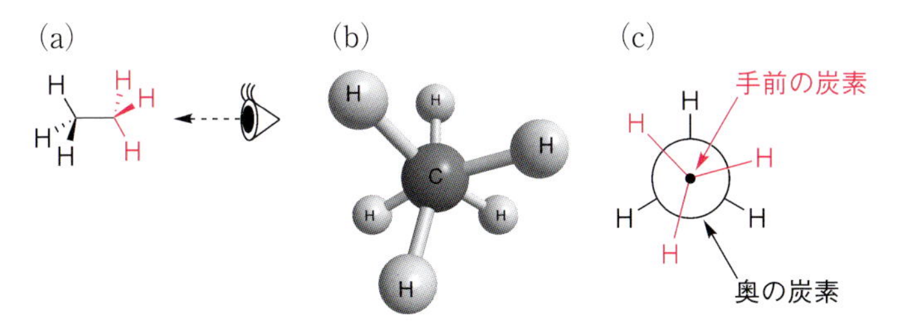

図 2・2 エタンのニューマン投影図
(a) エタンを C-C 結合の方向から眺める (b) 実際に眺めた様子
(c) 奥に隠れている炭素原子を拡大し、手前の炭素を点に縮めた図
= ニューマン投影図

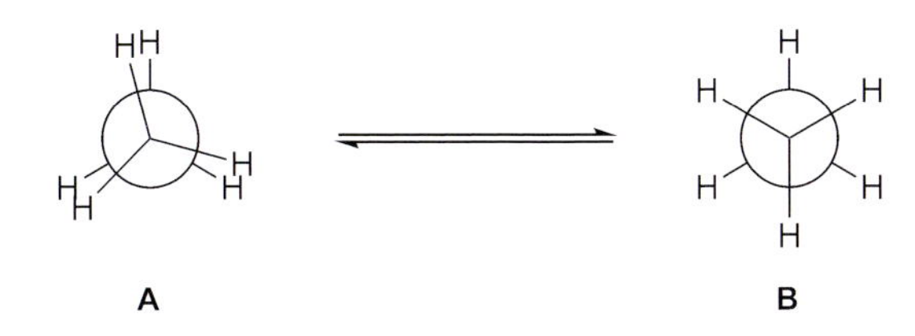

図 2・3 エタンの重なり形立体配座 (A) とねじれ形立体配座 (B)

あることになる。A の立体配座を**重なり形立体配座**と呼び、B の立体配座を**ねじれ形立体配座**と呼ぶ。重なり形立体配座を正しく書くと、手前の炭素に付いた水素で奥の炭素に付いた水素が隠されてしまう。そこで、わずかにずらして書き、奥の水素が見えるようにする。ただし、ずらすときも、それぞれの結合が互いに 120° のままとなるように注意する必要がある。

重なり形立体配座
eclipsed conformation

ねじれ形立体配座
twisted conformation

2・2 立体配座異性体とエネルギー

エタンに見られた重なり形立体配座とねじれ形立体配座は、有機化合物に基本的な立体配座である。エタンでは炭素－炭素結合についての立体配座であるが、炭素－窒素結合や炭素－酸素結合など、どのような単結合にも同様の立体配座が存在する。

ある単結合で、重なり形とねじれ形の両方の立体配座をとることができる場合、分子は重なり形を避け、ねじれ形になろうとする。ねじれ形は重なり形よりも安定であり、エネルギーが低いために、分子はより安定なねじれ形をとろうとするのである。重なり形とねじれ形の間は連続的に変化するので、エタンの炭素－炭素結合を少しずつ回していったときのエネルギー (ΔE) の変化を書くと**図 2・4** に示したようになる。ΔE が大きいほど不安定である。このように、分子の何らかの変化に伴うエネルギーの変化を示した図を**エネルギーダイヤグラム**という。図 2・4 では、奥の炭素原子を固定して、手前の炭素原子を回している。分かりやすいように、手前の

エネルギーダイヤグラム
energy diagram

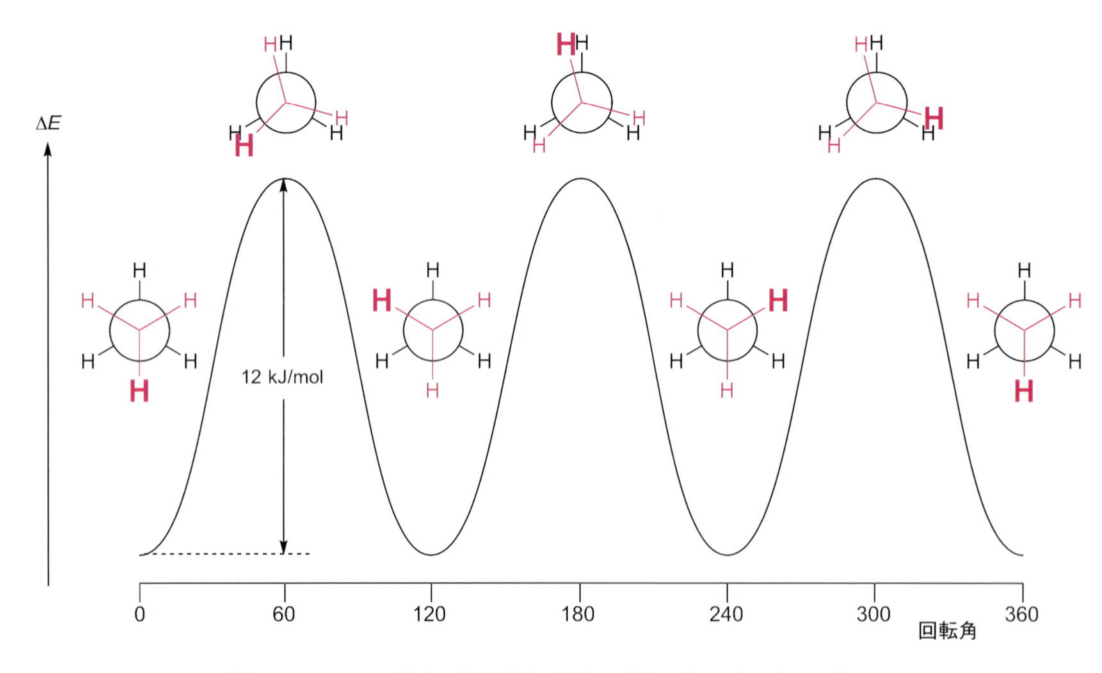

図2・4 エタンの炭素－炭素結合の回転に伴うエネルギーダイヤグラム

炭素原子に付いた水素の一つを太字で示している。

エネルギーダイヤグラムを見ると明らかなように、重なり形はエネルギーの頂上になる。そのため、エタンが重なり形の立体配座にあると、その分子は立体配座を変え、ねじれ形に滑り落ちようとする。結局、エタンは基本的にねじれ形で存在する。熱などの形でエネルギーを受け取ると、重なり形に向けて立体配座を変えていくが、エネルギーが足りなければねじれ形に滑り落ちる。エネルギーが足りれば重なり形に到達できるが、重なり形はエネルギーの頂上であるため、やはりねじれ形に滑り落ちる。

遷移状態 transition state

活性化エネルギー activation energy

重なり形がエネルギーの頂上にあることは、重なり形が**遷移状態**に対応することを意味している。エタンはねじれ形の間を行き来しており、ねじれ形と重なり形の間のエネルギー差が**活性化エネルギー**に相当する。この値は12 kJ/molであり、室温で分子がもつエネルギーに比べて充分に小さい。そのため、エタンはねじれ形の立体配座の間を自由に行き来している。しかし、それでも重なり形がエネルギーの頂上であることは変わらない。エタンは炭素－炭素結合が滑らかに回転しているのではなく、120°ごとのぎくしゃくした（しかも、行きつ戻りつの）回転をしている。単結合の周りでの自由回転は、常にこのように不連続なものである。

もし、エタンの分子のもつ熱エネルギーが12 kJ/molよりも小さいと、ねじれ形にあるエタンの分子は重なり形になることができず、炭素－炭素結合は回転できなくなる。ねじれ形と重なり形の間のエネルギー差の12 kJ/molは、エタンの分子の回転における「壁」のようなものである。このことから、このエネルギー差は**回転障壁**とも呼ばれる。

回転障壁 rotation barrier

2・3　アンチとゴーシュ

ブタンの C2–C3 の間の単結合の自由回転に基づく立体配座をニューマン投影図で書くと、ブタンには**図 2・5** に示した三つのねじれ形の立体配座異性体 **C**、**D**、**E** があることが分かる。重なり形立体配座はエネルギーの頂点であるので、この三つの立体配座がブタンのとる代表的な立体配座である。図 2・5 には、ブタンの三つの立体配座異性体とともに、C2–C3 の結合の回転に伴うエネルギーダイヤグラムを示す。立体配座はニューマン投影図で表しているが、分かりやすいように、C1 と C4 のメチル基は強調して表している。

ブタン butane
$\overset{1}{C}H_3$–$\overset{2}{C}H_2$–$\overset{3}{C}H_2$–$\overset{4}{C}H_3$

三つの立体配座異性体のうち、**D** と **E** はいずれも C1 と C4 のメチル基が 60° をなしている。このように、手前の原子上の置換基と奥の原子上の置換基が 60° の角度をなしているとき、二つの置換基の関係を**ゴーシュ**(曲がった、ゆがんだ) と呼ぶ。**D** と **E** は互いに鏡に映した関係にある。**D** は手前のメチル基から見て奥のメチル基が右側にあるのに対して、**E** では手前のメチル基から見て奥のメチル基が左側にある。角度は右回りを ＋ 側にとるという規則があり、**D** は (＋)-ゴーシュ、**E** は (−)-ゴーシュとして区別される。

ゴーシュ gauche

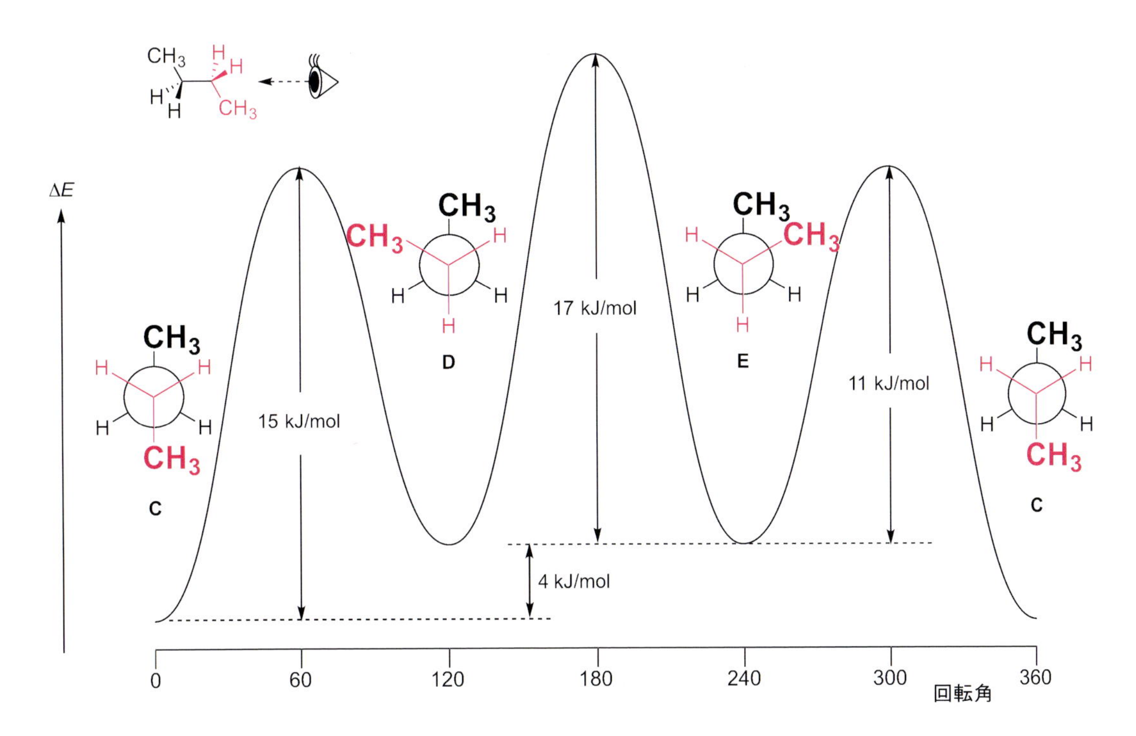

図 2・5　ブタンの立体配座とエネルギーダイヤグラム

COLUMN　分子のもつエネルギーと活性化エネルギー

エタンの炭素−炭素結合は室温では速やかに回転している。それは、ねじれ形の立体配座の間を移り変わるときの活性化エネルギー（ねじれ形と重なり形の間のエネルギー差に相当する）が 12 kJ/mol で、この値はエタンが室温でもつエネルギーに比べて充分に小さいからである。では、実際にどの程度小さいのだろうか。

分子は一つの自由度当たり平均して (1/2) RT のエネルギーをもっている。ただし、R は気体定数、T は温度である。エタンの分子で、炭素−炭素結合の回転は一つの自由度である。したがって、エタンの分子が炭素−炭素結合の回転に分配している熱エネルギーは室温（約 300 K）で約 1.2 kJ/mol となる。この値は活性化エネルギーの 1/10 しかない。これではエタンの分子のもつ回転のエネルギーが小さすぎて、ねじれ形の間を移り変わることは不可能であるかのように見える。

しかし、ここで注意しなければならないのは、1.2 kJ/mol というのは平均値であって、分子一つひとつを見れば 12 kJ/mol 以上のエネルギーをもつ分子もありうる、ということである。

では、どれほどの分子が 12 kJ/mol 以上のエネルギーをもつだろうか？　ボルツマン分布（2・4 節）を利用すると、300 K では分子全体のうち 0.8 % が 12 kJ/mol 以上のエネルギーをもつことが分かる。このことは、120 分子に一つは、別の言い方をすれば、120 回に 1 回は回転に成功することになる。

つまり、回転はまれにしか起こらない。しかし、分子の動きは極めて速いので、人間の目には（分子に比べてゆっくりとした測定では）エタンの炭素−炭素結合は非常に速やかに回転しているように見えるのである。

C の立体配座では C1 と C4 のメチル基が 180° の関係にある。このように、手前の原子上の置換基と奥の原子上の置換基が 180° の角度をなしているとき、二つの置換基の関係を**アンチ**（反対の）と呼ぶ。

アンチ anti

ブタンでは、ゴーシュの立体配座に比べてアンチの立体配座の方が 4 kJ/mol 安定である。これは、アンチでは反対側に離れていた二つのメチル基が、ゴーシュでは隣り合うことによる**立体反発**が原因であると考えられている。メチル基による立体反発は回転障壁にも影響を及ぼしている。ブタンの C2-C3 の回転障壁は、アンチ → ゴーシュで 15 kJ/mol となっており、エタンでの回転障壁より大きい。ゴーシュ → ゴーシュの回転障壁は 17 kJ/mol とさらに大きくなっている。これは、遷移状態では二つのメチル基が重なる立体配座となるので、立体反発がさらに大きくなるからである。

立体反発
steric hindrance あるいは
steric repulsion

ただし、どのような化合物でもゴーシュよりもアンチが安定なわけではない。たとえば、1,2-ジフルオロエタン **2-1** ではアンチ（**F**）よりもゴーシュ（**G**）が安定である（**図 2・6**）。立体配座の安定性は立体反発だけで決まるわけではなく、置換基の性質にも大きく影響される*2。

*2　1,2-ジフルオロエタンの安定な配座がゴーシュであるのは、置換基の電子的効果の影響の方が立体的な効果よりも大きいためである。しかし、この「電子的な効果」が具体的に何であるかはよく分かっていない。化学（に限らないが）ではしばしば、起こることは分かっているが、その理由がよく分からない現象が存在する。

$F{-}CH_2{-}CH_2{-}F$

2-1

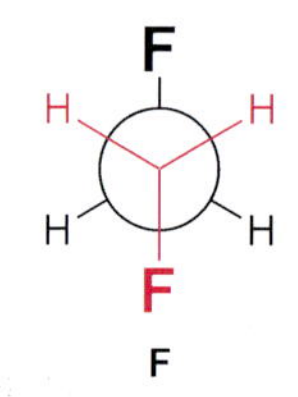

F　H　F　H　H　H　H
G

図 2・6　1,2-ジフルオロエタンのアンチ形（**F**）およびゴーシュ形（**G**）の立体配座

2・4 ボルツマン分布

アンチとゴーシュのように、ある分子に複数の立体配座が存在する場合、その分子がそれぞれの立体配座にある割合（確率）は、立体配座異性体の間のエネルギー差に応じて決まる。

ある分子に **X** と **Y** の二つの立体配座があり、**X** が **Y** よりも ΔE 安定である（エネルギー差が ΔE）とする。**X** と **Y** の間には一般に式（2・1）のような平衡が成立している。

$$\mathsf{X} \overset{K}{\rightleftharpoons} \mathsf{Y} \qquad (2 \cdot 1)$$

この平衡反応の平衡定数 K は ΔE によって式（2・2）のように表すことができる。

$$K = \frac{[\mathsf{Y}]}{[\mathsf{X}]} = e^{-\frac{\Delta E}{RT}} = \exp\left(-\frac{\Delta E}{RT}\right) \qquad (2 \cdot 2)$$

ここで、[**X**] は **X** の濃度、[**Y**] は **Y** の濃度、R は気体定数[*3]、T は温度、e は自然対数の底である。e を底とする指数関数 e^x は、しばしば見やすいように $\exp(x)$ と書かれるので、式（2・2）には両方の形で書いてある。式（2・2）で表される、二つの状態のエネルギー差と存在割合との関係を**ボルツマン分布**と呼ぶ[*4]。R は温度 T をエネルギーに換算する換算係数であるので、ボルツマン分布の式は、温度 T で分子のもつエネルギーが ΔE より何倍大きいかによって、**X** と **Y** の間の分布の割合が決まることを表している。ΔE が大きくなると、より不安定な立体配座 **Y** の割合は、文字通り指数関数的に少なくなっていく。

ブタンの場合、アンチの立体配座はゴーシュの立体配座よりも 4 kJ/mol 安定であるので、25 ℃では、アンチとゴーシュの間の平衡定数はボルツマン分布から 0.20 となる。したがって、ブタンは 25 ℃で、72 %がアンチの立体配座で、14 %が (+)-ゴーシュで、14 %が (−)-ゴーシュで存在している[*5]。(+)-ゴーシュと (−)-ゴーシュはエネルギーが等しいので（$\Delta E = 0$）、存在割合は等しい（$K = 1$）。

*3 R の値は 8.314 J/mol・K である。

ボルツマン分布
Boltzmann distribution

*4 分子の間に特別な相互作用がなく、単純に「エネルギーの高い分子ほど存在割合は低い」と仮定したときに、分子のエネルギーとその割合を表したもの。T という温度がもつエネルギーは RT である。T が大きくなっても ΔE は変わらないので、T が大きくなると相対的に ΔE が小さくなったように見える（$\Delta E/RT$ が小さくなる）。そのため、ΔE 以上のエネルギーをもつ分子の割合が増える。

*5 $0.14/0.72 \fallingdotseq 0.20$
$0.14 + 0.14 + 0.72 = 1.00$

演習問題

2・1 次のそれぞれの分子について、太線で示した結合の回転によって生じる、すべてのねじれ形の立体配座を、ニューマン投影図で表せ。ただし、同じものは一つに数える。

(a) CH_3—CH_2OH

(b) $ClCH_2$—CH_2Cl

(c) CH_3—$CH(CH_3)_2$

(d) $ClCH_2$—$CH(CH_3)_2$

(e) $ClCH_2$—$CH(OH)CH_3$

2・2　次のそれぞれの分子について、すべての単結合がねじれ形の立体配座をしているとき、分子がとりうる立体配座の総数を答えよ。

(a) $(CH_3)_2CH{-}CH_2{-}CH_3$

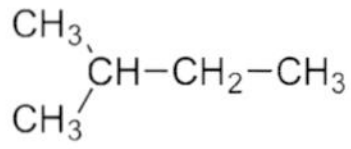

(b) $CH_3{-}CH_2{-}CH_2{-}CH_2{-}CH_3$

(c) $CH_3{-}CH_2{-}CH_2{-}CH_2Cl$

(d) $CH_3{-}CH(CH_2Cl){-}CH_2{-}CH_3$

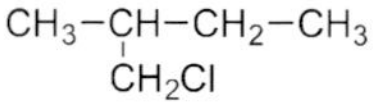

2・3　1-プロパノールの C1-C2 の結合の回転に伴うエネルギーダイヤグラムは図のようになっている。エネルギーダイヤグラムの山と谷の立体配座をニューマン投影図で示せ。

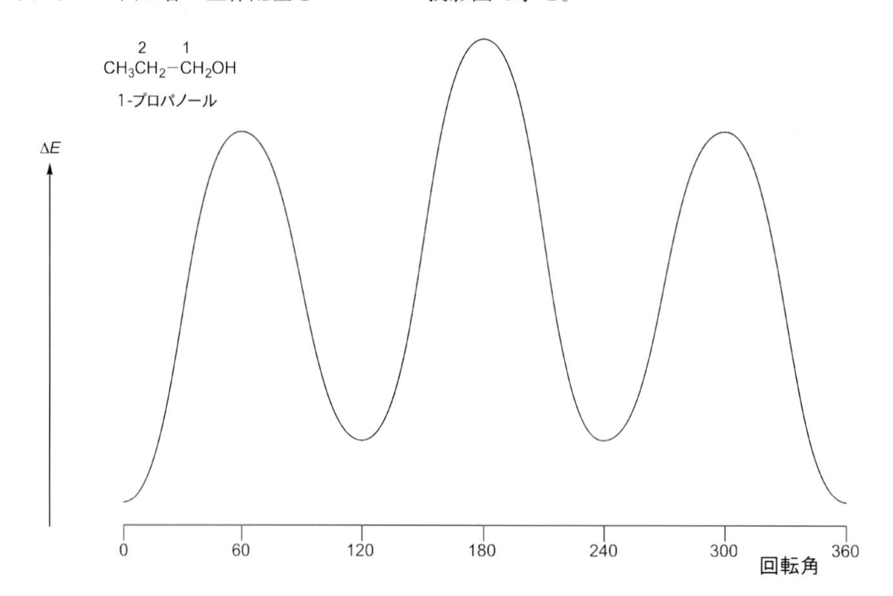

2・4　酸素や窒素を含む化合物でも、非共有電子対を加えてニューマン投影図で表すことができる。たとえばメタノールのねじれ形の立体配座は

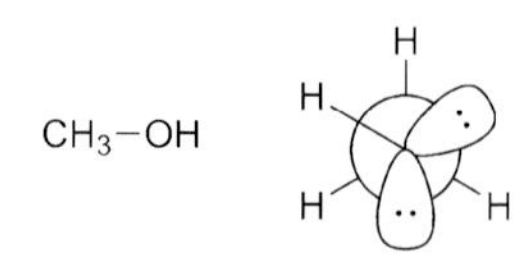

のように表すことができる。次のそれぞれの化合物の太線で示した結合について、すべてのねじれ形の立体配座をニューマン投影図によって表せ。

(a) HO**−**OH

(b) $HO{-}NH_2$

(c) $CH_3{-}NHCH_3$

(d) $(CH_3)_2CH{-}OCH_3$

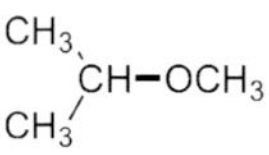

2・5　式 (2・2) を用いて、次のそれぞれの温度での、ブタンのアンチとゴーシュの立体配座の存在比を求めよ。ただし、気体定数 R の値は 8.314 J/mol・K である。

(a) 0 K　　(b) 127 ℃ (400 K)

仮想的に、温度が無限に高くなったとしたら、アンチとゴーシュの立体配座の存在比はどうなるだろうか。

第3章 シクロヘキサン・アキシアルとエクアトリアル

本章ではシクロヘキサンの立体配座を学ぶ。シクロヘキサンの立体配座は、その形からいす形と呼ばれる。いす形立体配座では、置換基はアキシアル（軸方向）とエクアトリアル（赤道方向）のどちらかの方向を向く。いす形立体配座は反転して逆向きのいす形立体配座に変換される。これに伴い、アキシアルの置換基はエクアトリアルに、エクアトリアルの置換基はアキシアルに向く。置換基はエクアトリアルに向いた方が安定である。

3・1 シクロヘキサンの立体配座

シクロヘキサンは、構造式で書くと六角形の平面構造をしているように見える。しかし、実際に分子模型を使ってシクロヘキサンを組み上げてみると、C–C–C 結合は約 109.5° で 120° よりもだいぶ小さいので、シクロヘキサンを平面にすることはできない。そして、**図 3・1** に示した 2 種類の立体配座異性体 **A** と **B** を組むことができる。

シクロヘキサン cyclohexane

分子模型だけでは、この二つの立体配座のうちどちらが正しいかを判断することはできない。しかし、それぞれの立体配座異性体について、ニューマン投影図を書くときのように炭素－炭素結合に沿って見ていくと、**A** の立体配座ではすべての結合がねじれ形立体配座で、ゴーシュになっているのに対し、**B** の立体配座では、二つの重なり形立体配座が混じっていることが分かる（図 3・1 の「横から見た図」）。分子模型では、重なり形の立体配座の不安定性を表すことができないため、実際には不安定で出現しない **B** の立体配座が組み上がってしまうのである。

シクロヘキサンの正しい立体配座 **A** は、その形から**いす形**立体配座と呼ばれる。いす形立体配座を平面の紙の上に書くときには、横から見たよう

いす形 chair form

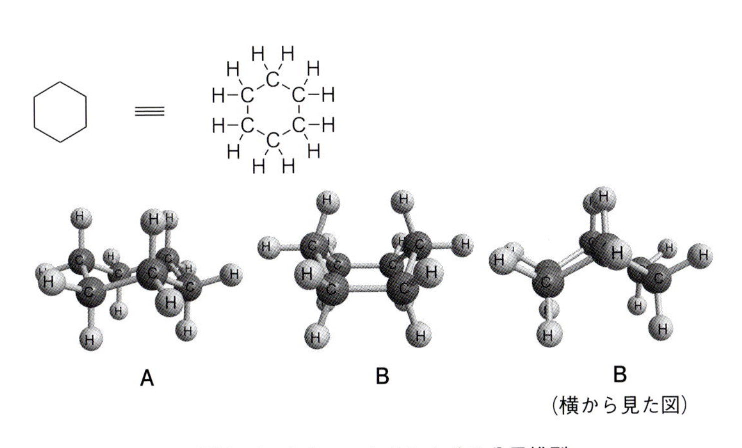

図 3・1 シクロヘキサンとその分子模型

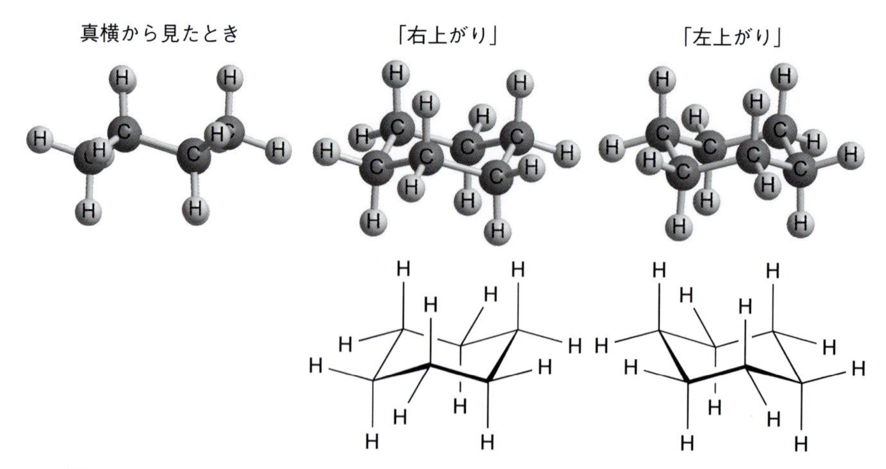

図3・2 シクロヘキサンの書き方（この図では、分かりやすいように手前の結合を少し太くして書いてあるが、通常は太くしない）

に書く。ただし、真横から見たのでは奥にある原子が見えないので、少し斜め上から見たように書く（**図3・2**）。いす形立体配座は、見る方向によって違う形に見える。左端の炭素に比べて右端の炭素が上にある「右上がり」の形に見える方向と、逆に右端の炭素の方が下にある「左上がり」の形に見える方向がある。「右上がり」の形を書く場合には、少し左斜め上から見るように書く。「左上がり」の形を書く場合には、少し右斜め上から見るように書く。そうすると、すべての原子がバランスよく見える。

シクロヘキサンの構造を書くときには、分子模型で見えるように書けばよいのだが、以下のような点に注意するときれいに書くことができる。

・平行な結合が4組ある。平行な結合は一つおきに現れる。平行な結合は平行となるように書く（**図3・3**）。

・上下に出ている水素は真っ直ぐ上下に出る。
（上向きになっている炭素からは上に向いた水素が出る。）
（上向きの水素と下向きの水素は交互に現れる。）

・右半分にある原子を右側に書く（**図3・4**）。
（右側にある炭素に結合する水素は右側に、左側にある炭素に結合する水素は左側に、それぞれ出る。）

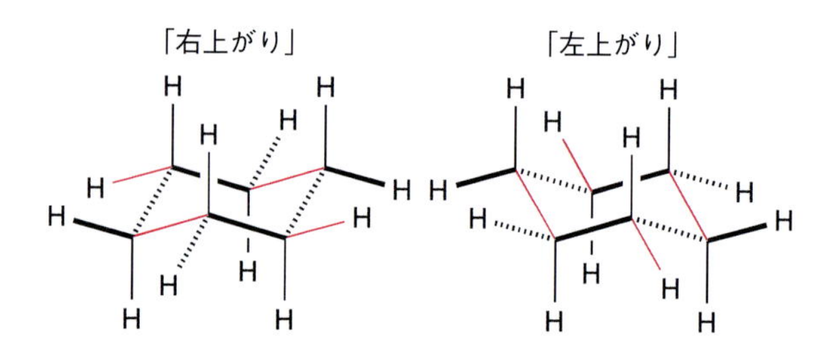

図3・3 シクロヘキサンの4組の平行な結合（平行な結合は同じ表現で書いてある）

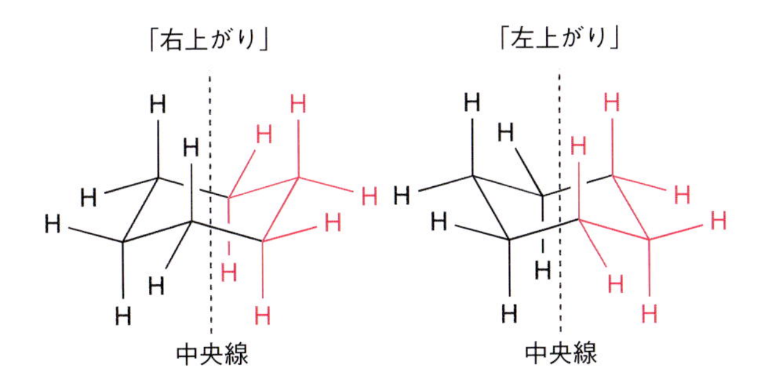

図 3・4　シクロヘキサンの右側の炭素と左側の炭素（右側の炭素は赤で、左側の炭素は黒で示している）

3・2　エクアトリアルとアキシアル

シクロヘキサンの水素には、水平方向に出ている 6 個の水素と、上下方向に出ている 6 個の水素の二種類がある。このうち、水平方向に出ている水素は**エクアトリアル**（赤道方向の）であるといい、上下方向に出ている水素は**アキシアル**（軸上の）であるという。これはシクロヘキサンを地球に見立てた命名である（**図 3・5**）。

エクアトリアル equatorial

アキシアル axial

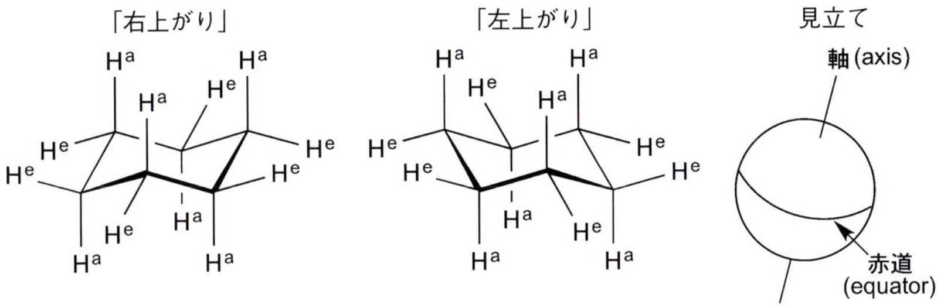

「右上がり」　「左上がり」　見立て　軸 (axis)　赤道 (equator)

図 3・5　エクアトリアルの水素（H^e）とアキシアルの水素（H^a）

シクロヘキサンのそれぞれの炭素には、エクアトリアルの水素とアキシアルの水素が一つずつ結合している。シクロヘキサンが置換基をもつとき、その置換基はエクアトリアルかアキシアルか、どちらかの方向を向くことになる。

3・3　シクロヘキサンの反転

シクロヘキサンにはエクアトリアルとアキシアルの 2 種類の水素があるにもかかわらず、シクロヘキサンの ^{1}H NMR スペクトル*1を測定すると、水素は 1 種類しか観測されない。これは、エクアトリアルの水素とアキシアルの水素がすばやく入れ換わっているからである。この入れ換わりはシクロヘキサンの**反転**によって起こる*2。

*1　原子核の中には磁石としての性質をもったものがある。磁場中にそのような原子核を置くと、原子核が磁場と相互作用する。その相互作用の様子を観測するのが NMR スペクトルである。NMR スペクトルにより、その原子核の周りの環境、他の原子核との関係、原子核の数を知ることができる。たいていの有機化合物には水素が含まれている。水素のほとんどは質量数 1 の原子で、その原子核は磁石としての性質をもつ。^{1}H NMR スペクトルはこの原子核を観察するもので、有機化合物の構造について、多くのことが分かる。シクロヘキサンの ^{1}H NMR スペクトルを測定したときに水素が一種類しか観察できないことは、シクロヘキサンの中で、水素の存在する環境が一種類しかないことを示している。

シクロヘキサンの反転の様子を**図3・6**に示す。図3・6では、分かりやすいように、シクロヘキサンの各炭素に番号を記してあり、同じ番号は同じ炭素である。また、同じ水素には同じ記号を付けてある。シクロヘキサンの反転を横から見ていると、「右上がり」と「左上がり」の間の移り変わりに見える。「右上がり」で一番左にある下を向いている炭素（**1**）がめくれ上がり、同時に、一番右にある上を向いている炭素（**4**）は押し下げられる。その結果、下向きだった炭素（**1, 3, 5**）は上向きに、上向きだった炭素（**2, 4, 6**）は下向きに、それぞれ変わり、シクロヘキサン環が反転する。その結果、「右上がり」だったシクロヘキサン環は「左上がり」となる。逆向きの変化が起こると、「左上がり」のシクロヘキサン環は元の「右上がり」に戻る。

この過程では、シクロヘキサン環の波打ち方が変化しているだけなので、シクロヘキサンの各炭素に付いている水素の上下関係は変わらない。すなわち、シクロヘキサンの面に対して上側にある水素 **a** は反転しても上側にある（図3・6(a)）。そのため、シクロヘキサン環の反転により、エクアトリアルであった水素はアキシアルに変化し、アキシアルであった水素はエクアトリアルに変化する（図3・6(b)）。すなわち、一つの水素に注目していると、シクロヘキサン環の反転で、エクアトリアルという環境とアキシアルという環境が入れ換わっている。シクロヘキサン環の反転は室温では非常に速く起こるので、^{1}H NMR スペクトルで観測すると、エクアトリアルとアキシアルの平均という、単一の環境にあるように観測される。

反転 flipping

＊2 シクロヘキサン環の反転では分子の形（右上りか左上りか、立体配座）は変わるが、立体配置（原子のつながり）は変わらない。このような、波打ち方が変化するだけの反転は flipping という。一方、立体異性体（1・4節）が入れ換わるときには（8・2節、第14章）、分子を鏡に映したように立体が反転する。このような、立体配置の変化を伴う反転は inversion という。

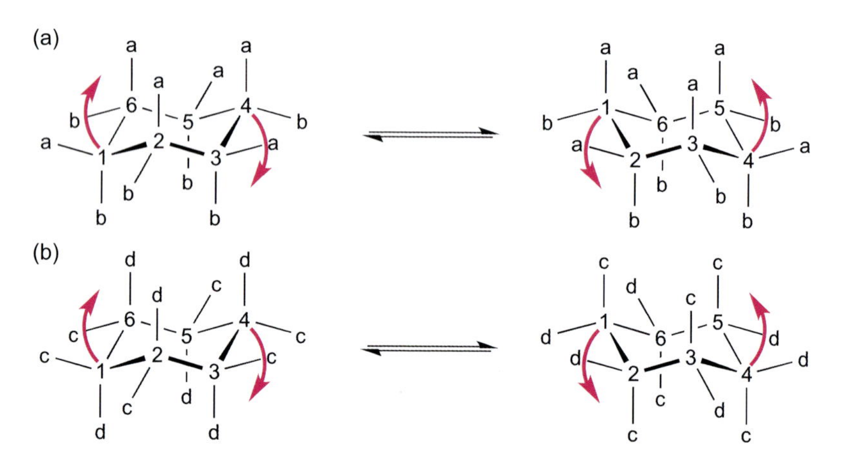

図3・6 シクロヘキサンの反転（対応する炭素には同じ番号が振ってある）
(a)「右上がり」でも「左上がり」でも、上にある水素 **a** は常に上にあり、下にある水素 **b** は常に下にある。
(b)「右上がり」でエクアトリアルにいる水素 **c** は、反転した「左上がり」でアキシアルに変化し、アキシアルにいる水素 **d** はエクアトリアルに変化する。

3・4 一置換シクロヘキサン

シクロヘキサンの水素の一つが置換基に置き換わると、その置換基はエクアトリアルかアキシアルか、どちらかの場所を占めることになる。シクロヘキサン環の反転でエクアトリアルにある置換基はアキシアルに、アキシアルにある置換基はエクアトリアルに、それぞれ変わるので、**図3・7**に示すように、置換基がエクアトリアルにある**C**とアキシアルにある**D**は立体配座異性体の関係にある。シクロヘキサン環が反転しても、置換基の上下関係は変わらないことに注意しよう。置換基の結合している炭素上の水素を書いておくと分かりやすい。

シクロヘキサン環の反転を伴わずに置換基がエクアトリアルからアキシアルに変化することはない。図3・7には、置換基Rがエクアトリアルに位置している一置換シクロヘキサンをいくつか示しているが、いずれも**C**と同じものであり、見る方向が違うだけである。したがって、一置換シクロヘキサンの反転を書くときにはどの**C**から始めてもよいが、右端か左端（図3・6では**1**か**4**）の炭素上に置換基を置くと分かりやすい。いずれの場合でも、シクロヘキサン環の反転で置換基の結合する炭素が変わることはないので、図3・6に示したように、シクロヘキサン環の反転で対応する炭素がどれとどれなのか、きちんと把握しておく必要がある。

置換基がエクアトリアルにある立体配座異性体**C**とアキシアルにある立体配座異性体**D**ではエネルギーが異なり、置換基がアキシアルにある

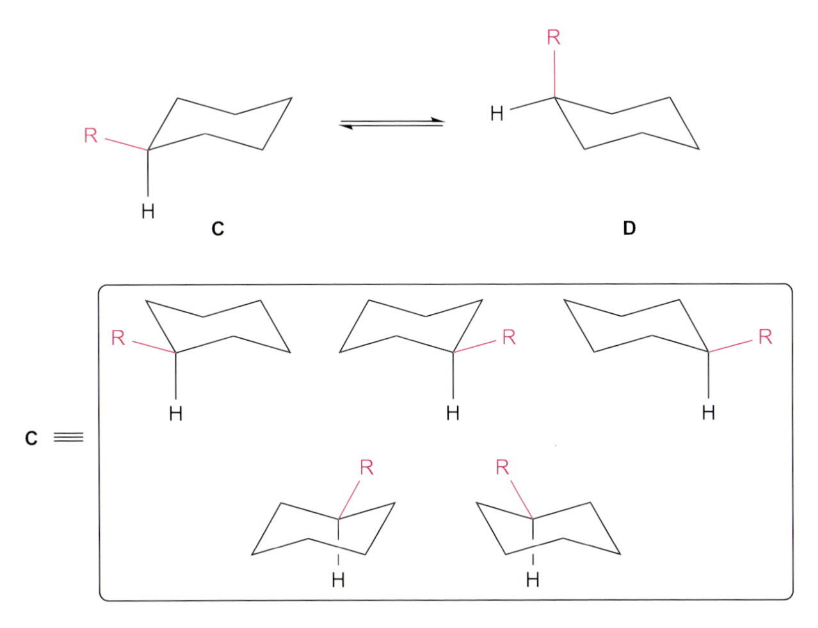

図3・7　一置換シクロヘキサンの立体配座異性体
枠で囲った一置換シクロヘキサンはすべて**C**と同じもので、見る方向が違うだけである。

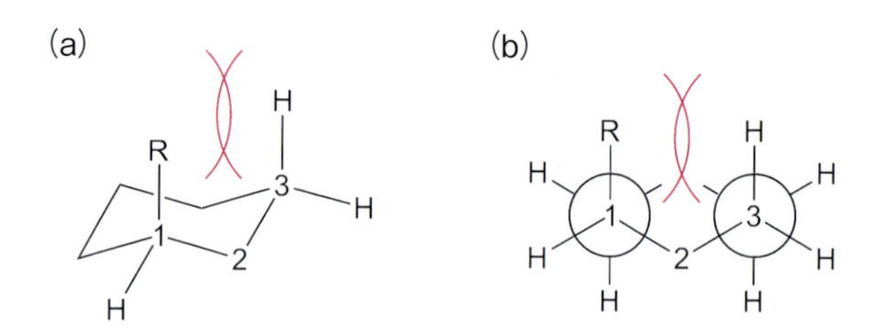

図3・8　1,3-ジアキシアル相互作用
(a) 置換基がアキシアルに位置すると3番目の炭素上の置換基（水素を含む）との間に立体反発が生じる。
(b) ニューマン投影図で表した1,3-ジアキシアル相互作用。

Dの方が不安定である。**図3・8**に示すように、置換基がアキシアルにあるシクロヘキサンをニューマン投影図で書くと、置換基の付いた炭素を**1**として、3番目の炭素上にあるアキシアルの置換基（水素を含む）との立体反発が生じることが分かる。この立体反発は**1,3-ジアキシアル相互作用**と呼ばれる。置換基がアキシアルに位置すると不安定になるのはこの立体反発のためである。

1,3-ジアキシアル相互作用
1,3-diaxial interaction

1,3-ジアキシアル相互作用は立体反発によるものであるので、立体的に**嵩高い**（かさ）[*3]置換基ほどアキシアルの状態が不安定になる。**表3・1**に、様々な置換基をもつシクロヘキサンで、エクアトリアルに置換基がある立体配座から反転して、置換基がアキシアルになったときにどれだけ不安定になるか、一覧で示した。

嵩高い bulky

*3　bulkyというのは大きいということだけでなく、邪魔なという意味を含んでいる。

表3・1　一置換シクロヘキサンにおいて、置換基がエクアトリアルからアキシアルになるように反転したときのエネルギーの上昇（ΔG kJ/mol）

置換基	ΔG (kJ/mol)	置換基	ΔG (kJ/mol)
$-CH_3$	7.1	-F	1.3
$-CH_2CH_3$	7.3	-Cl	3.5
$-CH(CH_3)_2$	9.2	-Br	3.9
$-C(CH_3)_3$	22.5	-I	3.4
$-NH_2$	6.0	-COOH	5.1
-OH	3.0	$-COOCH_3$	5.7
$-OCH_3$	2.8	$-C_6H_5$	15.8
$-OCOCH_3$	3.7	-CN	1.8

1,3-シクロヘキサンに置換したアルキル基がメチル、エチル、イソプロピル、*tert*-ブチル[*4]と嵩高くなるに従って、置換基はアキシアルに居られなくなる。ボルツマン分布（2・4節）を計算すると、室温でイソプロピルシクロヘキサンのイソプロピル基は約98％がエクアトリアルにある（**図3・9**）。また、*tert*-ブチル基は嵩高すぎて、特殊な例外を除いて実質的にアキシアルに位置することはできない。

*4　置換基の名称は以下の通りである。
$-CH_3$：メチル基
$-CH_2CH_3$：エチル基
$-CH(CH_3)_2$：イソプロピル基
$-C(CH_3)_3$：*tert*-ブチル基
*tert*はtertiary（第三級の）のことで、一つの炭素上にアルキル基（この場合ならメチル基）が三つ結合していることを表す。

表3・1に示したのは「置換基の大きさ」ではなく「1,3-ジアキシアル相

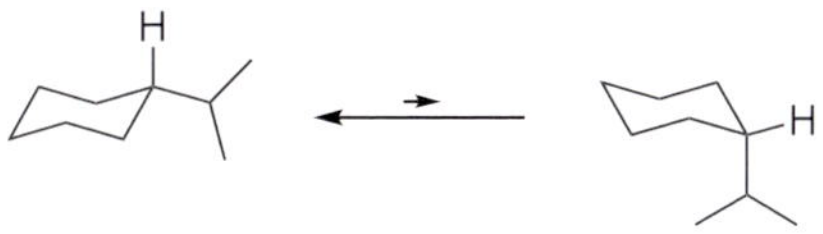

H　H　98%　2%　室温での存在比

図3・9　アルキル置換シクロヘキサンの立体配座

互作用の大きさ」であることに注意すべきである。水素は**非共有電子対**よりも大きいだけでなく硬いため、1,3-ジアキシアル相互作用の大きさは $-CH_3$ ＞ $-NH_2$ ＞ -OH ＞ F となる。ハロゲンの原子半径は F ＜ Cl ＜ Br ＜ I であるが、**周期表**を下に行くと電子雲が軟らかくなるだけでなく、炭素－ハロゲン結合の距離が長くなるため、1,3-ジアキシアル相互作用は Cl あるいは Br で最大になる。CH_3O- 基や CH_3COO- 基は明らかに HO- 基よりも大きいが、O に結合している部分はシクロヘキサン環からかなり離れているので、アキシアルになったときの不安定さは HO- 基とあまり変わらない。シアノ基 -CN は直線構造をしているため、1,3-ジアキシアル相互作用は小さい。

非共有電子対
unshared electron pair
あるいは lone pair

周期表 periodic table

3・5 二置換シクロヘキサン

置換基が一つだけのときには問題にはならないが、シクロヘキサンが置換基を二つ以上もつ場合、シクロヘキサンの立体配座が分かるように書くには注意が必要である。それは、置換基が「奥」にあるのか、「手前」にあるのか、どの炭素に置換基が結合しているのか、に注意して書かなければならないからである。

たとえば、**3-1** について、立体配座が分かるように書くことを考えよう（**図3・10**）。まず、いす形のシクロヘキサンを書く。「右上がり」と「左上がり」とどちらを書いても構わないが、自分が得意な方から始めるとよい。ここでは「右上がり」の形から始めることにしよう。まずいずれかの置換基をどこかに置く。ここでは、-Br から始めることにしよう。-Br はどこに置いても構わないが、右端か左端の炭素上に置くと分かりやすい。ここ

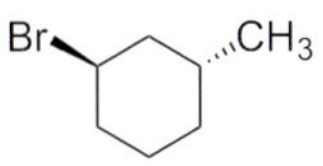

Br　CH_3

3-1

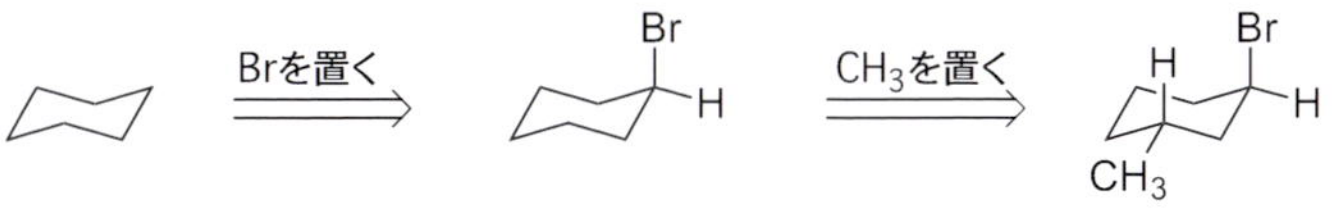

Brを置く　Br　H　CH_3を置く　H　Br　H　CH_3　**3-1**

図3・10　二置換シクロヘキサンを立体配座が分かるように書く

では右端に置くことにする。習慣として、構造式で「手前」に書かれている置換基は、立体配座が分かるように（横から見たように）書くときには「上」に書かれる。したがって、–Br はアキシアルに置く（エクアトリアルの –H よりも「上」である）。慣れないうちは、–Br が結合している炭素上にある –H も書いておくと、エクアトリアルとアキシアルが分かりやすくてよい。次に残った $-CH_3$ を置く。$-CH_3$ は、構造式を「手前」から見て、–Br から右に二つ回った炭素上にある。立体配座が分かるように書くときには、「手前」＝「上」であるので、「上」から見て右に二つ回った炭素上に $-CH_3$ を置く。構造式で「奥」に書かれている置換基は「下」に書かれるので、$-CH_3$ はエクアトリアルに置くことになる（アキシアルの –H よりも「下」である）。やはり、$-CH_3$ が結合している炭素上にある –H を書いておくと分かりやすい。

シクロヘキサン誘導体には、シクロヘキサン環の反転による二つの立体配座がある。図3・10では **3–1** をまず「右上がり」で書いたが（**E**）、「左上がり」に反転させれば、**3–1** のもう一つの立体配座 **F** が得られる（**図3・11**）。シクロヘキサンの反転に伴ってアキシアルの置換基（–Br）はエクアトリアルに、エクアトリアルの置換基（$-CH_3$）はアキシアルに、それぞれ位置を変えるが、置換基の結合している炭素も、置換基の間の上下関係も変わらないことに注意しよう（3・4節）。

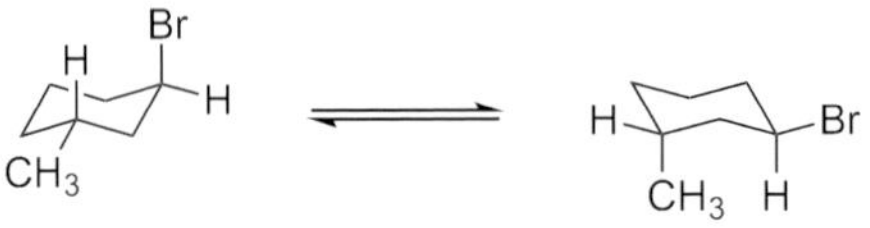

E　⇌　F

図3・11　二置換シクロヘキサン 3–1 の二つの立体配座

置換基を二つ以上もつシクロヘキサンの立体配座の間のエネルギー差は、近似的には、それぞれの置換基の1,3–ジアキシアル相互作用の合計によって求めることができる。

E では –Br が、**F** では $-CH_3$ がそれぞれアキシアルを向いているので、表3・1から、**E** での1,3–ジアキシアル相互作用による不安定化は 3.9 kJ/

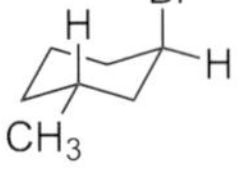 E	Br がアキシアルに位置することによる不安定化　+3.9 kJ/mol
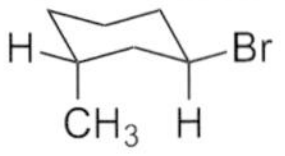 F	CH_3 がアキシアルに位置することによる不安定化　+7.1 kJ/mol
	F の方が 3.2 kJ/mol 不安定

図3・12　3–1 の立体配座

mol、**F** での不安定化は 7.1 kJ/mol と見積もられる。したがって、**E** と **F** では **F** の方がより不安定である。つまり、**3-1** の優先立体配座は **E** であり、その程度は 3.2 kJ/mol と見積もることができる（**図 3・12**）。

では、**3-2** の場合はどうだろうか。**3-2** を図 3・10 と同様に立体配座が分かるように書いて、シクロヘキサン環を反転させると、**図 3・13** のように **G** と **H** の二つの立体配座があることが分かる。このうち、**G** は置換基が二つともアキシアルを向いており、**H** は置換基が二つともエクアトリアルを向いていることから、**H** の方が安定で、優先立体配座であることが分かる。しかし、**G** が **H** よりもどれだけ不安定か求めるときには注意が必要である。単純に加成則[*5]を適用すれば、**G** での 1,3-ジアキシアル相互作用は、$-Br$ が 3.9 kJ/mol、$-CH_3$ が 7.1 kJ/mol で、合計 11.0 kJ/mol と計算される。しかし、実際には、$-Br$ と $-CH_3$ の間の 1,3-ジアキシアル相互作用は、$-Br$ と $-H$ あるいは $-CH_3$ と $-H$ の間の 1,3-ジアキシアル相互作用よりもはるかに大きく、単純な加成則は成立しない。実際には、**G** は **H** よりも 18.1 kJ/mol 不安定である（**図 3・13**）。しかし、近似的には、単純に加成則を適用して立体配座の間の安定性の差を見積もることができる。

*5 「置換基の導入によってアキシアルがどの程度不安定になるか」など、ある変化による影響の大きさが分かっているとする。二つ以上の変化が同時に起こったとき、全体の影響が、それぞれの影響の合計になる場合に、加成則（additivity rule）が成り立つという。

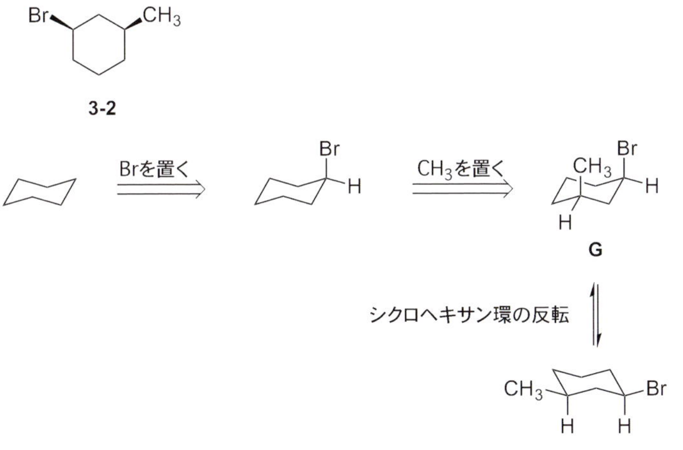

3-2

Brを置く　CH_3を置く

G

シクロヘキサン環の反転

H

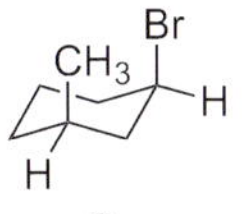 **G**	Br がアキシアルに位置することによる不安定化　+3.9 kJ/mol CH_3 がアキシアルに位置することによる不安定化　+7.1 kJ/mol 合計 11.0 kJ/mol の不安定化要因
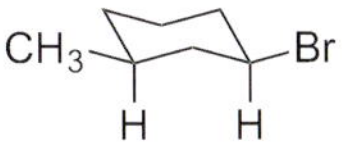 **H**	アキシアルに位置する置換基なし
	計算上は **G** の方が 11.0 kJ/mol 不安定 実際は 18.1 kJ/mol 不安定

図 3・13　二置換シクロヘキサン **3-2** の立体配座とエネルギー

演習問題

3・1　次の立体配座異性体で、エクアトリアル位にある置換基とアキシアル位にある置換基をそれぞれ答えよ。

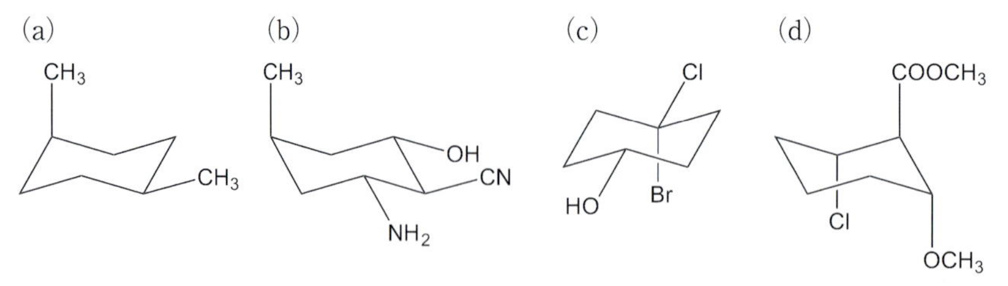

3・2　表3・1を参照しながら、次のそれぞれの化合物について、安定な立体配座と不安定な立体配座をそれぞれ書き、両者の間のエネルギー差を推測して求めよ。ただし、1,3-ジアキシアル相互作用には単純な加成則が成り立つものとする。

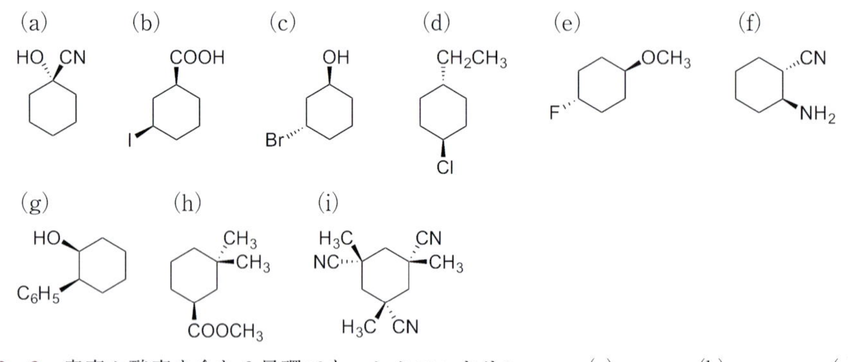

3・3　窒素や酸素を含む6員環でも、シクロヘキサンと同様の立体配座が存在する。右のそれぞれの化合物について、安定な立体配座と不安定な立体配座をそれぞれ書き、両者の間のエネルギー差を求めよ。ただし、非共有電子対の1,3-ジアキシアル相互作用は無視できるものとする。

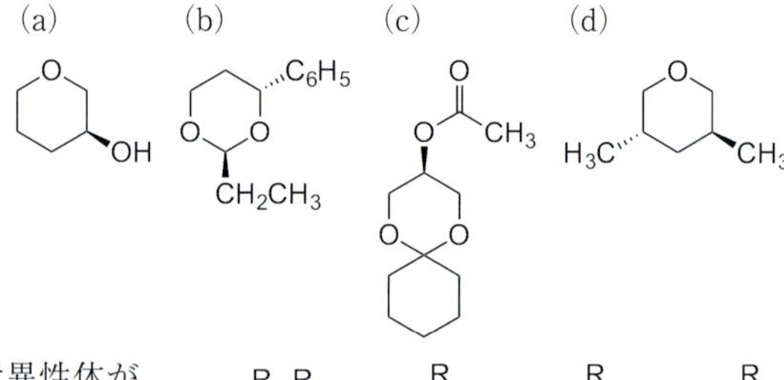

3・4　置換基Rを二つもつシクロヘキサンには四つの位置異性体がある。それぞれの位置異性体について、立体異性体が存在するかどうか答えよ。立体異性体が存在する場合には、どれが安定な立体異性体で、どれが不安定な立体異性体か答えよ。

1,1-型　1,2-型　1,3-型　1,4-型

3・5　問題3・2のそれぞれの化合物について、300 Kにおけるそれぞれの立体配座異性体の存在比を求めよ。

3・6　右の化合物の立体異性体で、シクロヘキサン環が反転してもエネルギーが変化しないものをすべて求めよ。

3・7　右の化合物について、ニューマン投影図を用いてすべての立体配座異性体を書け。

COLUMN　アノマー効果

シクロヘキサン環では、置換基がアキシアルに位置すると、1,3-ジアキシアル相互作用のために不安定になる。1,3-ジアキシアル相互作用は6員環であればどのような環でも同じように働くので、シクロヘキサンでなくても、6員環の化合物では一般に置換基がアキシアルに位置すると不安定になるといえる。たとえば、**I** と **J** では、**I** の方が安定である。

I　⇌　**J**

しかし、例外的に、**K** と **L** では、置換基がアキシアルに位置する **L** の方が安定になる。

K　⇌　**L**

これは、環内の酸素原子上にある非共有電子対と CH_3O- 基のそれぞれの**双極子モーメント**（脚注）の相互作用の結果である。すなわち、**K** では非共有電子対の双極子モーメントと同じ方向に CH_3O- 基の双極子モーメントが向いているのに対し、**L** では非共有電子対の双極子モーメントと CH_3O- 基の双極子モーメントが打ち消し合っている。この様子はニューマン投影図で見ると分かる。

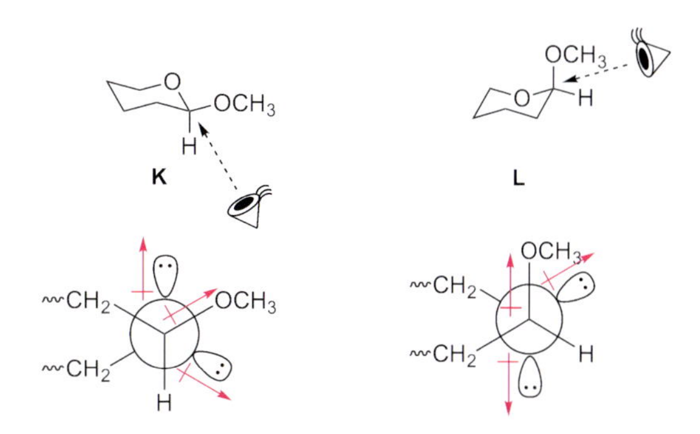

このように、酸素などのヘテロ原子（非共有電子対をもつ原子）を含む環で、分極の大きな置換基がアキシアルに位置したときの、双極子モーメントによる安定化効果を**アノマー効果**（脚注）という。アノマー効果が1,3-ジアキシアル相互作用よりも大きければ、その置換基がアキシアルに位置する立体配座の方が安定となる。

アノマー効果は、特に糖類の立体配座を考えるうえで非常に重要である。

【双極子モーメント】双極子モーメントは、極性の大きさを表す指標である。極性は、＋と－の電荷が分離したり、偏ったりすることで生じる。より多くの電荷の偏りが起これば極性が大きくなるが、同じ電荷でも、＋と－の電荷が遠くに離れても極性が大きくなる。双極子モーメントの大きさ（通常は μ と書く）は、偏った電荷の大きさとその距離を掛けたもので、その向きは＋から－の方向となる。双極子モーメントは、出発点に＋をかたどった縦線を引いた矢印で表される。

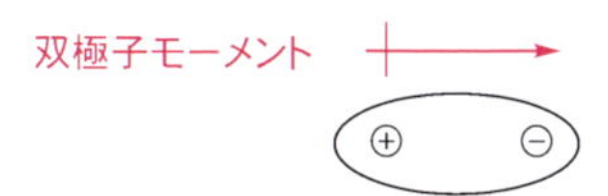

双極子モーメントの大きさ＝電荷の大きさ×電荷間の距離

【アノマー効果】糖類では、1位にあるヒドロキシ基がアキシアルにある異性体とエクアトリアルにある異性体の間に平衡が存在する（第5章コラム「α 面と β 面」参照）。この異性体は、糖類に見られる様々な性質や反応性の原因となるので、特別にアノマーと呼ばれる。アノマー効果は、糖類に見られる特別な性質の代表的なものである。アノマー効果のため、糖類では、1位のヒドロキシ基がアキシアルにあるアノマーの方が安定となる。

第4章 シクロアルカン

第3章ではシクロヘキサンについて、その立体配座を議論した。本章では、その他のシクロアルカンについて、立体配座を議論しよう。シクロヘキサン以外のシクロアルカンでは、必ず環に歪みが生じる。しかし、シクロヘキサンの立体配座を元にすることで、それぞれのシクロアルカンの立体配座も理解することができる。

4・1 シクロプロパン

シクロアルカン cycloalkane

シクロプロパン cyclopropane

鎖状のアルカンでは、一つのC−C結合当たり、アンチと二つのゴーシュの三つの安定な立体配座をとることができる。そのため、C−C結合を多数もつ鎖状アルカンには非常に多くの立体配座が許されている。それに対して、環状のアルカンである**シクロアルカン**では、環状構造になるために、許される立体配座は少ない。特に環員数（シクロアルカンの環に含まれる炭素原子の数）の小さいシクロアルカンでは非常に少ない。シクロアルカンは立体配座が議論しやすいだけでなく、大きな分子に特定の立体配座をとらせるために、小さいシクロアルカンを導入することもしばしば行われる。

シクロプロパンは環上に炭素が三つだけしかないので、平面構造以外をとることはできない（**図4・1**）。そのため置換基はすべて重なり形立体配座となる。

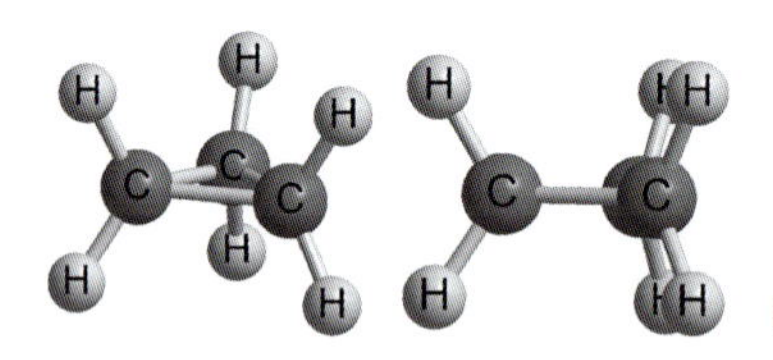

図4・1　シクロプロパンの構造

通常、炭化水素の炭素−炭素結合は安定で、活性の高い触媒を使っても水素化されないが、シクロプロパンの炭素−炭素結合は切れやすく、炭化水素であるにもかかわらず、触媒の存在下で水素の付加を受ける。シクロプロパンが高い反応性をもつのは、シクロプロパン環が大きな歪みをもち、歪みを解消するように開環しやすいからである（**図4・2**）。シクロプロパン環のもつ歪みは、二つの要因からなる。一つは、シクロプロパンのC-C-C結合角が60°と、安定なC-C-C結合角である109.4°から大きく離れていることである。もう一つは、シクロプロパン環では重なり形立体配座が強制されていることである。

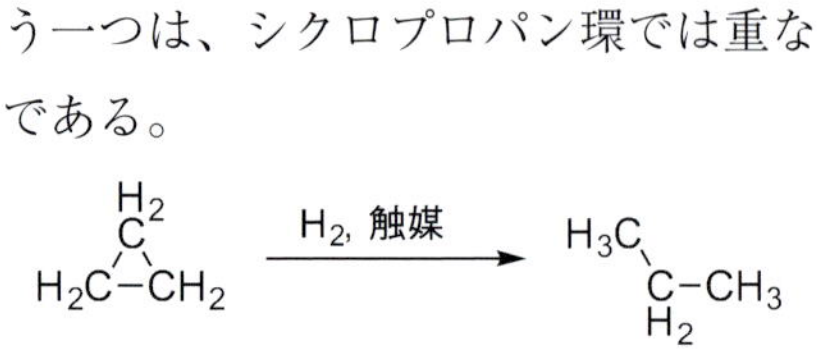

$$\text{cyclo-}(CH_2)_3 \xrightarrow{H_2,\ 触媒} H_3C{-}CH_2{-}CH_3$$

図4・2　シクロプロパンの開環

4・2 シクロブタン

シクロブタン cyclobutane

シクロブタンがシクロプロパンと同様に平面構造をとっていたとすると、C-C-C 結合角は 90° となり、シクロプロパンと同様に大きな歪みをもつ。実際には、シクロブタンはシクロプロパンとは異なり、シクロヘキサンで見られたような、波打つような立体配座をとる（**図 4・3**）。これにより、C-C-C 結合角はむしろ狭くなり約 88° となるが、置換基の重なり形立体配座が避けられ、全体としては歪みが小さくなる。

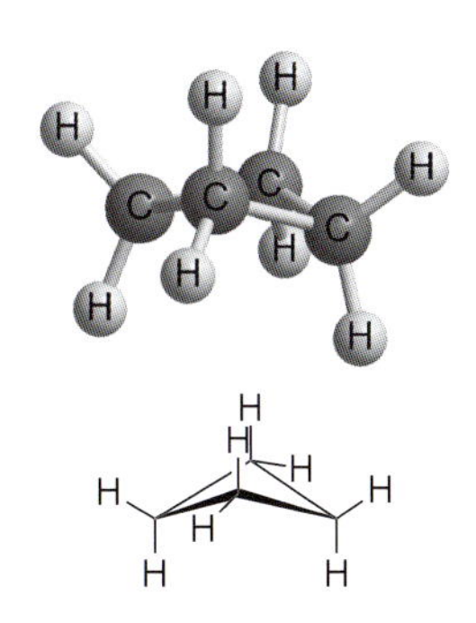

図 4・3 シクロブタンの構造

擬アキシアル pseudo-axial

擬エクアトリアル pseudo-equatorial

シクロブタンが波打つような立体配座をとるため、シクロブタンの水素には、アキシアル的な水素とエクアトリアル的な水素の 2 種類が存在する。「的な」と書いたのは、シクロブタンの C-C-C 結合角は 90° から大きくずれていないため、アキシアル（軸）方向とエクアトリアル（赤道）方向は、シクロヘキサンの場合ほど明瞭ではないからである。そのため、これらの水素は**擬アキシアル**、**擬エクアトリアル**、と呼ばれる。

置換シクロブタンでは、シクロブタン環が反転すると擬アキシアルの置換基は擬エクアトリアルに変わる（**図 4・4**）。1,3-ジアキシアル相互作用のため、置換基は擬エクアトリアルの位置を占めると安定になる。ただし、擬アキシアル置換基は、シクロブタン環の歪みのために、真っ直ぐに上下方向に出ているわけではないので、シクロヘキサン環の場合ほど 1,3-ジアキシアル相互作用は大きくない[*1]。

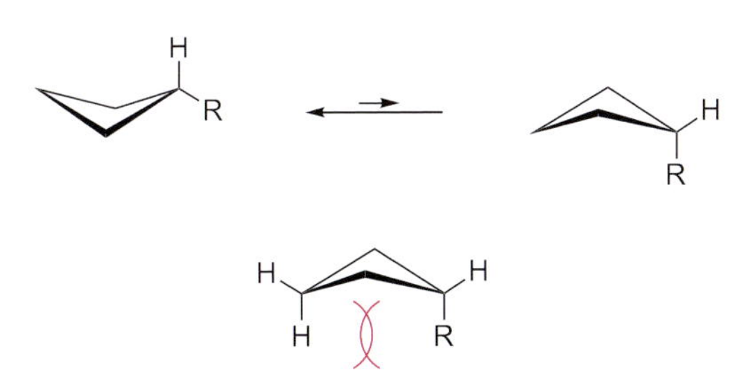

図 4・4 シクロブタンの反転と 1,3-ジアキシアル相互作用

＊1 メチルシクロブタンについて、メチル基が擬アキシアルにある立体配座は、擬エクアトリアルにある立体配座に比べて、4.2 kJ/mol 不安定である。この値はメチルシクロヘキサンの反転のエネルギー（7.1 kJ/mol、3・4 節）に比べるとだいぶ小さい。

4・3 シクロペンタン

シクロペンタン cyclopentane

シクロペンタン環は、構成炭素数が奇数であるため、シクロヘキサンのような明確な立体配座をとることはできない。シクロペンタン環が完全に平面構造であると仮定すると、C-C-C 結合角は 108° となり、これは C-C-C の安定な結合角 109.4° に近い。そのため、シクロペンタン環は平面構造に近い。しかし、完全な平面構造では重なり形立体配座となってしまうので、重なり形立体配座を避けるように、多少の折れ曲がり構造が付け加わ

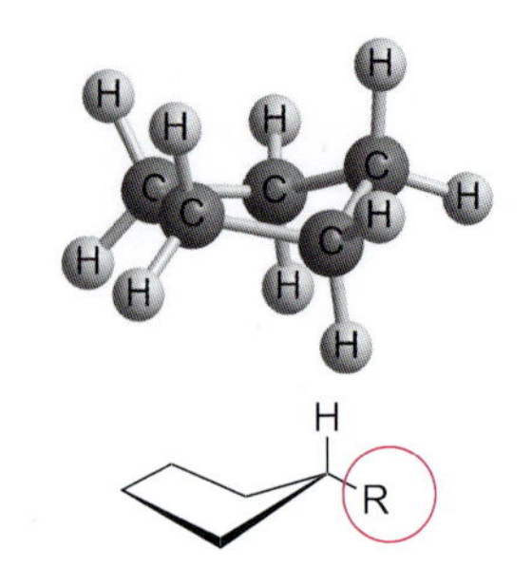

図4・5 シクロペンタンの代表的な立体配座

る。この場合、1,3-ジアキシアル相互作用のため、嵩高い置換基を導入すると、その置換基が擬エクアトリアルを向くようにシクロペンタン環に折れ曲がりが誘導される (**図4・5**)。

4・4 シクロオクタンとシクロデカン

シクロオクタン cylooctane

シクロデカン cyclodecane

シクロヘキサンよりも大きなシクロアルカンで、炭素数が偶数のシクロアルカンでは、シクロヘキサンのいす形立体配座を基本とする立体配座を考えることができる。大きなシクロアルカンでは、環の柔軟性が高いため、シクロヘキサンと異なり、いす形のような特定の立体配座をとるわけではないが、いす形を基本とする立体配座は歪みが少ないため、優先する立体配座となる。**図4・6**には**シクロオクタン**と**シクロデカン**の代表的な立体配座を示した。

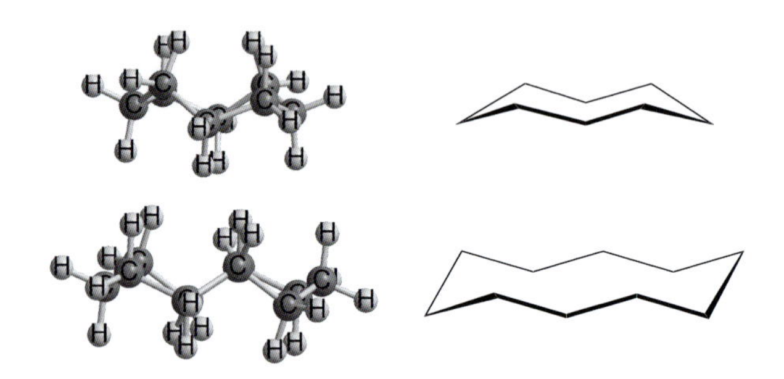

図4・6 シクロオクタン (上) とシクロデカン (下) の代表的な立体配座

演習問題

4・1 次のそれぞれの化合物について、安定な立体配座と不安定な立体配座をそれぞれ書け。

(a) (b) (c)

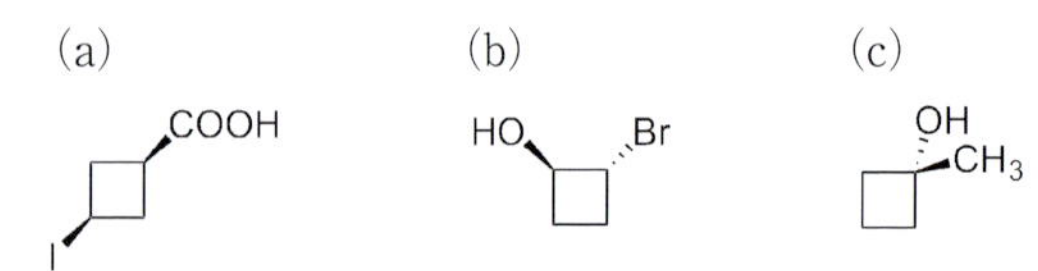

4・2 シクロデカンに比べて、炭素－炭素結合をもつ化合物 A は歪みの少ない化合物である。シクロデカンにおけるそれぞれの水素の立体配座から、その理由を考えよ。

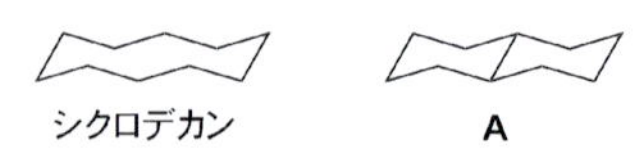

4・3 次のそれぞれの化合物について、安定な代表的な立体配座を推測して書け。

(a) (b)

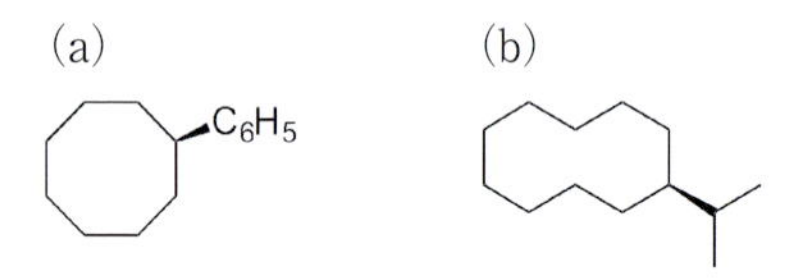

第5章 シスとトランス、シンとアンチ

この章では置換基の相対的な位置関係を表すことを学ぶ。二重結合や環構造で置換基の位置関係が固定されているときには、置換基の相対的な位置関係はシスとトランスという用語で表す。置換基が同じ側にあるときにシス、反対側にあるときにトランスという。単結合でつながった炭素鎖上の置換基の相対的な位置関係は、炭素鎖をジグザグに伸ばしたときの位置関係で表し、同じ側に来るときにシン、反対側にあるときにアンチという。

5・1 二重結合におけるシスとトランス

第1章5節で見たように、二重結合をもつ化合物（**オレフィン**[*1]という）には、「二重結合が回転することができない」という事実に基づいた異性体、すなわち、幾何異性体が存在する。**図5・1**に示す $C_2H_2Cl_2$ には三つの異性体があるが、そのうち、**5-1** と **5-2** が幾何異性の関係にある。**5-1** のように、二つの置換基（-Cl）が同じ側にあるものを**シス**（*cis*：こちら側の）であるといい、**5-2** のように、反対側にあるものを**トランス**（*trans*：向こう側の）であるという。そして、**5-1** を Cl-CH=CH-Cl というオレフィンの**シス体**と呼び、**5-2** を**トランス体**と呼ぶ。**5-3** は幾何異性体をもたないので、シスでもトランスでもない。

＊1　olefin：ole ＝ 油、fin ＝ 生じる。アルケン（alkene）ともいう。alkene は、飽和炭化水素を意味するアルカン（alkane）の語尾 -ane を、二重結合を表す語尾 -ene に変えたものである。

シス体 *cis*-form

トランス体 *trans*-form

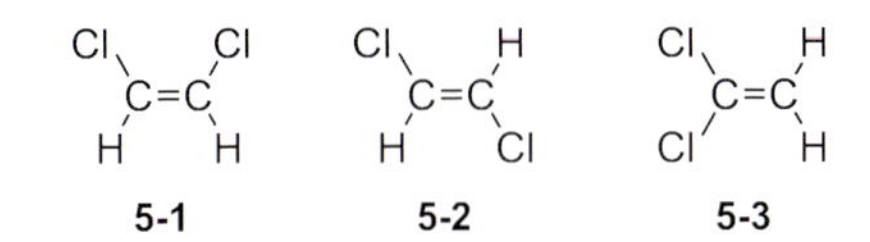

図5・1　$C_2H_2Cl_2$ の三つの異性体：シス体（5-1）とトランス体（5-2）

シスとトランスという表現は、**5-1** や **5-2** のように単純なオレフィンの立体を表現するのには便利であるが、たとえば**図5・2**に示す **5-4** のように、複雑な置換基をもつオレフィンでは、シスとかトランスというような表現で立体を表すことはできない。このような複雑な分子の立体は、第10章で学ぶ絶対配置によって表現される。

5-4

図5・2　シスやトランスという用語では立体が表現できないオレフィン

5・2 シクロアルカンにおけるシスとトランス

置換基を二つ以上もつシクロアルカンでは、置換基が環構造に対してどちら側にあるかによって立体異性体が生じる。環の平面に対して置換基がどちらも同じ側にあるものをシスといい、反対側にあるものをトランスという。たとえば、**図5・3**に示す **5-5** や **5-6** はシスであり、**5-7** や **5-8** はト

5-5　5-6　5-7　5-8

図5・3　置換シクロアルカンのシス体とトランス体

ランスである。

8員環以上の大環状シクロアルカンで置換基のシスとトランスを決めるときには、環はできるだけ広げるように書いて決める。大環状シクロアルカンでは、環のサイズを明確に示すために、また、構造式をコンパクトに書くために、しばしば折り畳んだ形で書かれる。そのとき、置換基の置かれる位置によっては、シス体なのにトランス体に（あるいはその逆に）見えることがある。たとえば、**図5・4**に示す**5–9**は置換基が環の平面に対して同じ側にあるシス体であるが、10員環であることが分かりやすいように環を折り畳んで書くとトランス体に見えることがある。

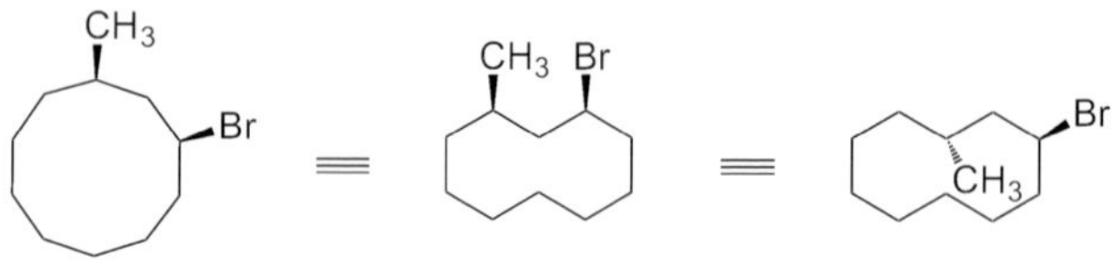

図5・4　大環状シクロアルカンでは書き方によってシス体がトランス体に見える

二つのメチル基をもったシクロヘキサンを考えよう。二つのメチル基をもつシクロヘキサンには様々な位置異性体がある。一つ目のメチル基の炭素の位置を1とすると、もう一つのメチル基の位置には1から4までありうるので、四つの位置異性体がある。そのうち、2から4までの異性体には、それぞれシスとトランスの立体異性体がある。

それぞれの異性体について立体配座を書くと、**図5・5**のようになる。たとえば1,2–シス体では、二つのメチル基は、一方がアキシアルのときには、

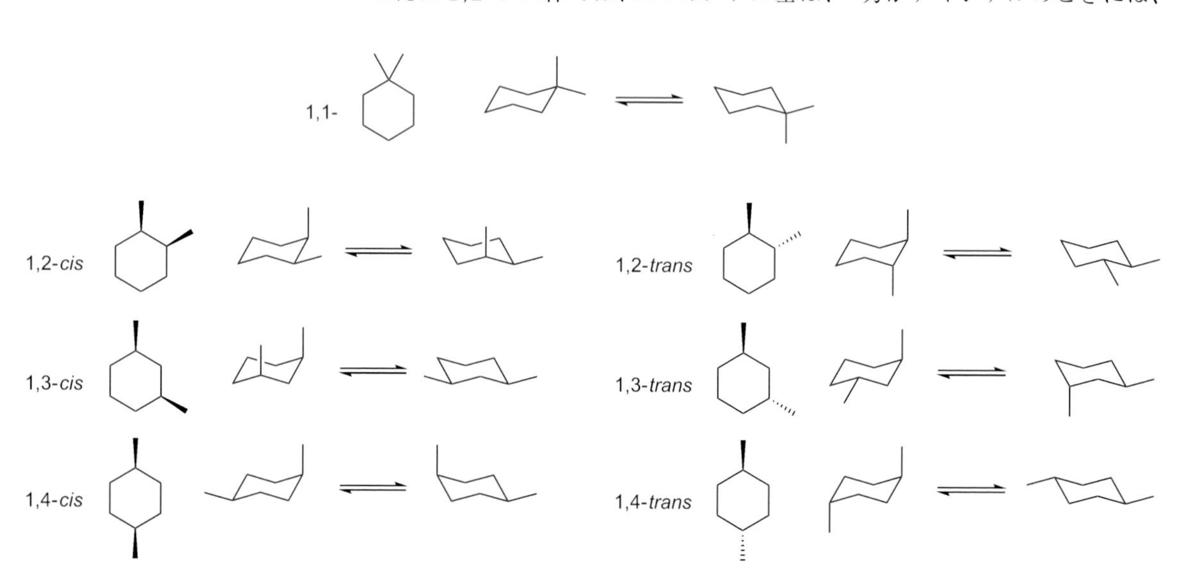

図5・5　二置換シクロヘキサンの異性体と立体配座

もう一方は必ずエクアトリアルになる。しかし、1,3-シス体では、両方ともアキシアルか両方ともエクアトリアルになる。このように、置換基の相対配置と、それぞれの置換基がアキシアルにあるかエクアトリアルにあるかの関係は同じではない。

5・3　デカリン

二つの環構造が組み合わさっているとき、**ビシクロ環構造**と呼ぶ（ビ = 2、シクロ = 環状）。二つの環の「つなぎ目」の位置を**橋頭位**（きょうとうい）という（**図5・6**）。特に、二つの環構造で、「辺」が共有されているとき、その二つの環は**縮環**しているという。

ビシクロ環構造 bicyclic ring structure

橋頭位 bridge-head

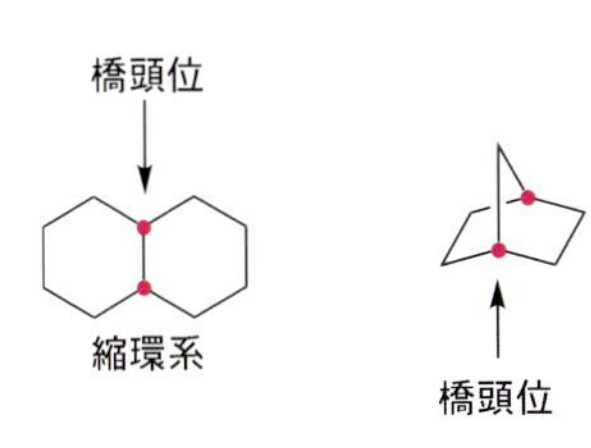

図5・6　様々なビシクロ環（橋頭位には赤丸を付けている）

縮環 fused ring

シクロヘキサン環が二つ縮環した化合物を**デカリン**と呼ぶ。デカリンでは、橋頭位の二つの水素の立体関係により、トランス-デカリンとシス-デカリンの2種類の立体異性体がある（**図5・7**）。トランス-デカリンでは、一方のシクロヘキサン環から見て、2本の炭素鎖がいずれもアキシアルに向くことは不可能なので、すべての置換基がエクアトリアルを占める立体配座しかとることができない。そのため、シクロヘキサン環の反転は起こらず、立体配座は固定される。一方、シス-デカリンでは、一方の炭素鎖がエクアトリアルのときにもう一方の炭素鎖がアキシアルになるので、シクロヘキサン環の反転が可能である。

デカリン decalin：deca = 10、ナフタレン（naphthalene）に10個の水素を付加させた構造をしている。

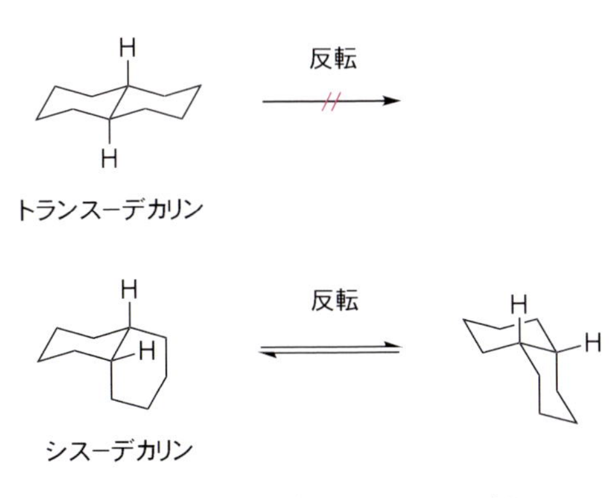

図5・7　トランス-デカリンとシス-デカリン

コレステロールは（その悪名とは裏腹に）生物が生きていくうえで極めて重要な化合物である。コレステロールはトランス-デカリン構造が連続した形をしており、そのため、非常に平面性が高い（**図5・8**）。コレステロールは、その広い平面状の形のために、生体膜の潤滑成分として重要な役割を果たしている。

コレステロール cholesterol：chole = 胆汁、steros = 固まり

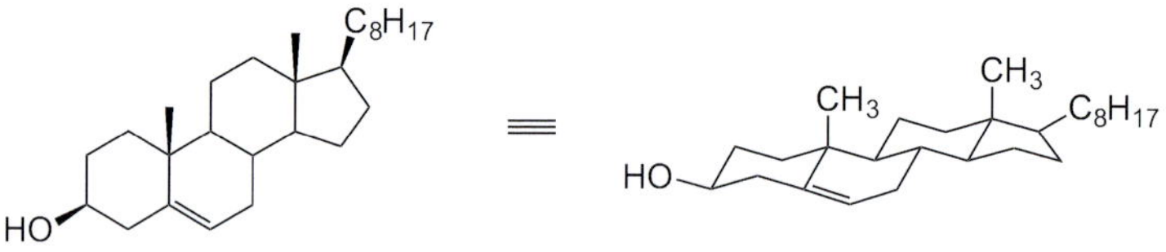

図5・8　コレステロール

5・4 シンとアンチ

シン *syn*

アンチ *anti*

鎖状化合物で置換基の相対配置を表すときには、**シン**と**アンチ**という用語を用いる。まず、母体鎖となる炭素－炭素結合の連鎖を左右に引き延ばし、ジグザグ構造となるようにする。そのうえで、置換基の間の相対関係から相対配置を決める。母体鎖の上の置換基が、ジグザグ構造がつくる平面から見て同じ側にあるとき、シンであるといい、反対側にあるとき、アンチであるという（**図5・9**）。シクロアルカンのときと同様、母体鎖を引き伸ばすときに、奥と手前が入れ換わる（ように見える）ことがあるので気を付けなければいけない。

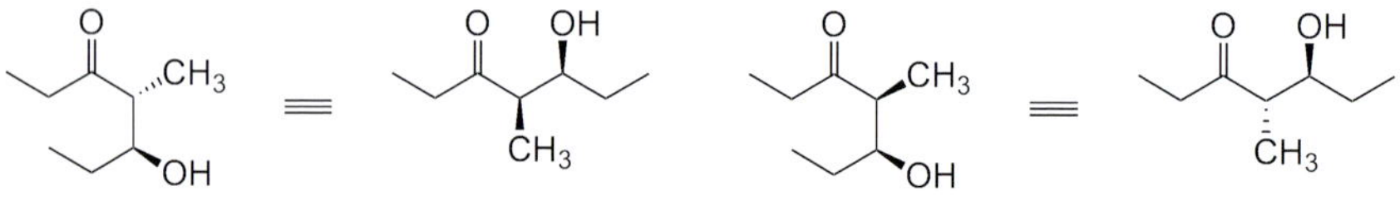

図5・9　シン体とアンチ体

私たちの身の回りのプラスチックの多くは、適切な置換基をもつビニル化合物（CH_2=CH- = ビニル基）を、様々な反応条件で重合して得た高分子化合物（ポリマー）である。重合するビニル化合物をビニルモノマーと

COLUMN　置換基の相対配置

シスやトランスというのは置換基の相対的な配置を示すものであり、置換基がシクロアルカンの面のどちら側にあるのかをきちんと記述するものではない。たとえば、図5・4の**5-9**は置換基が手前にあるように書いてあるが、置換基が奥にあるように書くこともできる。このとき、どちらで書いても二つの置換基が同じ側にある（シスである）ことは変わらない。

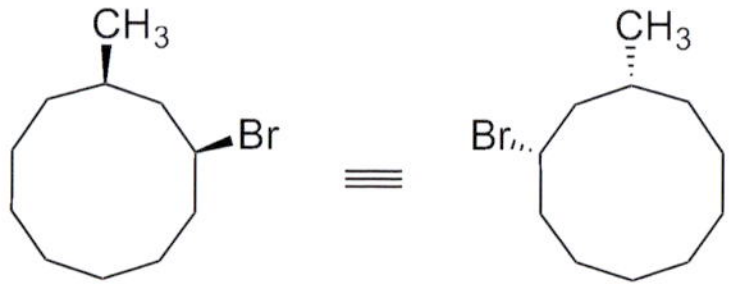

置換基がどのような立体配置をもっているかを厳密に示すためには、第10章で学ぶ絶対配置を用いる。

いい、得られた高分子化合物はビニルポリマーという。ビニルポリマーでは、モノマーに由来する置換基が繰り返し現れるが、その相対的な立体配置によって異なる特性をもつ高分子となる。隣り合う繰り返し単位で、置換基が常にシンである場合**イソタクチック**といい、常にアンチである場合**シンジオタクチック**という（**図 5・10**）。

イソタクチック isotactic

シンジオタクチック syndiotactic

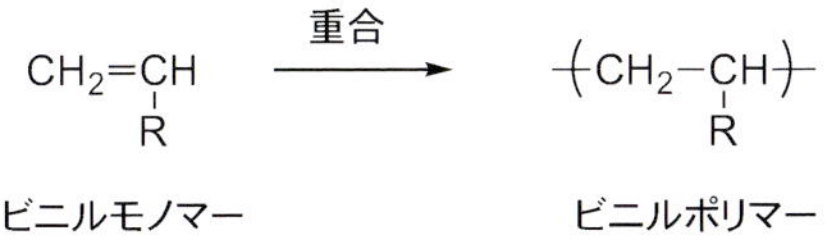

重合

ビニルモノマー

ビニルポリマー

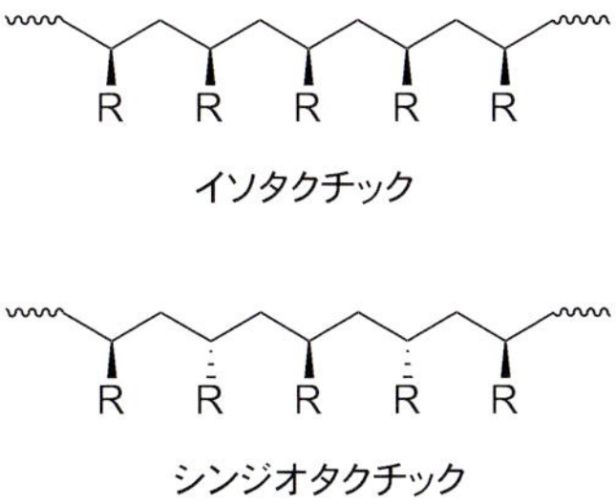

イソタクチック

シンジオタクチック

図 5・10 ビニルポリマーの立体構造：イソタクチックとシンジオタクチック

ポリマーの物性（強度や軟化温度など）は立体配置の影響を強く受ける。一般に、立体配置の一定しないポリマー（**アタクチック**という）に比べて、イソタクチックあるいはシンジオタクチックのポリマーでは物性の著しい向上が見られる。ポリマーの立体配置は重合触媒によって決まる。

アタクチック atactic

演習問題

5・1 次のそれぞれの化合物について、シス体とトランス体を立体が分かるように書け。

(a) (b) 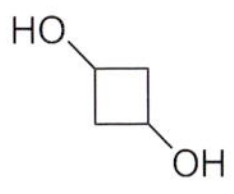 (c) 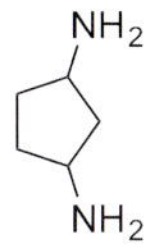 (d) 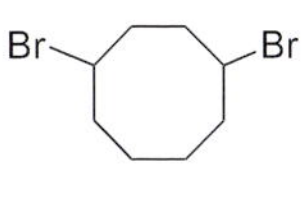 (e)

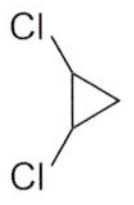

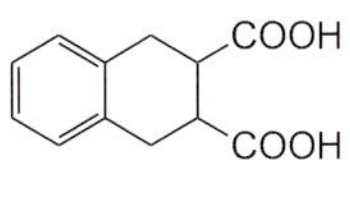

(f) 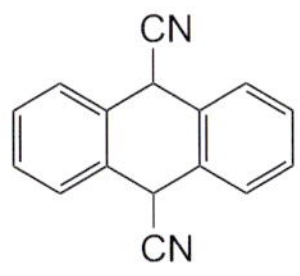 (g) 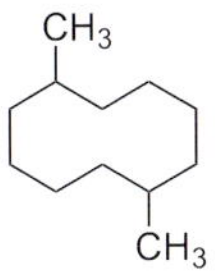 (h)

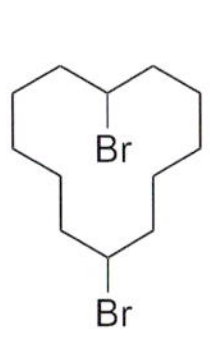

5・2 トランス-デカリンとシス-デカリンではどちらが安定か、エネルギー差を推測して答えよ。

5・3　次のそれぞれの化合物について、立体配座を分かるように書け。立体配座異性体があるものについては、それぞれの立体配座を書き、どちらの立体配座がどれだけ安定か推測して答えよ。

(a)　(b) 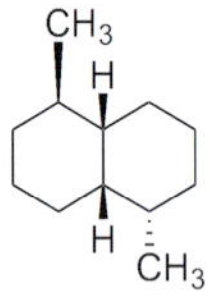　(c) 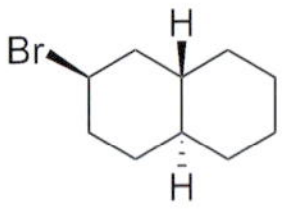　(d)

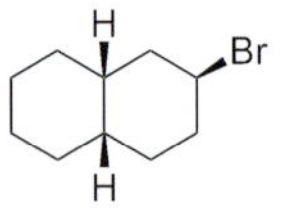

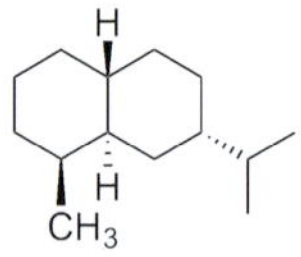

H　Br　H　CH_3　H　H　CH_3　Br　H　H　H　H　CH_3

5・4　次のそれぞれの化合物について、シン体とアンチ体を立体が分かるように書け。

(a)　(b) 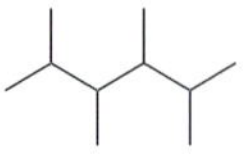　(c) 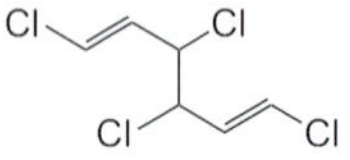　(d) 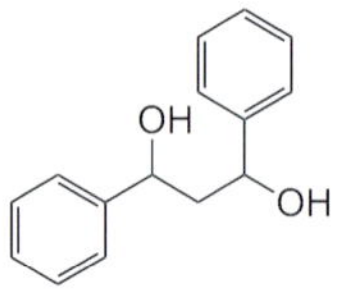　(e)

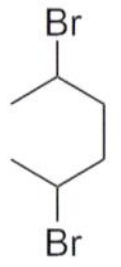

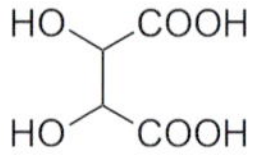

Br　Br　Cl　Cl　Cl　Cl　OH　OH　HO　COOH　HO　COOH

5・5　ステロール類は三つのシクロヘキサン環と一つのシクロペンタン環がトランス-縮環した構造をしており、橋頭位に二つのメチル基をもつ。二つのメチル基と図の四つの橋頭位の水素のうち、どれがアキシアル位にあり、どれがエクアトリアル位にあるか、答えよ。

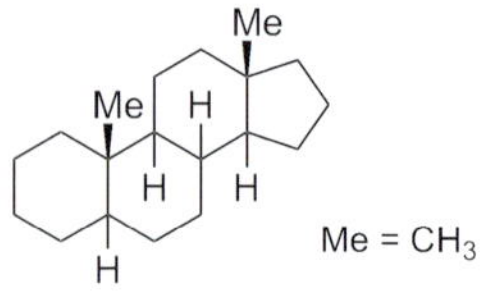

Me　Me　H　H　H　H

Me = CH_3

ステロール類の基本骨格

5・6　化合物 **A** は大きい歪みをもつ化合物で、2005年のノーベル化学賞で受賞対象となったオレフィンメタセシス反応の触媒を作用させると、非常に速やかに開環しながら重合して高分子量のポリマーを与える。これは開環により環の歪みが解消されるからである。それに対して、化合物 **B** はオレフィンメタセシス反応の触媒を作用させてもまったく重合しない。これは、環に歪みがないからである。化合物 **A** がもつ歪みの原因は何か。

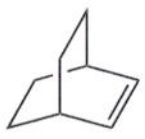

A 　**B**

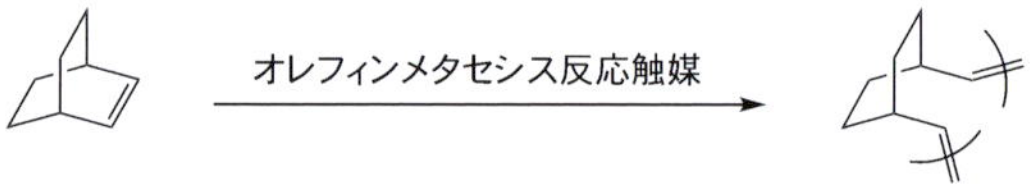

オレフィンメタセシス反応触媒

COLUMN　α面とβ面

糖類のように一定の構造をもったものについては、シスやトランスといった用語を用いなくても、慣用の「書き方」を元にして面を指定することができる。

糖類は $C_n(H_2O)_m$ の組成式で表される天然物で、最も普通に見られるものは、一般式として CHO-$(CHOH)_m$-CH_2OH で表される構造をもつ。このような糖では、5員環（**フラノース形**；furanose form）あるいは6員環（**ピラノース形**；pyranose form）となるようにヒドロキシ基がアルデヒドに（可逆的に）付加して、**ヘミアセタール構造**（hemiacetal structure）をとる。たとえば炭素六つからなる糖では、アルデヒドの炭素を1番として、4番の炭素上のヒドロキシ基がアルデヒドに付加すれば5員環の、5番の炭素上のヒドロキシ基がアルデヒドに付加すれば6員環の、それぞれ環状構造となる。

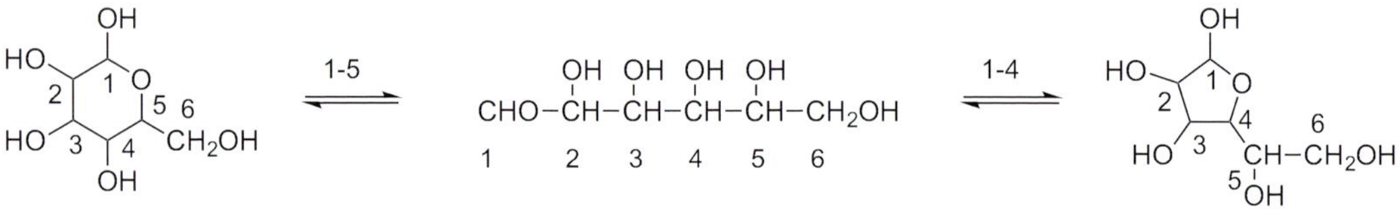

OH　HO　1　O　2　5　6　HO　3　4　CH_2OH　OH

1-5

OH　OH　OH　OH

CHO−CH−CH−CH−CH−CH_2OH

1　2　3　4　5　6

1-4

OH　HO　1　O　2　4　6　HO　3　CH−CH_2OH　5　OH

糖の環状構造を書くときには、5員環の場合は平面に、6員環の場合はシクロヘキサンと同様にいす形で書く。いずれの場合も、環に含まれる酸素を右奥に置き、1位（アルデヒド炭素）を右端に置くようにするのが慣用である。このように書くと、天然の糖はそのピラノース形が必ず「左上がり」の形になるという特徴がある。たとえば、最もありふれた糖である**グルコース**（glucose；ブドウ糖）の構造を示すと次のようになる。

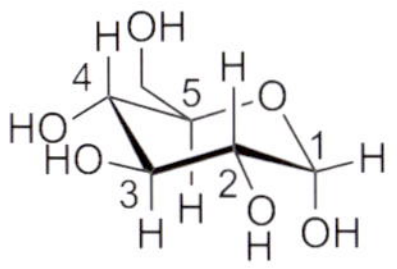

α体　　β体

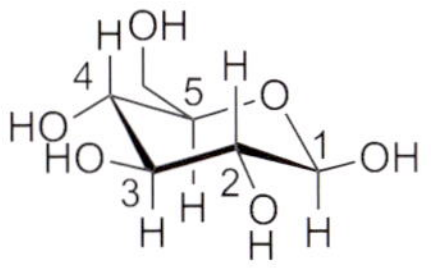

グルコースのピラノース形では、1位を除くすべての置換基がエクアトリアルにあることに注意しよう。まさにこのために、グルコースは最もありふれた糖なのである。

このように、糖類を「慣用」の形で書いたとき、下側を**α面**（alpha side）といい、上側を**β面**（beta side）という。グルコースの1位はヘミアセタール構造であるため、ヒドロキシ基の立体に関して2種類の立体異性体が考えられるが、そのうち、ヒドロキシ基がα面の方に出ているものを**α体**（alpha form）、β面の方に出ているものを**β体**（beta form）という。

デンプンやセルロースのような**多糖類**（polysaccharide；糖が連なった構造をもつポリマー）では、糖の1位に別の糖のヒドロキシ基が**アセタール構造**（acetal structure）で結合する構造である。このとき、α面の方から糖が結合したものを**α結合**（alpha bonding）、β面の方から結合したものを**β結合**（beta bonding）と呼ぶ。グルコースだけからなる多糖類でも、グルコースのどのヒドロキシ基が結合していくかによって様々なものがありうる。**デンプン**（starch）も**セルロース**（cellulose）もグルコースだけからできた多糖類で、いずれも、4位のヒドロキシ基がアセタール化するように結合している。α結合したものがデンプン、β結合したものがセルロースであり、違いはそれしかない。

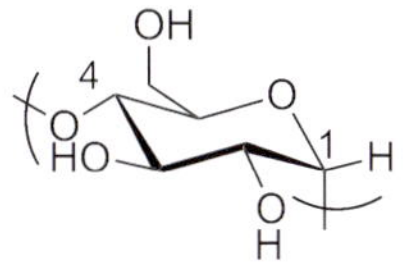

デンプン（α結合） 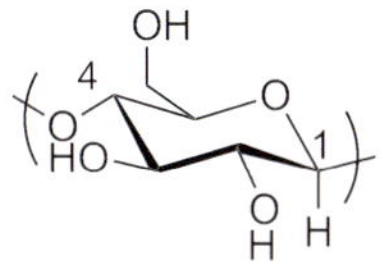　　セルロース（β結合）

ステロール類は、体内ではコレステロールのような油としてだけではなく、**ホルモン**（hormone）や**ビタミン**（vitamin）として極めて重要な役割をもつ一連の化合物である。ステロール類はシクロアルカンが 6員環-6員環-6員環-5員環 とそれぞれトランスに縮環した構造をもち、それぞれ、A環、B環、C環、D環と呼ばれる。ステロール類の構造を書くときには、平面構造で書き、A環を左端に、その右にB環、その上にC環、その右にD環と置くようにするのが慣用である。

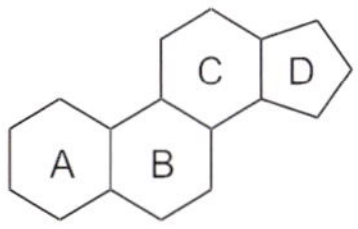

ステロール類の基本骨格と慣用形

このようにステロール類を「慣用」の形で書いたとき、奥側をα面といい、手前側をβ面という。シクロヘキサン環のいす形立体配座を書くときに、構造式の手前側を上に書く習慣があったことを思い出そう（3・5節）。たとえば、コレステロール（図5・8）はβ-ヒドロキシ基をもつステロールであり、男性ホルモンの**アンドロステノール**（androstenol）はα-ヒドロキシ基をもつステロールである。

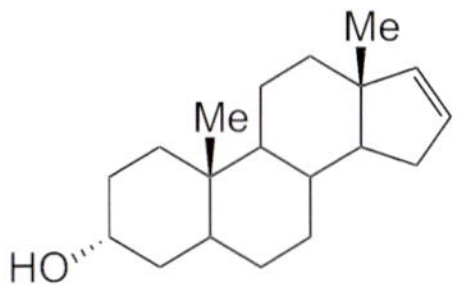

アンドロステノール

第6章 キラリティー

この章ではキラリティーという概念を学ぶ。キラリティーとは、何かあるものを鏡に映したとき、鏡に映したものが元のものと一致しない、という性質である。たとえば、右手は鏡に映すと左手となるが、右手用の手袋を左手にはめることはできないことから分かるように、右手と左手は一致しない。したがって、右手はキラリティーをもつ。キラリティーは立体化学の中心となる概念であり、分子の特性としてキラリティーは非常に重要である。

6・1 キラリティー

鏡像 mirror image

キラリティー chirality

キラル chiral

アキラル achiral

ある物体（分子も物体の一つである）を鏡に映したとき、鏡に映った像を**鏡像**という。鏡像が元の物体（分子）と一致しないとき、その物体（分子）は**キラリティー**（**不斉**）をもつという。キラリティーはその物体（分子）の特性の一つであり、キラリティーをもつ物体（分子）は**キラル**（不斉な）であると形容される。一方、キラリティーをもたない（キラルではない）とき、その物体（分子）は**アキラル**であると形容される（**図6・1**）。

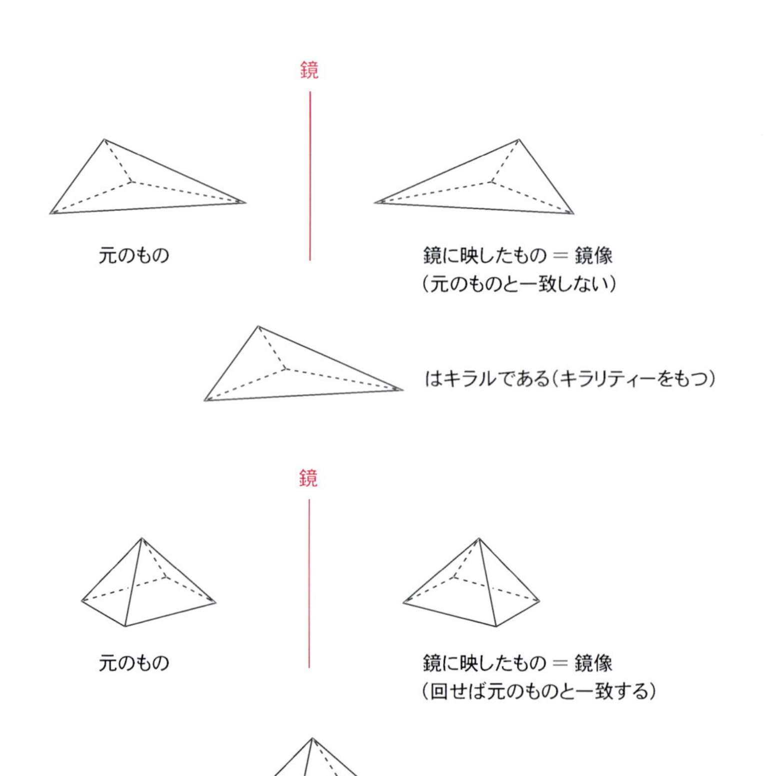

図6・1 キラリティー、キラル、アキラル

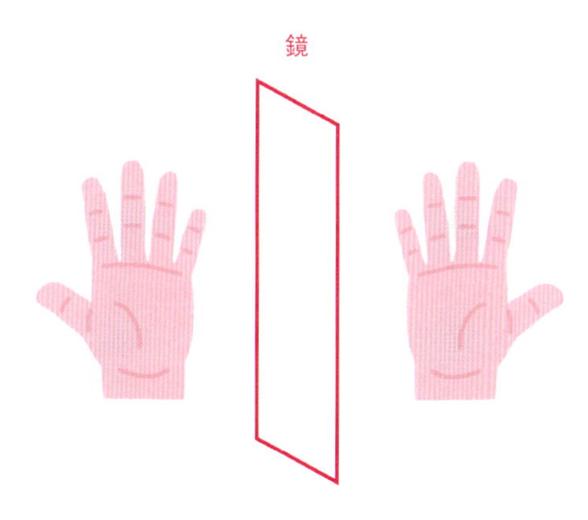

図6・2 手のキラリティー

右手と左手は典型的なキラルな例であるため、キラリティーはしばしば「右と左」の関係に喩(たと)えられる。手相や指紋などの細かい違いを除けば、右手を鏡に映すと左手となる。つまり、左手は右手の鏡像である（**図6・2**）。鏡像である左手は元の右手と明確に違う。違うことは見ればすぐに分かるが、たとえば、右手と右手なら握手ができるが、右手と左手では握手ができないことからも分かる。あるいは、右手用の手袋を左手にはめることができないことからも分かる。このように、右手はその鏡像の左手と一致しないためキラルである。同様に、左手もキラルである。

キラリティーは様々な状況で生じる。特に分子がキラリティーをもつとき、キラリティーが生じる原因によって、中心不斉、軸不斉、面不斉、らせん不斉などと分類することができる。もちろん、一つの分子が複数の不斉要素をもつこともある。

不斉中心 chiral center

6・2 中心不斉

一般に、原子が四つの置換基をもつとき、四つの置換基は四面体構造をもつ（1・6節）。四つの置換基がすべて異なるとき、その分子はキラルになる。その場合、四つの異なる置換基をもつ原子を**不斉中心**と呼ぶ（**図6・3**）。不斉中心によってキラリティーが生じるとき、そのキラリティーのことを**中心不斉**という。

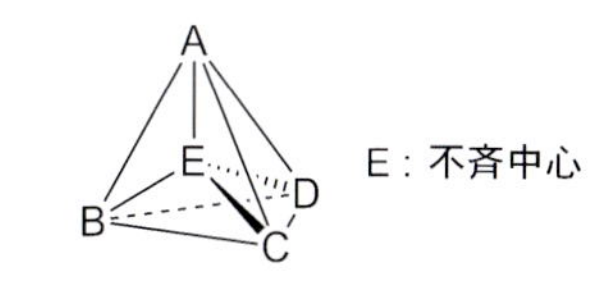

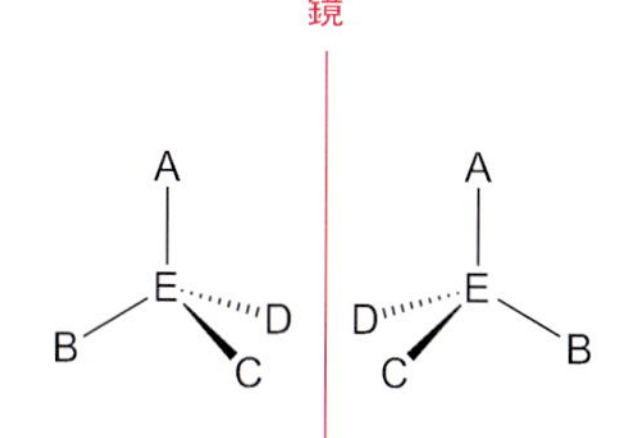

図6・3 四つの異なる置換基をもつ原子は四面体の中心にあり不斉中心となる

炭素原子が不斉中心となるとき、その炭素原子を特に**不斉炭素**という。炭素は様々な置換基をもつことができるので、多くの有機化合物が四つの異なる置換基をもつ炭素原子を含んでいる。そのため、不斉炭素による中心不斉は最もありふれたもので、私たちの身の回りにあるキラリティーはほとんどが不斉炭素によるものである。私たちの体を構成する有機化合物のほとんどは不斉炭素をもつキラルな化合物である。**図6・4**に不斉炭素を

中心不斉 central chirality

不斉炭素 chiral carbon

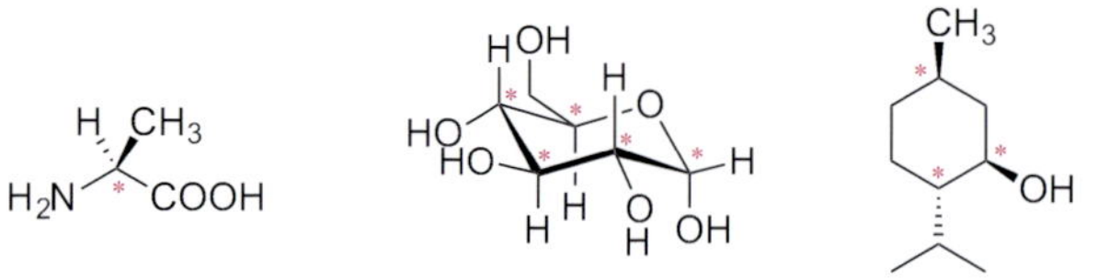

L-アラニン　α-グルコピラノース　l-メントール

図6・4 身の回りにある不斉炭素をもつキラル化合物の例（不斉炭素は*で示してある）

もついくつかのキラルな化合物を示してある。一見すると、四つの置換基が「すべて違う」ようには見えないものも含まれている。炭素に付いている最初の原子だけを見ると同じであっても、その先が違う場合には違う置換基である。

図6・4では不斉炭素は*で示してある。分子がキラルだからといって、分子内の炭素のすべてが不斉炭素であるわけではない。また、四つの異なる置換基をすべて示してあれば分かりやすいが、置換基としての水素はしばしば省略されるので、置換基が四つあるように見えないこともあり、注意する必要がある。

四つの異なる置換基をもつ第四級[*1]アンモニウム塩や*N*-オキシドは、窒素原子が不斉中心となる例である（**図6・5**）。

一方、三つの異なる置換基をもつアミンの場合、窒素原子上には四つ目の「置換基」として非共有電子対があり、非共有電子対まで含めると四面体の構造をとっている。そのため、原理的には、三つの異なる置換基をもつアミンでは窒素原子が不斉中心となりうる。しかし、窒素原子の場合、非共有電子対の**反転**が非常に速い[*2]。反転して生じるのはその鏡像と同じものであるので、アミンでは鏡像が元の分子と一致してしまう（**図6・6**）。したがって、実際には、単純なアミンではキラリティーは生じない。

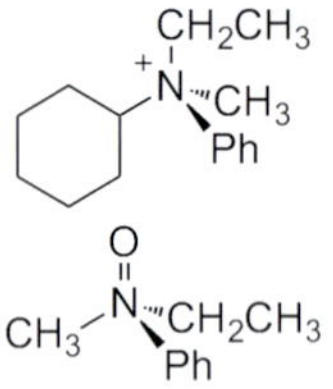

図6・5 窒素原子が不斉中心となるキラルな化合物

図6・6 アミンは非共有電子対の反転によって鏡像に変化してしまう

何らかの理由で非共有電子対の反転が起こらない場合には、窒素原子が不斉中心となりうる。**図6・7**に示す**トレガー塩基**[*3] **6-1**は、環構造のために反転ができないのでキラリティーをもち、窒素原子が不斉中心となる。

非共有電子対の反転は第3周期以降の元素では起こらないため、リンや硫黄などでは非共有電子対を四つ目の「置換基」とする不斉中心が安定に

＊1 注目している原子に炭素置換基がいくつ結合しているかを「第○級」と表現する。一つだけ結合しているものを第一級、二つ結合しているものを第二級、三つ結合しているものを第三級、四つ結合しているものを第四級という。炭素置換基は電子供与性置換基として、また、立体障害として働くので、炭素置換基の結合によって性質が連続的に変わっていく。そのため、第何級であるかによって、反応性や性質を予想することができる。

反転 inversion

＊2 シクロヘキサン環の反転（flipping）では立体配置は変化しないが（3・3節）、窒素原子上の非共有電子対の反転では立体配置（キラリティー）が逆転する。このような反転は inversion と呼ばれる。inversion は様々な場面で見られるが、特に、窒素原子上の非共有電子対の反転は nitrogen inversion と呼ばれる。

6-1

図 6・7　窒素原子上で非共有電子対が反転できないために
キラリティーをもつトレガー塩基

トレガー塩基 Tröger's base

＊3　J. Tröger はドイツの化学者で、1887 年に新しい塩基性化合物を見出したが、その構造を決めることはできなかった。その構造は 1935 年に決定され、さらに、1944 年にはトレガー塩基がキラルであることが実験的に証明され、窒素原子も不斉中心となりうることが初めて明らかとなった。

存在する。**図 6・8** に示す **6-2** や **6-3** や **6-4** のような化合物は、リンや硫黄を不斉中心とする典型的なキラルな化合物である。

ケイ素やスズのような、四つの安定な共有結合をつくることのできる元素も不斉中心となる。また、多くの金属元素も**配位子**をもつ錯体では不斉中心となる。しかし、金属化合物の配位子は位置が固定されない場合があるので、実際にキラルな分子となるかどうかは必ずしも明確ではない。

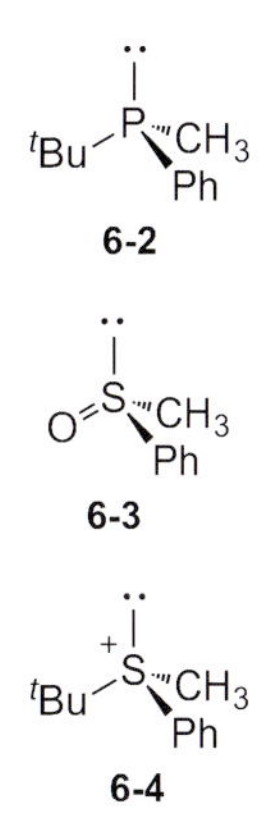

図 6・8　非共有電子対をもつリンや硫黄を不斉中心とするキラルな化合物

6・3 軸 不 斉

ある結合が「自由」回転できないとき、置換基の配置によってはキラリティーが生じる。このようにして生じるキラリティーを**軸不斉**（あるいは**軸性不斉**）と呼ぶ。

配位子 ligand

軸不斉（軸性不斉） axial chirality

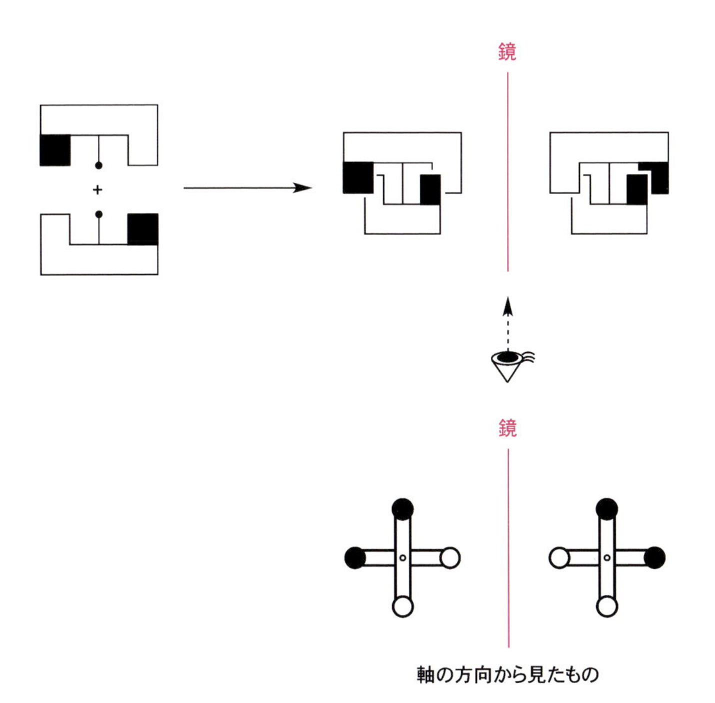

図 6・9　二つのコの字がぶつかってキラリティーが生じる様子
ぶつかってしまうため ● と ○ は重なることができず、右回りと左回りの立体異性体になる。

単結合が「自由」回転できないのは、コの字形の置換基が内側で結合しているときである。**図6・9**に示したように、出っ張った部分がぶつかってしまうと、回転できる範囲は180°未満に制限される。このような場合、それぞれのコの字が左右対称でないとキラリティーが生じる。図6・9では、分かりやすいように軸の方向から眺めた図も示した。

図6･10に示した**6-5**や**6-6**は軸不斉をもつ典型的な化合物の例である。**6-5**の場合、ナフタレン環の8位の水素と2位のヒドロキシ基がコの字の両端となる。**6-6**の場合、ベンゼン環の2位のカルボキシ基と6位のニトロ基がコの字の両端となる。これら同士がぶつかるため、ナフタレン環やベンゼン環同士は平面になることができない。そのため、キラリティーが生じる。

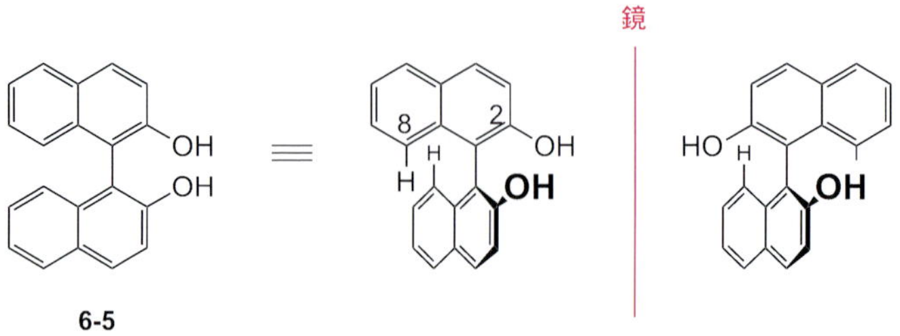

図6・10 軸不斉をもつナフタレン化合物やベンゼン化合物

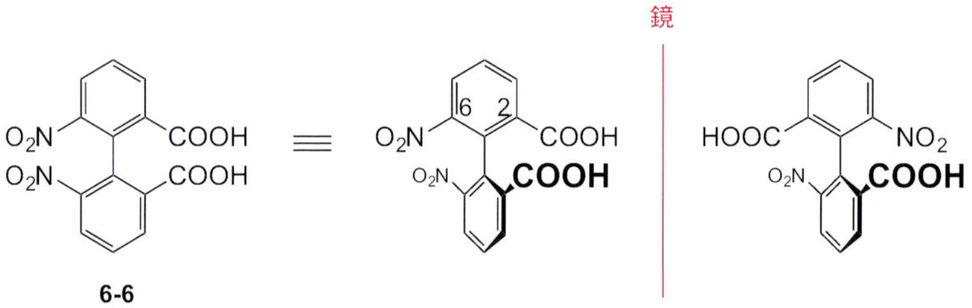

二重結合は「自由」回転できないが、通常のオレフィンは平面構造をしているためキラリティーは生じない。しかし、オレフィンがコの字形の置換基をもつと、オレフィンであるにもかかわらず平面構造をとれなくなり、キラリティーが生じる可能性がある。**図6・11**に示す**6-7**では、二重結合が平面構造をとろうとすると、置換基同士がぶつかってしまう。それを避けるため、**6-7**の二重結合はねじれて、平面構造をとらない。そのため**6-7**は軸不斉をもち、キラルな分子である。

このように、軸不斉は四つの置換基が平面をとることができないという状況で生じる。そのため、環構造によって置換基の回転が止められているときにも軸不斉が生じる。たとえば、**図6・12**に示す**6-8**や**6-9**のような化合物は軸不斉をもちキラルである。

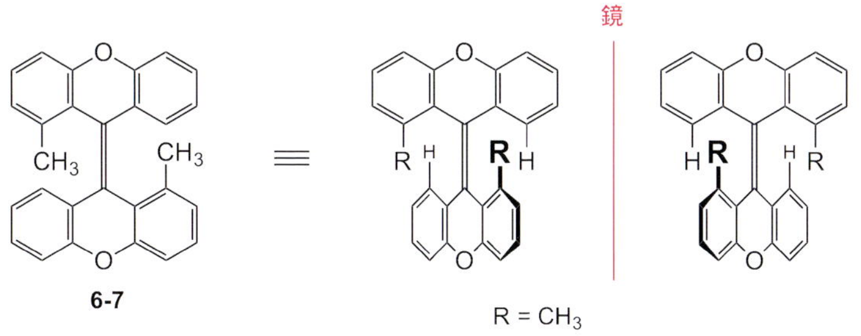

鏡

CH_3 CH_3 ≡ R H **R** H | H **R** H R

6-7

R = CH_3

図 6・11 軸不斉をもつオレフィン

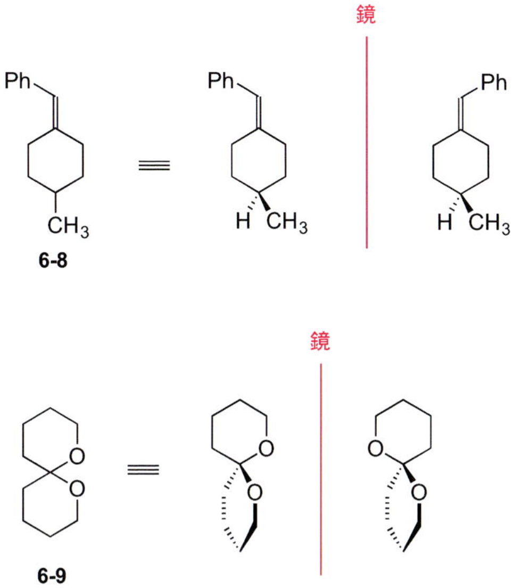

鏡

Ph ≡ Ph | Ph

CH_3 H CH_3 H CH_3

6-8

鏡

O O ≡ O O | O O

6-9

図 6・12 環構造によって置換基の平面性が失われ、キラリティーが現れる

二重結合が直結した構造をもつ**アレン**では、それぞれの二重結合に関与する π 電子が直交しているので、両端の置換基も直交する。そのため、**図 6・13** に示した **6-10** のようなアレン化合物は軸不斉をもちキラルである。

アレン allene

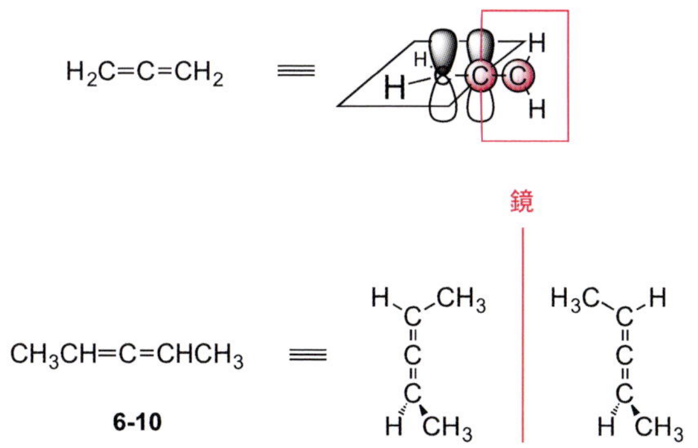

$H_2C{=}C{=}CH_2$ ≡ H H C C H H

鏡

$CH_3CH{=}C{=}CHCH_3$ ≡ H C CH_3 C C H CH_3 | H_3C C H C C H CH_3

6-10

図 6・13 キラルなアレン

6・4 面不斉

通常、平面構造をもつものは鏡に映しても平面のままなので、どのような複雑な形でもキラリティーをもたない。しかし、何らかの方法で面の裏表が区別されるような場合は、鏡像と一致しなくなり、キラリティーをもつ。たとえば、手は平面であるが、掌側と甲側が区別できる。そのため、右手を鏡に映すと、左手になってしまう。このように、面の裏表が区別されて生じるキラリティーを**面不斉**と呼ぶ。

面不斉 facial chirality

図6・14に示す**6-11**では、ベンゼン環の1位と4位を結ぶメチレン鎖のため、ベンゼン環の表と裏が区別される。メチレン鎖が長ければ、縄跳びをするように、メチレン鎖は「裏側」に回り込むことができるが、メチレン鎖が短いので、2位と5位のメチル基に邪魔されて縄跳びをすることができない。そのため、**6-11**はキラリティーをもつ。

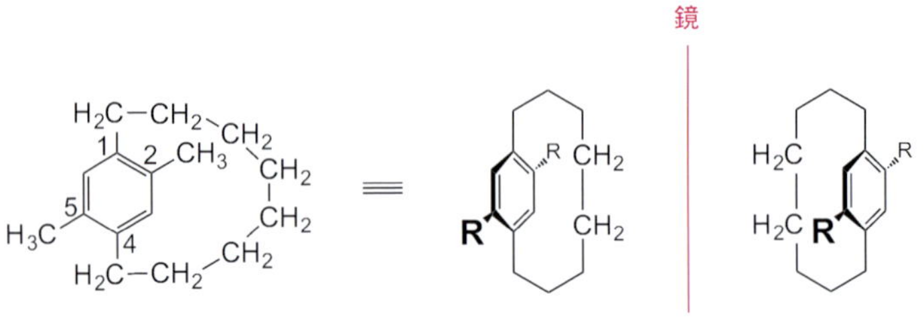

図6・14 面不斉をもつベンゼン環化合物

6・5 ラセン不斉

ベンゼン環は平面構造をしているので、**図6・15**に示すナフタレン**6-12**、フェナントレン**6-13**、ベンゾフェナントレン**6-14**はいずれも平面構造で、キラルではない。しかし、ベンゼン環がさらに増えて**6-15**となると、もはや平面構造をとることはできなくなる。端のベンゼン環やベンゼン環に付いている水素は重なることはできないので、どちらかはもう一方の「上」に乗り上げざるをえない。このとき、どちらが乗り上げたかによって生じた二つの分子は鏡に映した関係にあり、重ねることはできない。すなわち、**6-15**はキラルである。このように、ラセン状の構造に基づいて生じるキラリティーのことを**ラセン不斉**と呼ぶ。ラセン不斉は面不斉の一種と考えることもできる。

ラセン不斉 helical chirality

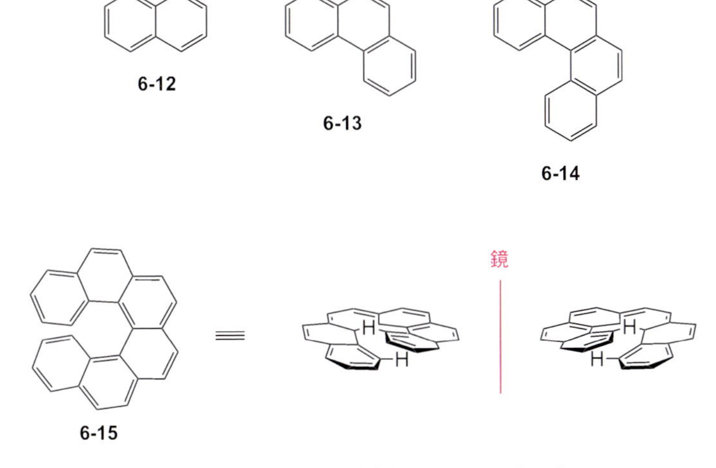

図6・15 縮環ベンゼン環類：平面構造のものと、環の重なりのためにラセン不斉が誘導されたもの

演習問題

6・1 次の化合物の不斉中心（一つとは限らない）に＊のマークを付けよ。不斉中心がない場合は「ない」と答えよ。

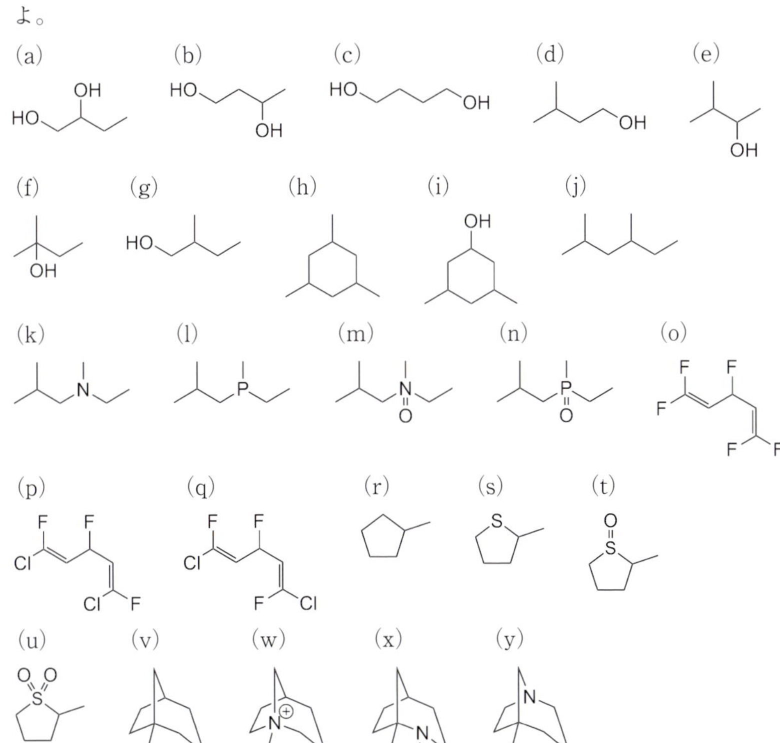

6・2 次の化合物の中で軸不斉をもたないものを選べ。ただし、Ph = C_6H_5 である。

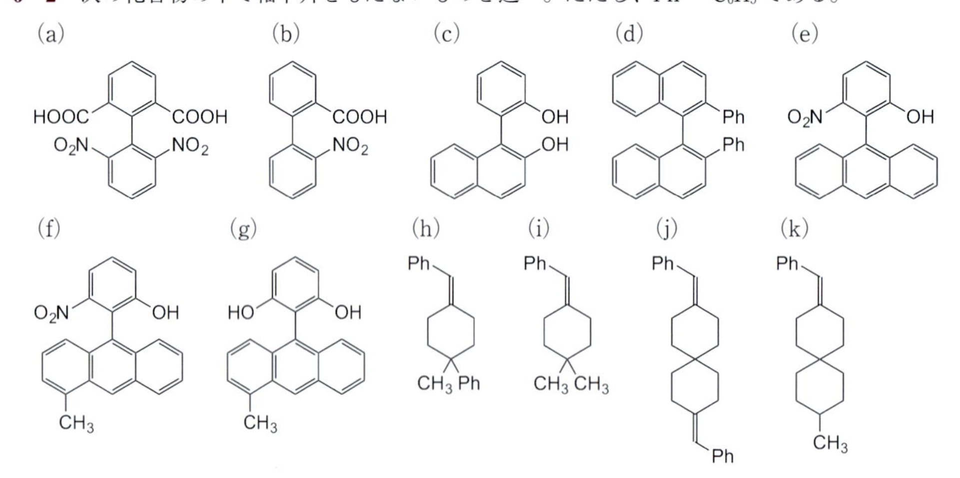

6・3 次の天然物の不斉中心のすべてに＊の印を付けよ。

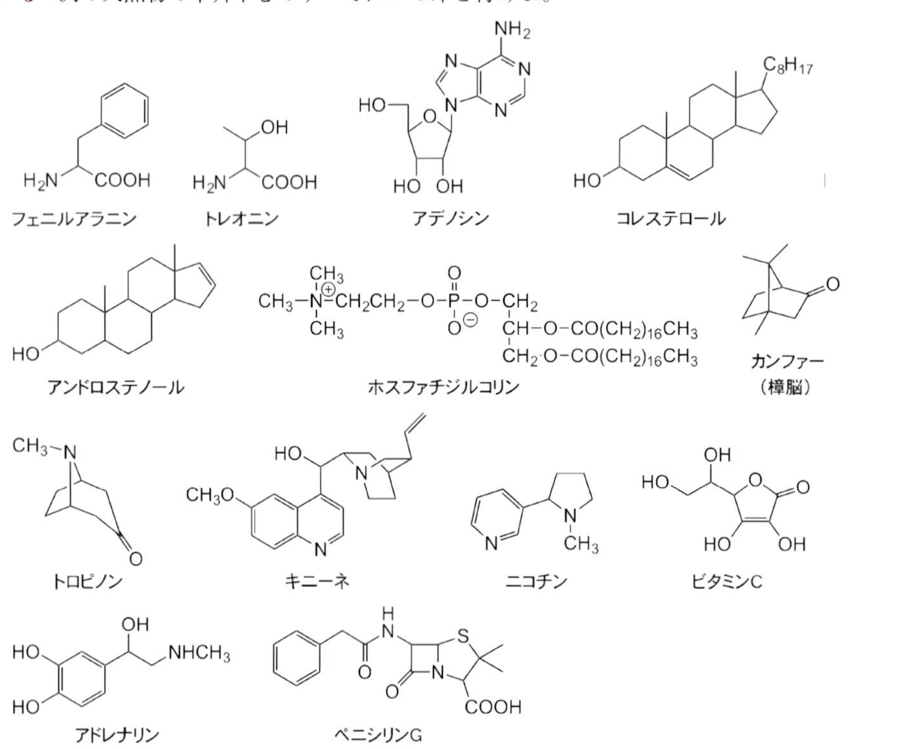

6・4 炭化水素に光を当てながらハロゲン（たとえば塩素 Cl_2）を作用させると，炭化水素の水素をハロゲンに置換することができる。

$$\mathrm{R-H} \xrightarrow{\text{光},\ \mathrm{Cl_2}} \mathrm{R-Cl}$$

次のそれぞれの化合物に光を当てながら塩素を作用させ，水素の一つを塩素で置換した。生成物が不斉中心をもつようになるのはどの水素を置換したときか。そのときの生成物の不斉中心に＊の印を付けて示せ。

(a)　(b)　(c)　(d)　(e)

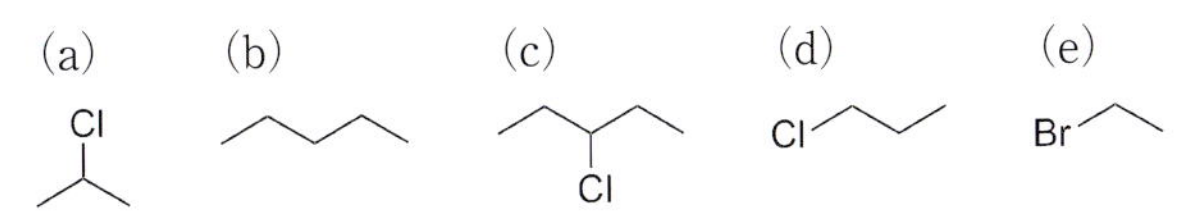

6・5 C_5H_{10} のすべての異性体（第1章 演習問題1・3）の中で，不斉中心をもつものをすべてあげ，不斉中心に＊の印を付けて示せ。

6・6 C_3H_6O のすべての異性体（第1章 演習問題1・4）の中で，不斉中心をもつものをすべてあげ，不斉中心に＊の印を付けて示せ。

COLUMN 右と左

私たちは三次元の空間に住んでいるので、方向には「右と左」、「前と後」、「上と下」の三つがある。この三つの方向は、物理的にはまったく等価であるが、キラリティーはその中でも特に「右と左」の関係になぞらえられる。これは、人間が左右対称の形をしているのに対して、上下対称でも、前後対称でもないため、人間には「右と左」の関係だけが分かりやすい、という（極めて人間的な）事情によるものであって、物理的な理由ではない。

しばしば、「鏡に像を映すと左右が入れ換わる」と表現されるが、それも心理的なものである。

自分の姿を鏡に映すと、右手が左手に変わったように見える。しかしよく見ると、右手は右側にあり、左手は左側にある。右側にあるものは鏡の中でも右にある。にもかかわらず、私たちがそれを「左にある」と感じるのは、私たちが「鏡の中の私」の気持ちになって考えるからである。鏡の外の「本当の私」からすれば、左右は入れ換わっていない。

では、何が入れ換わっているのかといえば、前後が入れ換わっている。確かに、「本当の私」の前に置いてある物体は、鏡の中では「鏡の中の私」よりも手前にある。それは、鏡を私の前に置いて覗き込んでいるからである。

鏡で本当に左右を入れ換えるには、鏡を「本当の私」の右か左に置けばよい。今度は、「本当の私」の前に置いてある物体は、鏡の中でも「鏡の中の私」の前にある。その代わり、「本当の私」の右に置いてある物体は、鏡の中では「鏡の中の私」よりも左にある。同様に、鏡で上下を入れ換えるには、鏡を「本当の私」の上か下に置けばよい。

これは、物理的な鏡像の問題であって、私たちの「気持ち」とは違う。私たちは鏡をどこに置こうと、「鏡の中の私」は左右が入れ換わっているように感じる。それだけ、人間にとってキラリティーという概念と左右の概念とは切り離せないのである。

COLUMN インターロック分子のもつキラリティー

二つの大環状コンポーネントが互いに貫通しあってできている分子を［2］**カテナン**（catenane）という。［2］カテナンは二つの分子でできているように見えるが、二つの大環状コンポーネントのどこかの結合を切断しなければ、常に一体となって動くので、［2］カテナンはこれで一つの分子である。

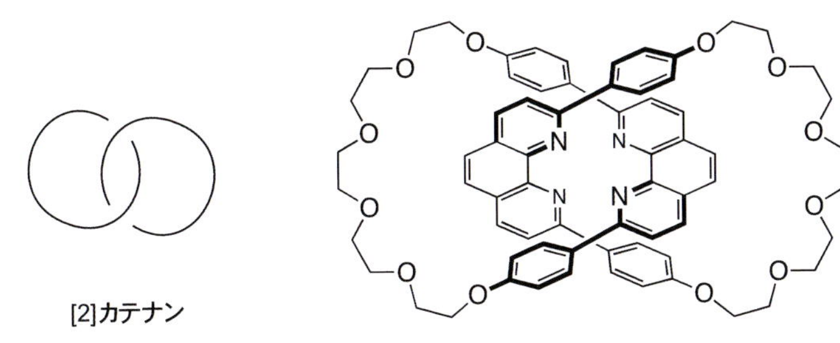

［2］カテナン

［2］カテナンの具体例

大環状コンポーネントに鎖状コンポーネントが貫通し、鎖状コンポーネントの両端に嵩高い置換基を配することで、環状コンポーネントが鎖状コンポーネントから抜けなくなった分子を［2］**ロタキサン**（rotaxane）という。［2］ロタキサンも二つの分子でできているように見えるが、やはりこれで一つの分子である。

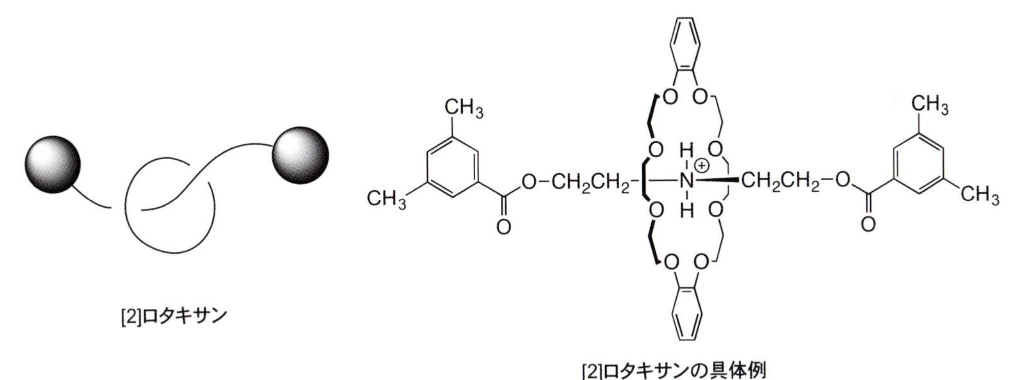

［2］ロタキサン

［2］ロタキサンの具体例

［2］カテナンや［2］ロタキサンのように、貫通構造を特徴とする一群の**超分子**（supramolecule）を**インターロック分子**（interlocked molecule）という。インターロック分子は、それを構成するコンポーネントの数を前に付して呼ばれる。コンポーネントの数が三つのロタキサンは［3］ロタキサンと呼ばれる。

［3］ロタキサン

2016年のノーベル化学賞を受賞した3人のうち、ソバージュ（J.-P. Sauvage）とストッダート（Sir J. F. Stoddart）はインターロック分子の研究で受賞した。ノーベル化学賞の受賞理由はインターロック分子の**分子機械**（molecular machine）への応用についてであるが、ここでは、インターロック分子のもつキラリティーについて取り上げることとしよう。もちろん、インターロック分子が不斉中心をもっていればキラルになるが、インターロック構造に基づくと、興味深いキラリティーが発生する。

［2］カテナンのそれぞれの環状コンポーネントの上に異なる置換基があると、［2］カテナンはキラルとなる。このようなキラル［2］カテナンでは、どち

らかの環状コンポーネントを切断して、もう一方の環状コンポーネントを取り出しても、それはキラルではない。

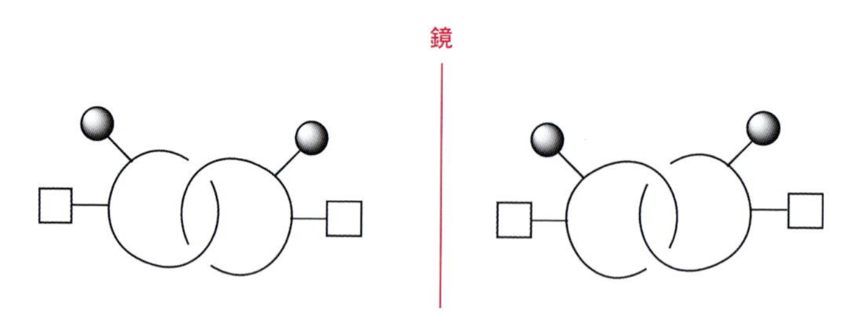

キラルな[2]カテナン

[2]ロタキサンでも、それぞれのコンポーネント上に異なる置換基があるとキラルになる。

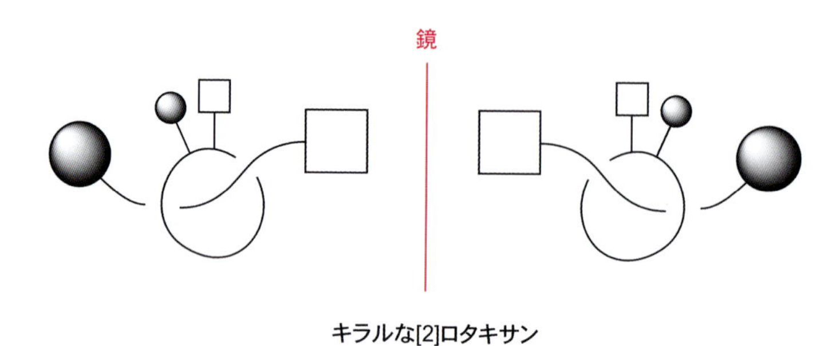

キラルな[2]ロタキサン

[3]ロタキサンでは、異なる置換基をもつ環状コンポーネントが互いに逆方向に回るように使われるとキラルになる。

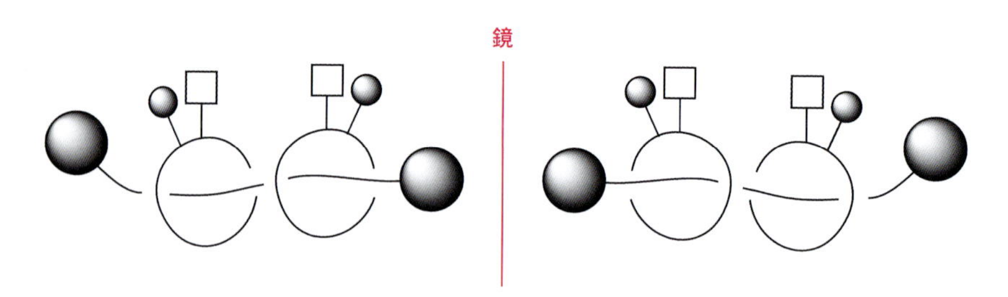

キラルな[3]ロタキサン

1本の大環状コンポーネントだけでできているが、自分自身に貫通しているインターロック分子もある。代表的なものは「**結び目**（knot）」と呼ばれる分子である。最も単純な「結び目分子」である「**三つ葉型結び目**（trefoil knot）」はそれ自身がキラルである。

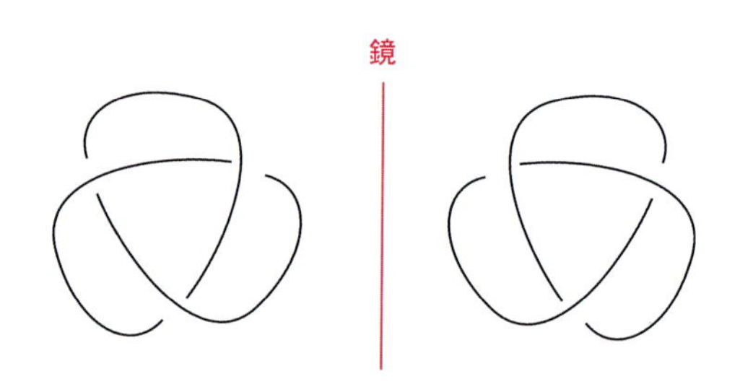

三つ葉型結び目分子

第7章 エナンチオマーとジアステレオマー

この章ではキラリティーをもつ分子について、その異性体を区別することについて学ぶ。ある分子がキラルであるとき、その分子と鏡に映した分子は互いにエナンチオマーであるという。分子が複数の不斉要素をもつとき、エナンチオマーではすべての不斉要素が反転する。一部の不斉要素しか反転しないとき、それをジアステレオマーという。エナンチオマーでは物理的な性質はまったく等しいが、ジアステレオマーの物理的性質は異なっている。しかし、生理的性質については、エナンチオマーでも異なる。それは生体がキラルだからである。

7・1 エナンチオマー

ある分子がキラルであるとき、鏡像の分子をその分子の**エナンチオマー**という（**図7・1**）。エナンチオマーのエナンチオマーは元の分子と等しい。右手と左手はエナンチオマーの関係にある。

エナンチオマー enantiomer

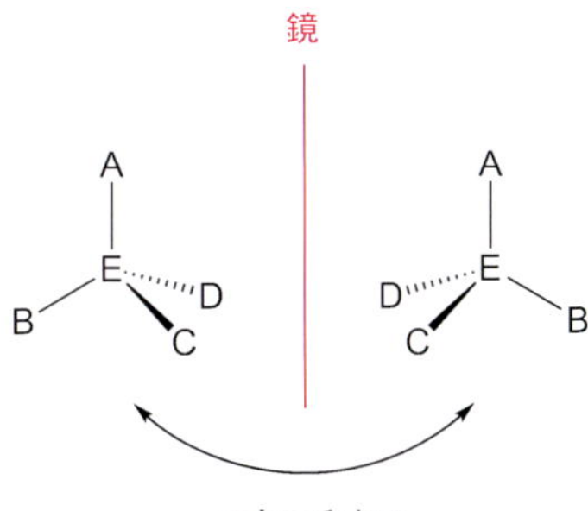

図7・1　エナンチオマー

不斉中心をもつ分子のエナンチオマーでは、立体中心が反転する。たとえば、**図7・2**の**7-1**のようにメチル基が手前に出ているような不斉中心をもつ分子のエナンチオマーでは、その他の部分はまったく変わらず、メチル基が奥に向く（代わりに、奥を向いていた水素が手前に向く）。一つの分子が複数の不斉中心をもっているとき、そのエナンチオマーでは、すべての不斉中心の立体が反転している。たとえば、**7-2**のエナンチオマーは**7-3**である。

我々の体をつくる分子の多くはキラルであり、我々生物はそのうち一方

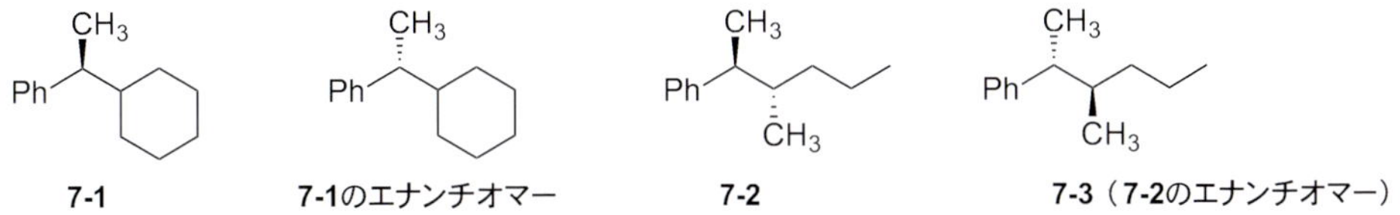

CH_3 Ph **7-1**　　CH_3 Ph **7-1のエナンチオマー**　　CH_3 Ph CH_3 **7-2**　　CH_3 Ph CH_3 **7-3（7-2のエナンチオマー）**

図7・2　エナンチオマーでは不斉中心が反転する

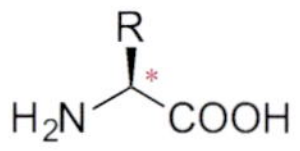

アミノ酸

R = H, CH_3, CH_2OH, CH_2Ph, CH_2SH ...

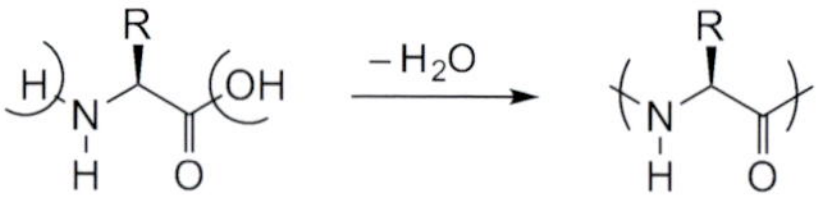

タンパク質

図7・3　アミノ酸とタンパク質

のエナンチオマーだけを利用する。たとえば、**図7・3**に示す**タンパク質**は我々の体をつくる重要な分子で、**アミノ酸**が脱水**縮合**により重合したものである。

生物が利用するアミノ酸は20種類ある。つまり、20種類のRがある[*1]。そのうち、Rが水素であるもの（グリシン）には不斉炭素がないが、それ以外の19種はすべてRが結合する炭素（α炭素と呼ばれる：*を付けて示してある）が不斉炭素となり、キラルな化合物である。我々生物は、アミノ酸のエナンチオマーのうち、図7・3に示したような、Rが手前に向いたエナンチオマーだけを利用している[*2]。Rが奥に向いたエナンチオマーは利用することができず、そのようなアミノ酸をいくら食べても栄養にはならない。それだけ食べていたら餓死することになる[*3]。

タンパク質 protein

アミノ酸 amino acid

縮合 condensation

*1　アミノ酸は、アミノ基とカルボキシ基をもつ炭素（α炭素）に置換基R（置換基は一般にRで表す）が結合した形をしている。アミノ酸はRにより分類され、Rは「側鎖」あるいは「残基」と呼ばれる。

*2　図7・3に示したように、Rが手前に向いたエナンチオマーはL体と呼ばれる。この名称については第11章で学ぶことになる。

*3　ある種の細菌などは、Rが奥に向いたエナンチオマーも利用する。このような生物は、Rが手前にあるアミノ酸をRが奥に向いたアミノ酸に変換する機能をもっている。このような生物なら、Rが奥に向いたエナンチオマーだけで生き続けることもできるかもしれないが、残念ながら人間にはそのような機能はない。

7・2　ジアステレオマー

7-2に対して、その一部の立体だけが反転している化合物はエナンチオマーではない。たとえば、**図7・4**に示す**7-4**は、**7-2**のエナンチオマーではないが**7-2**の立体異性体である。このような立体異性体のことを**ジアステレオマー**と呼ぶ。**7-2**のジアステレオマーには**7-4**だけでなく、**7-5**もある。**7-2**のジアステレオマーは**7-4**と**7-5**の二つしかない。

ジアステレオマー
diastereomer：
di = 2、a = 否定、
stereo = 立体

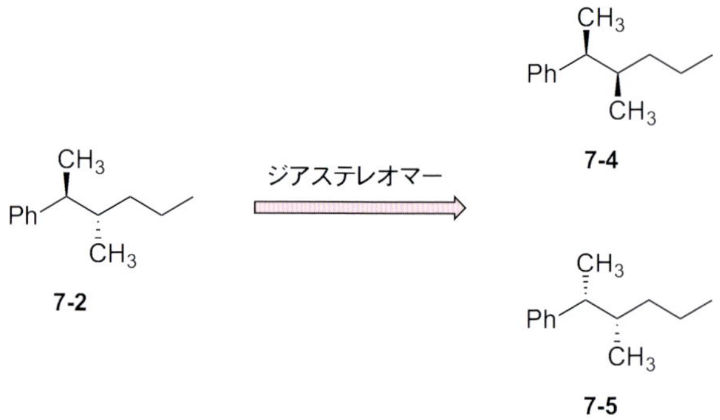

7-2　**7-4**　**7-5**

図7・4　ジアステレオマー

ジアステレオマーの関係にある分子同士では、一部のキラリティーが共通で、その他の部分のキラリティーは反転している、と見ることができる。

7・3　物理的性質と生理的性質

エナンチオマーは元の化合物を鏡に映したものなので、**沸点**、**融点**、色などの物理的な性質はまったく等しい。したがって、**蒸留**や**再結晶**などの分離手段でエナンチオマーを分離することはできない。また、NMR スペクトル、IR スペクトル、UV スペクトルなど、**分光学的**な特徴もまったく等しく、エナンチオマーを区別することはできない。**クロマトグラフィー**を行っても分離することはない（**表 7・1**）。

沸点 boiling point
融点 melting point
蒸留 distillation
再結晶 recrystallization
分光学的 spectroscopic
クロマトグラフィー chromatography

表 7・1　エナンチオマーとジアステレオマー

	エナンチオマー	ジアステレオマー
物理的性質 沸点、融点、色など	同じ	異なる
スペクトル NMR、IR、UV、MS など	同じ	異なる
分離手段 蒸留、再結晶、クロマトグラフィーなど	分離できない	分離できる
生理的性質 味、匂い、薬理活性など	異なる	異なる

それに対してジアステレオマーは、同じ立体異性体でも、鏡に映したものではないので、沸点、融点などの**物理的**な性質が異なっている（**表 7・1**）。実際に分離できるかどうかはともかくとして、原理的には、蒸留や再結晶などでジアステレオマーを分離することができる。また、NMR スペクトル、IR スペクトル、UV スペクトルなど、分光学的にもジアステレオマーを区別することができる。ジアステレオマーを分離するためには、しばしばクロマトグラフィーが用いられる。

物理的 physical

このように、ジアステレオマーがまったく異なる分子であるのに対して、エナンチオマーは実質的に同じ分子であるかのように振る舞う。

しかし、エナンチオマーが区別できないのは物理的な性質だけである。味、匂いなどの**生理的**な性質は、エナンチオマーでまったく異なる。メントール **7-6** はミントの香りの成分でさわやかな匂いをもつが、そのエナンチオマーである **7-7** は重苦しい匂いをもつ。グルタミン酸ナトリウム **7-8** はダシの味の主成分で強いうま味をもつが、そのエナンチオマーである **7-9** には味がない（**図 7・5**）。

生理的 physiological

エナンチオマーは物理的にはまったく同じ性質を示すのに、なぜ生理的には性質が異なるのであろうか。これは、7・1 節で述べたように、人間の

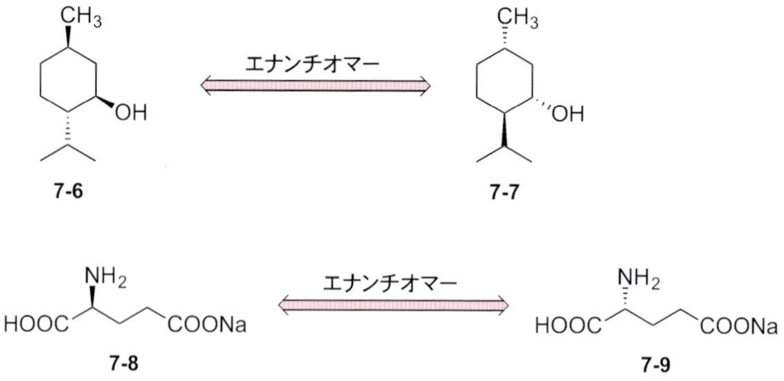

エナンチオマー
7-6 7-7

エナンチオマー
7-8 7-9

図7・5 エナンチオマーで生理的な性質が異なる例

*4 この非常によい例は人工甘味料のアスパルテームであろう。アスパルテームはスクロース(砂糖)の100倍以上の甘みをもち、ダイエットにも使われる化合物であるが、そのエナンチオマーは苦い。

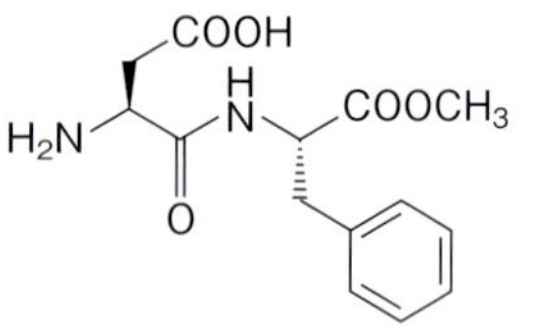

このように、特に医薬品ではエナンチオマーは危険である可能性があるため、現在では、原則として医薬品は一方のエナンチオマーだけを供給するように規制されている。

体をつくる分子がキラルだからである。人間の体をつくる分子として代表的なタンパク質を考え、**7-6**と**7-7**の1対のエナンチオマーとの組合せを考えよう(**図7・6**)。タンパク質のキラリティーは共通であるので、二つの組合せはジアステレオマーの関係になる。そのため、**7-6**と**7-7**はエナンチオマーであっても、人間の体との関係、すなわち、生理的な性質は異なってくるのである。

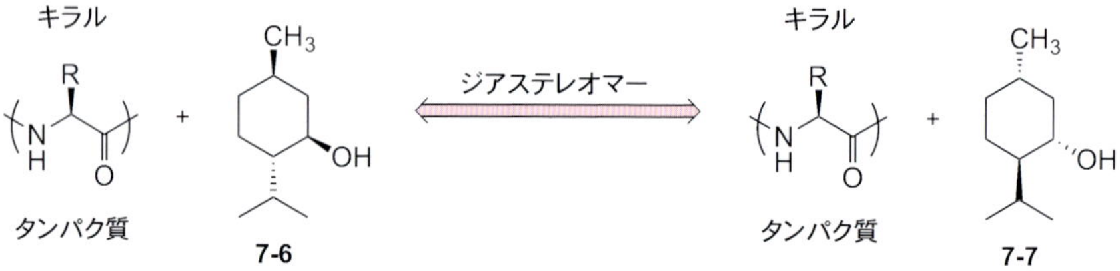

キラル タンパク質 7-6 ジアステレオマー キラル タンパク質 7-7

図7・6 キラルな生体分子との組合せではエナンチオマーはジアステレオマーとして振る舞う

フラスコや分析機器は、物体の形としてはキラルかもしれないが、分子レベルではキラルではない。そのため、フラスコや分析機器はエナンチオマーを区別できない。蒸留や再結晶でエナンチオマーが分離できないのも、スペクトルでエナンチオマーが区別できないのも、フラスコや分析機器が分子レベルでキラルではないためである。

7・4 エナンチオマーの分離

エナンチオマーでは生理的な性質が異なるため、ある薬がキラルである場合、エナンチオマーでは薬理活性が異なってくる。極端な場合、一方のエナンチオマーは非常によい薬であっても、もう一方のエナンチオマーは猛毒であるかもしれない[*4,5]。このように、特に生物に作用する化合物では、エナンチオマーを分離しなければならない。

*5 インターネット上には、あるいは古い教科書には、このような例としてサリドマイドの事例(非常に悲惨な薬禍(やっか)を引き起こした)をよく見かけるが、きちんと確認された話ではない。確かめることができないのは、ヒトに対する毒性は試験できないからである。そのため、医薬品が一方のエナンチオマーだけを供給するように規制されているのは予防的な意味であって、常にエナンチオマーが毒であるというわけではない。

エナンチオマーは実質的には同じ分子であるのに、どうやって分離すればよいだろうか。エナンチオマーを分離するには、大きく分けて二つの方法がある。一つは結晶化を利用する方法で、もう一つはジアステレオマーを利用する方法である。

エナンチオマーの混合物が結晶化するとき、一方のエナンチオマーだけが集まって結晶化することがある。このような結晶を**ラセミ混合物**(ラセミという言葉の意味は第8章で学ぶ)と呼ぶ。ある化合物がラセミ混合物の結晶をつくる場合、結晶を1粒取り上げると、その結晶の中には一方のエナンチオマーだけが入っている。この結晶が目で(あるいは顕微鏡で)見えるほど大きいと、結晶の形が左右非対称となるので、結晶を目で見ながら右と左に分け、エナンチオマーを分離することができる。世界で最初のエナンチオマーの分離は、この方法で行われた*6。また、一方のエナンチオマー

ラセミ混合物 conglomerate

*6　ルイ=パスツール(殺菌法やワクチンの発明者としても有名)によって行われた。彼は、酒石酸ナトリウムアンモニウムという化合物の結晶を、顕微鏡で見ながら、ピンセットで分けとった。詳しくは第8章のコラムを参照のこと。

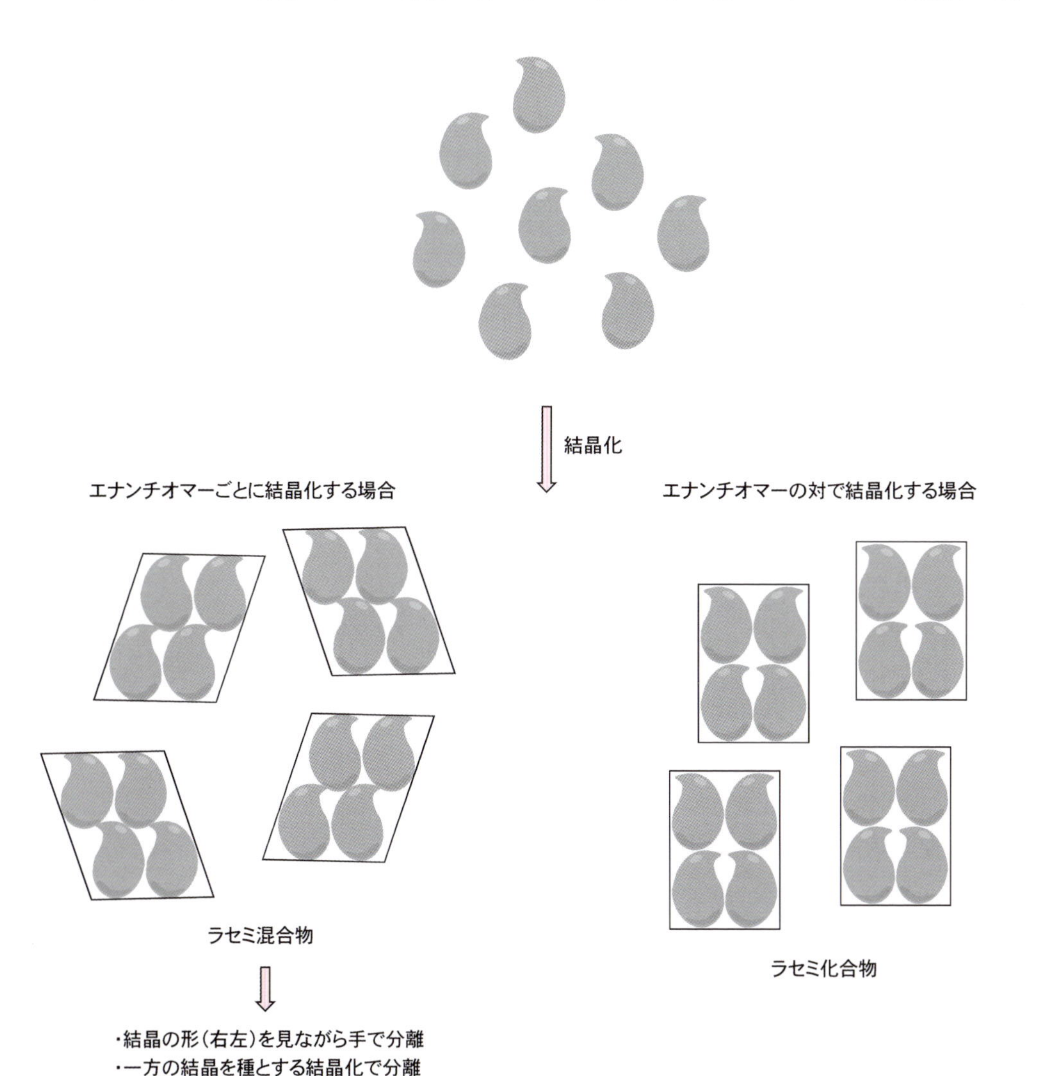

図7・7　結晶化を利用するエナンチオマーの分離

チオマーだけからなる結晶を元(種と呼ぶ)にして、同じエナンチオマーからなる結晶だけを成長させることによってもエナンチオマーを分離することができる(**図7・7**)。

この方法は、結晶化する化合物にしか用いることができないだけでなく、エナンチオマーの混合物を結晶化したときに、エナンチオマーが対となって結晶化する化合物には適用できない。このように、エナンチオマーが対になっている結晶を**ラセミ化合物**と呼ぶ。多くの化合物は、ラセミ化合物をつくって結晶化するので、結晶化を利用する方法が適用できる化合物は非常に限られる。

ラセミ化合物
racemic compound
ラセミ結晶(racemic crystal)ともいう。

エナンチオマーを分離する一般的な方法は、ジアステレオマーを利用する方法である。エナンチオマーの混合物にそれと反応するキラルな化合物を加える。ここでいう「反応」は、酸−塩基反応でも、何らかの結合を形成する反応でも、何でもよい。そのようにして生成した化合物はジアステレオマーの関係にあるので、様々な方法で分離できる。分離したジアステレオマーから、加えたキラルな化合物を取り除くことで、純粋なエナンチオマーを得ることができる(**図7・8**)。

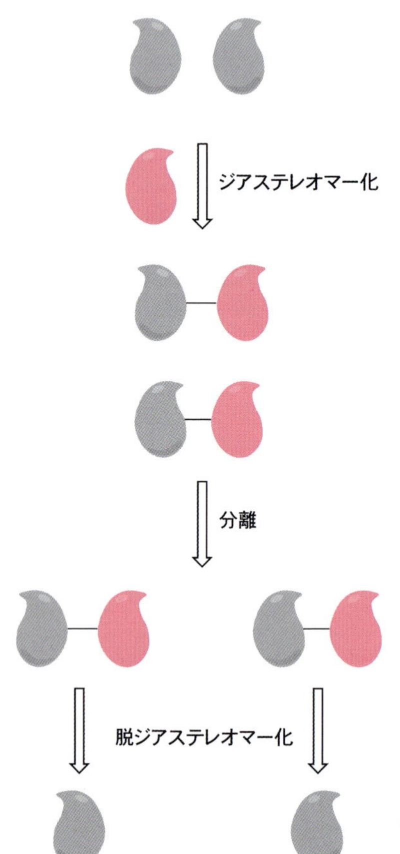

図7・8 ジアステレオマーを利用するエナンチオマーの分離

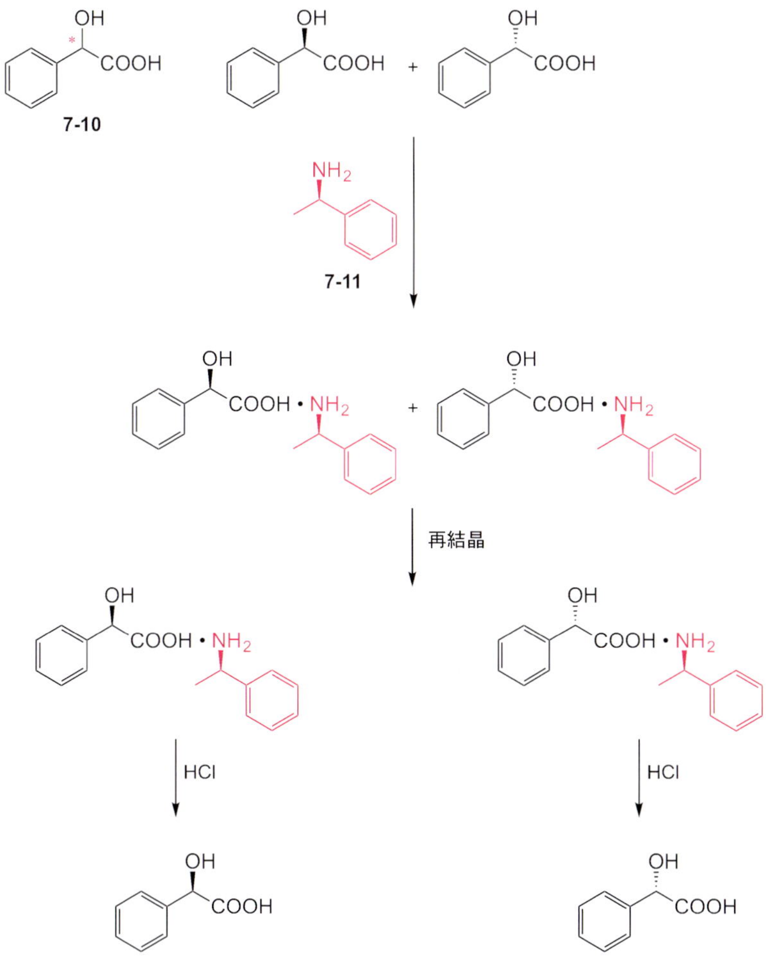

図 7・9　ジアステレオマー塩法によるキラルなカルボン酸のエナンチオマー分離

ジアステレオマーを利用してエナンチオマーを分離する典型的な例を**図 7・9** に示す。**7-10** はキラルでカルボキシ基をもつ酸性の化合物である。**7-10** の両エナンチオマーの混合物にキラルな塩基として **7-11** を加えると、ジアステレオマーの関係にある 2 種類の塩が生じる。それぞれのジアステレオマーは再結晶で分離できる。分離したそれぞれの塩に塩酸を加えると、**7-11** は塩酸塩となり水相に抽出され、**7-10** はカルボン酸として結晶化してくるので、両エナンチオマーが容易に単離できる。水相に抽出された **7-11** は、水相をアルカリ性にすると遊離してくるので、回収再利用することができる。

キラルな**担体**を用いてクロマトグラフィーを行うことにより、エナンチオマーを分けることもできる[*6]。キラルな担体と両エナンチオマーの組合せはジアステレオマーの関係となるので、キラルな担体上での**保持時間**はそれぞれのエナンチオマーで異なる。保持時間の差が充分に大きければ、

担体 support：
固定相（stationary phase）ともいう。

*6　第 13 章のコラム「エナンチオマーの存在割合を知る」も参照のこと。

保持時間 retention time

両エナンチオマーが分離される。保持時間の差はキラルな担体との組合せで決まるので、分離したい化合物によって、適切なキラルな担体を選ぶ必要がある。一般には、分離したい化合物と担体の相互作用が大きくなる**展開媒**を用いると分離が良くなる。

展開媒 eluent

演習問題

7・1　次のそれぞれの組の化合物について、同一化合物か、構造異性体か、エナンチオマーか、ジアステレオマーか、を示せ。

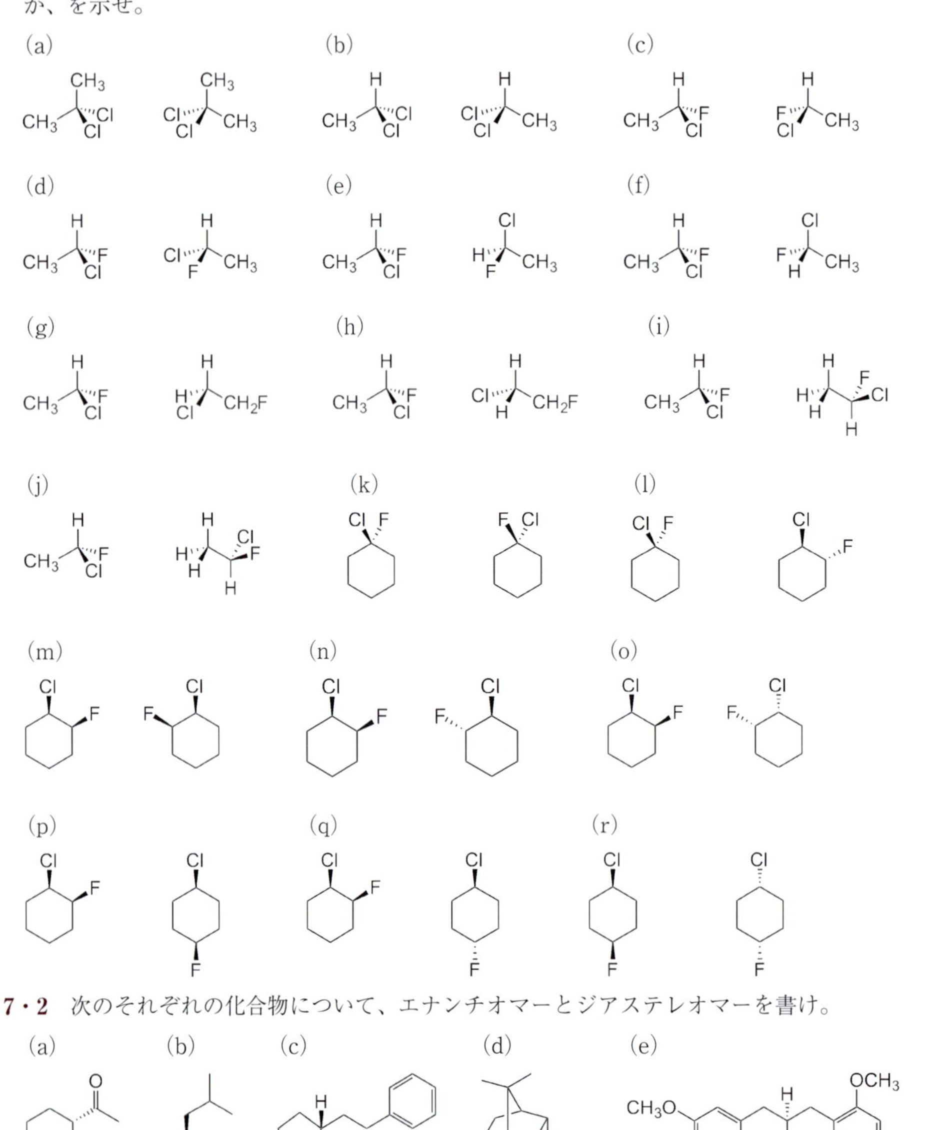

7・2　次のそれぞれの化合物について、エナンチオマーとジアステレオマーを書け。

7・3　天然のアミノ酸のうち **C** の形をしているものは 19 種ある。

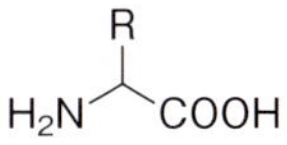

R

H_2N　COOH

C

アミノ酸の名前と置換基 R の関係は次の表のようになっている。

アスパラギン	アスパラギン酸	アラニン	アルギニン	イソロイシン
$-CH_2CONH_2$	$-CH_2COOH$	$-CH_3$	$-CH_2CH_2CH_2-NH-C(=NH)-NH_2$	$-CH(CH_3)CH_2CH_3$
グリシン	**グルタミン**	**グルタミン酸**	**システイン**	**セリン**
$-H$	$-CH_2CH_2CONH_2$	$-CH_2CH_2COOH$	$-CH_2SH$	$-CH_2OH$
チロシン	**トリプトファン**	**トレオニン**	**バリン**	**ヒスチジン**
$-CH_2-$ ─ OH	$-CH_2-$ NH	$-CH(OH)-CH_3$	$-CH(CH_3)CH_3$	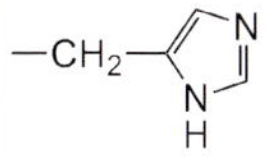 $-CH_2-$ N, NH
フェニルアラニン	**メチオニン**	**リシン**	**ロイシン**	
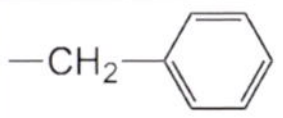 $-CH_2-$	$-CH_2CH_2SCH_3$	$-CH_2CH_2CH_2CH_2NH_2$	$-CH_2-CH(CH_3)CH_3$	

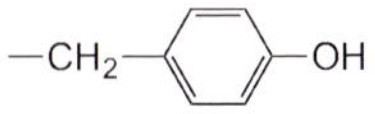

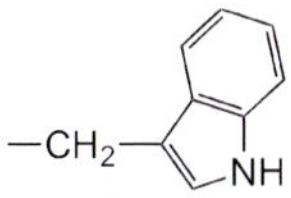

C の形のアミノ酸のうち、エナンチオマーをもたないものと、ジアステレオマーをもつものを選べ。

7・4　**D** の立体異性体（第 3 章 演習問題 3・6）の中で、エナンチオマーの関係にあるものをすべて書け。

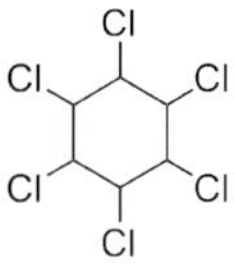

Cl　Cl　Cl　Cl　Cl　Cl

D

7・5　**E** の立体異性体をすべて書け。この中でエナンチオマーの関係にあるものはどれとどれか。

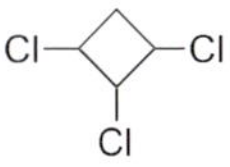

Cl　Cl　Cl

E

COLUMN　ホモキラリティーの起源問題

エナンチオマーは物理的にはまったく区別されないのに、生物はエナンチオマーのうち一方だけを利用している。それがなぜなのか、どのようにして現在のエナンチオマーが選ばれるに到ったのか、これが「ホモキラリティーの起源問題」といわれる。

生物がエナンチオマーの一方だけを利用しているのは、生物が基本的に高分子化合物からできていることから理解される。今、ある生物がAとBという二つの化合物が結合したA：Bという化合物を利用したかったとする。AもBもキラルであり、それぞれA＋とA－およびB＋とB－というエナンチオマーの混合物であったとすると、生成物はA＋：B＋、A＋：B－、A－：B＋、A－：B－の四種類となる。このうち、A＋：B＋とA－：B－に対してA＋：B－とA－：B＋はジアステレオマーであるので、性質が異なる。一方が生物に都合の良い性質をもっていたとしても、もう一方はそのような性質をもたない。そちらのジアステレオマーは使えないので無駄になる。

これがAとBの二つだけなら半分が無駄になるだけですむが、数が増えてくると、使える割合は急速に低下してしまう。n個を結合させたとき、使える割合は$1/2^n$だけなので、10個つながったときに使えるのは0.1％だけである。これでは無駄が多すぎて生命は維持できない。ジアステレオマーを生じさせないためには、AやBのうち一方のエナンチオマーだけが反応するように、反応がコントロールできなければならないのである。

一方、生物がどのようにして現在のエナンチオマーを選ぶに到ったかについては、様々な説がある。エナンチオマーは物理的な性質が等しいので、現在のエナンチオマーと選ばれなかったエナンチオマーの間には優劣がないはずだからである。

一つの考え方は、現在のエナンチオマーは偶然に選ばれたというものである。生物が現れたころの古代地球上で、それぞれのエナンチオマーを使う生物群で生存競争が行われ、勝った側（我々のご先祖様になった側）の使っていたエナンチオマーが今でも使われているという説である。

それに対して、現在のエナンチオマーが選ばれたのは必然であるという説は、選ばれた理由が不明でありながら、むしろ強く信じられている。すなわち、生物が現在のエナンチオマーを選んだからには、そこに何らかの理由があったのだろう、という推定である。

その理由として考えられている一つの説は、エナンチオマーの間の物理的な性質の違いによるものだ、というものである。エナンチオマーの間の物理的な性質は、等しいとはいっても、厳密にはごくわずかに異なっている。その違いは観測できるほどではないが、その違いによって現在のエナンチオマーが選ばれたのであるという説である。この説の難点は、エナンチオマーの間の物理的な性質の違いが、あまりに小さすぎることである。

一方、初期の地球にはそもそも一方のエナンチオマーだけが（あるいはそちらが大過剰に）存在していたという考えもある。宇宙空間にはキラルな環境があるので、それが元となって（ジアステレオマー法！）、地球ができたときに一方のエナンチオマーが濃縮されていたという説である。これも、宇宙空間のキラリティーが地球上の物質に充分なキラリティーを誘導できたかどうかが問われる。宇宙空間にある隕石の中には、アミノ酸のような、生物をつくるキラルな化合物が含まれているので、それらの化合物のエナンチオマーの割合が慎重に調べられている。

第8章 ラセミ体およびメソ体とラセモ体

化合物に不斉中心などの不斉要素があっても、全体的にはキラルではなくなる場合がある。両方のエナンチオマーが等量混ざっていると、全体的にはキラリティーは失われる。このような混合物をラセミ体という。ある分子が不斉中心をもっていても、分子全体として対称面をもっていると、その分子はキラルではない。そのような分子をメソ体という。メソ体は複数の不斉中心をもっている。メソ体のジアステレオマーをラセモ体といい、キラルである。

8・1 ラセミ体

エナンチオマーの等量の混合物のことを**ラセミ体**という（**図8・1**）。各エナンチオマーはキラルであるが、ラセミ体ではそれぞれのエナンチオマーのキラリティーが打ち消され、全体としてキラルではなくなる（アキラルとなる）。

ラセミ体 racemate

エナンチオマー

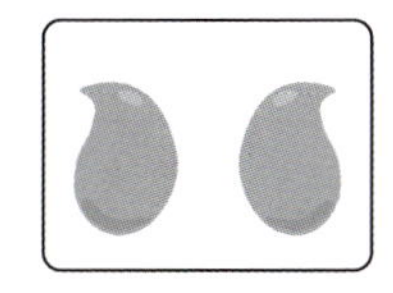

ラセミ体

図8・1　エナンチオマーとラセミ体

ケトン **8-1** を $NaBH_4$ と反応させると、アルコールとして **8-2** と **8-3** がラセミ体として得られる。**8-1** はアキラルな化合物であるが、**8-2** と **8-3** は不斉中心をもち、キラルな化合物である。反応は、$NaBH_4$ の BH_4^- が **8-1** の C=O 結合を攻撃して起こり、このときに **8-2** と **8-3** のキラリティーが発生する（**図8・2**）。

8-1 と $NaBH_4$ の反応で **8-2** と **8-3** のどちらのエナンチオマーが生成するかは、**8-1** の C=O の平面のどちら側から BH_4^- が攻撃するかによって決まる。図8・2で、**a** の側から BH_4^- が攻撃すれば **8-2** が、逆の **b** の側から BH_4^- が攻撃すれば **8-3** がそれぞれ得られる。C=O は平面であるため裏表は区別できず、BH_4^- の攻撃がどちらの面から起こるか、その確率は

O CH3 NaBH4 → OH CH3 + OH CH3

8-1　8-2　8-3

O CH3 a → 8-2　b → 8-3　a　b　BH4−

図8・2　反応によるラセミ体の生成

等しい。したがって、**8-2** と **8-3** の両方のエナンチオマーは等量生じ、すなわち、ラセミ体が得られる。このように、不斉中心が生じるような反応で、不斉要素を加えずに反応を行うと必ずラセミ体が得られる。

カルボニル基は α 位の水素の酸性を高くするので、**8-4** のような化合物に強い塩基を作用させると、カルボニル基の α 位の水素が H^+ として引き抜かれ、**8-5** のようなアニオンが生じる。この反応は平衡なので、**8-5** は H^+ と反応して再びケトンに戻る。このとき、**図8・3** に示すように、**a** の側から H^+ と反応すれば **8-4** が、**b** の側から反応すれば **8-6** が得られる。**8-5** のアニオンは平面構造であるため、**8-5** がどちらの面から H^+ と反応するか、その確率は等しい。したがって、**8-4** に塩基を作用させると、**8-4** はそのエナンチオマー **8-6** との等量混合物、つまり、ラセミ体に変化していく。このように、一方のエナンチオマーがラセミ体に変化する反応を**ラセミ化**という。

ラセミ化 racemization

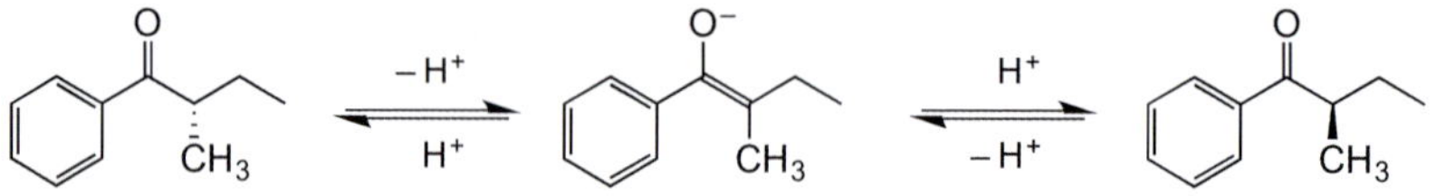

O　−H⁺　O⁻　H⁺　O
CH₃　H⁺　CH₃　−H⁺　CH₃
8-4　**8-5**　**8-6**

O⁻　a → **8-4**
CH₃　b → **8-6**
a　b　H⁺

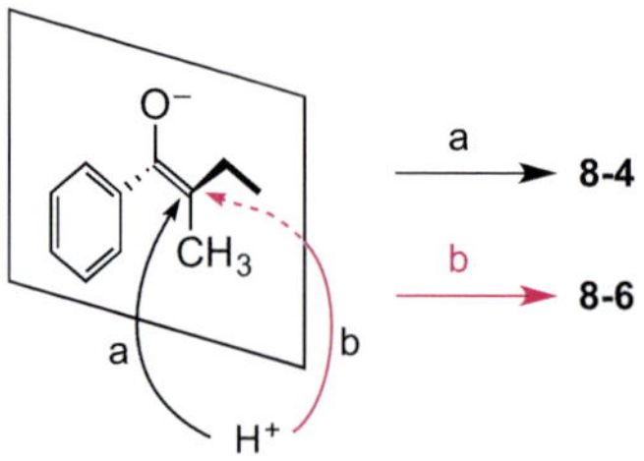

図8・3　ラセミ化反応

エナンチオマーの物理的な性質はまったく等しく、エネルギーもまったく等しい。そのため、ラセミ化反応では、両方のエナンチオマーが等量生じるように、つまり、ラセミ体が得られるように反応が進む。すなわち、ラセミ化は一方向だけに進む不可逆的な過程である。ラセミ体からどちらかのエナンチオマーだけが得られるようなことは、普通は起こらない[*1]。

*1　普通は起こらない、のであって、不可能ではない。結晶化過程や特殊な反応などの不可逆過程と組み合わせることで、ラセミ体から一方のエナンチオマーを得ることもできる。

8・2　メソ体

ある分子が不斉中心をもっていたとしても、その分子全体がキラルだとは限らない。その実例は**図8・4** に示す **8-7** である。**8-7** は不斉炭素原子を二つもつ化合物だが、**8-7** を鏡に映したものは **8-7** そのものなので、**8-7** はアキラルである。

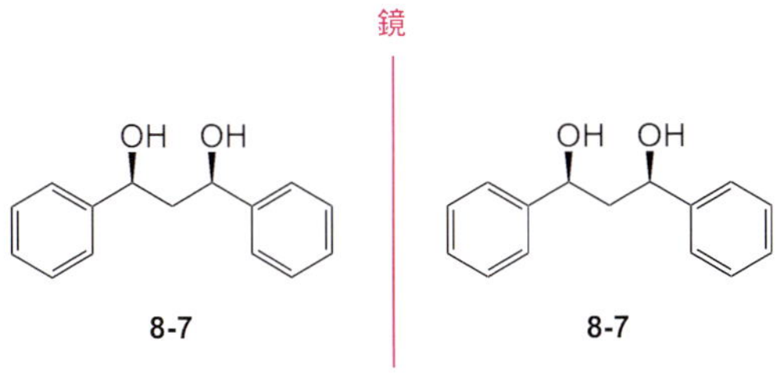

鏡

OH OH OH OH

8-7 8-7

図 8・4 不斉中心をもちながらアキラルな分子：メソ体

8-7 のように、不斉要素（不斉中心のような）をもちながらアキラルな分子のことを**メソ体**という。メソ体は不斉要素を二つ以上もつ分子で生じる。メソ体の分子は、その半分を鏡に映すと残りの半分が生じるような面をもっている。このような面のことを**対称面**という。**8-7** は**図 8・5** に示したような対称面をもつ。対称面をもつと、その分子は鏡に映しても変化しなくなり、キラルでなくなる。対称面をもつことから明らかなように、メソ体では不斉要素は必ず偶数個存在する。

メソ体 meso form

対称面 symmetrical plane：**鏡面**（mirror plane）ともいう。

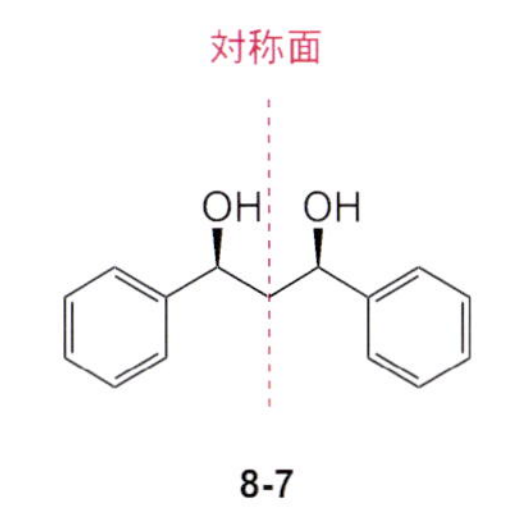

図 8・5 メソ体に存在する対称面

メソ体は身近な人間でも観察することができる。ある人が直立した状態にあるときは、その人を鏡に映しても、まったく変化がないように見え、鏡像と区別できない。人間は、右手とか左手とか、部分的にはキラルな部位をもつにもかかわらず、直立した状態では対称面が存在し、キラルではなくなる。鏡像では右手は左手に映っているが、対称面のために、鏡像が元の体と重なるのである。しかし、たとえば右手を上げている人には対称面はない。このような人を鏡に映すと左手を上げた人となり、元の体と区別できる（上げているのが右手か左手か、あなたには分かるはず）。すなわち、同じ人間でも、左右対称なときはアキラルで、左右対称でなければ対称面がなくなりキラルとなるのである（**図 8・6**）。

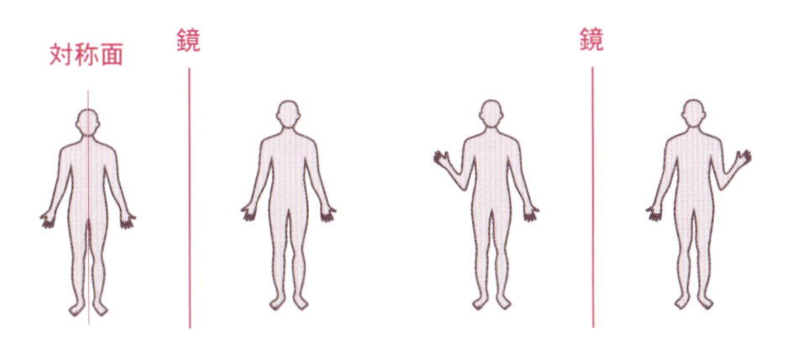

直立した状態では対称面をもちアキラル

片手をあげると対称面がなくなりキラル

図 8・6 人間の体のキラリティー

8・3 ラセモ体

ラセモ体 racemo form

メソ体のジアステレオマーのことを**ラセモ体**という。ラセモ体はキラルであり、エナンチオマーをもつ。図8・4に示したメソ体である **8-7** のジアステレオマーの **8-8** と **8-9** はエナンチオマーの関係にあるキラルな分子で、ラセモ体である（**図8・7**）。

OH OH

8-7

鏡

OH OH

8-8

OH OH

8-9

図8・7　メソ体のジアステレオマーがラセモ体

演習問題

8・1　次のそれぞれの化合物のうち、メソ体であるもの、ラセモ体であるものを選べ。

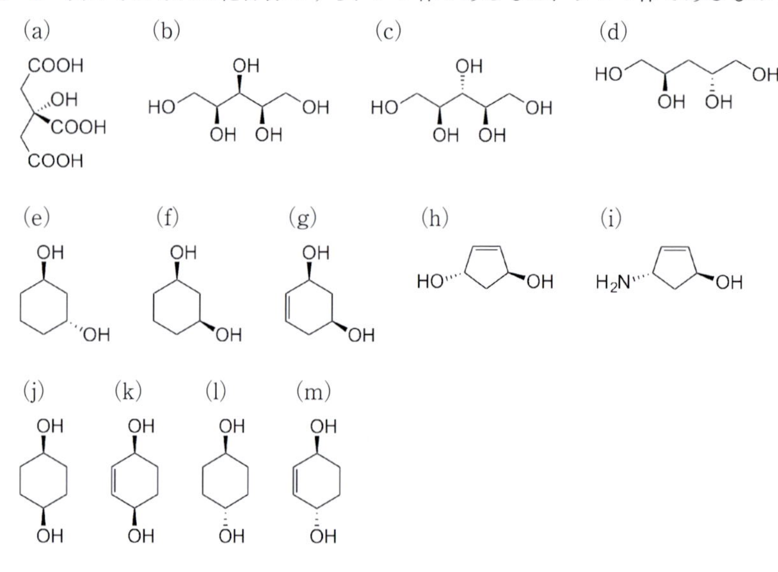

8・2　**C** のすべての立体異性体の中でメソ体であるものをすべて書け。

Cl Cl Cl Cl

C

8・3 ケトンはアルコールを溶媒としてBH_4^-で還元されてアルコールを与える。

$$RC(=O)R' + {}^{\ominus}BH_4 \xrightarrow{\text{アルコール}} RCH(OH)R'$$

次の反応のうち、ラセミ体のアルコールを生成する反応を選べ。ただし、Me ＝ CH_3である。

(a)

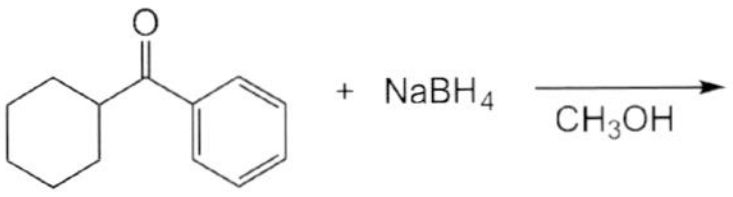

シクロヘキシルフェニルケトン + $NaBH_4$ $\xrightarrow{CH_3OH}$

(b)

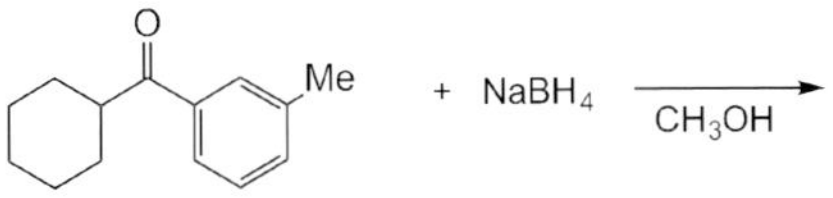

シクロヘキシル(3-メチルフェニル)ケトン（Me） + $NaBH_4$ $\xrightarrow{CH_3OH}$

(c)

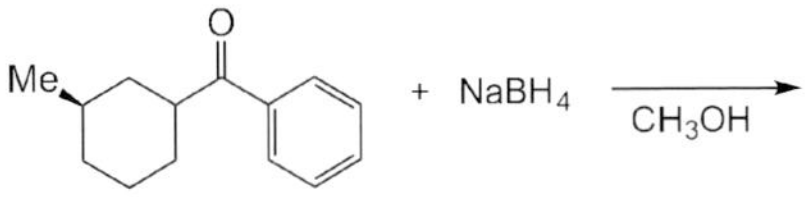

(3-メチルシクロヘキシル)フェニルケトン（Me, くさび） + $NaBH_4$ $\xrightarrow{CH_3OH}$

(d)

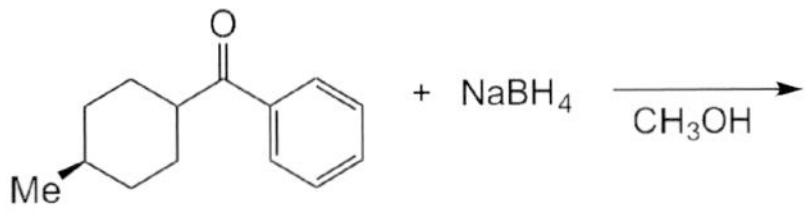

(4-メチルシクロヘキシル)フェニルケトン（Me, くさび） + $NaBH_4$ $\xrightarrow{CH_3OH}$

(e)

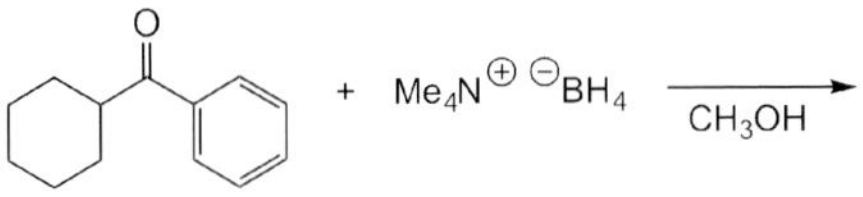

シクロヘキシルフェニルケトン + $Me_4N^{\oplus}\ {}^{\ominus}BH_4$ $\xrightarrow{CH_3OH}$

(f)

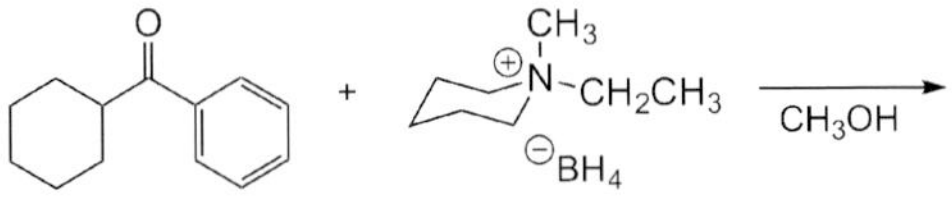

シクロヘキシルフェニルケトン + N-メチル-N-エチルピペリジニウム（CH_3, $N^{\oplus}$, CH_2CH_3） ${}^{\ominus}BH_4$ $\xrightarrow{CH_3OH}$

(g)

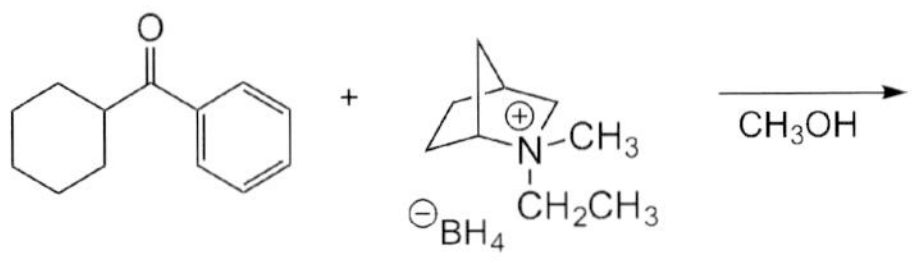

シクロヘキシルフェニルケトン + 二環式アンモニウム（$N^{\oplus}$, CH_3, CH_2CH_3） ${}^{\ominus}BH_4$ $\xrightarrow{CH_3OH}$

(h)

シクロヘキシルフェニルケトン + $NaBH_4$ $\xrightarrow{\text{(くさび)OH の 2-ブタノール}}$

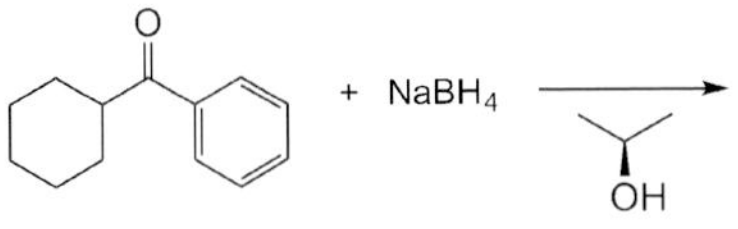

(i)

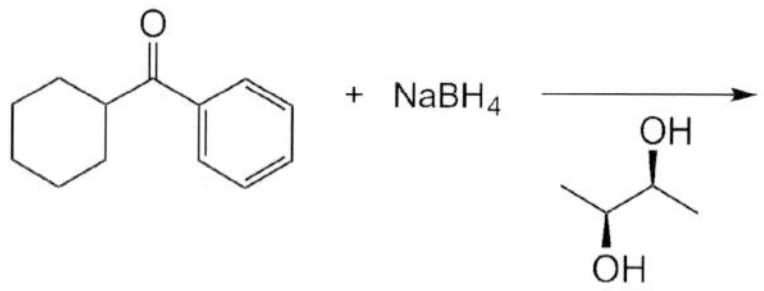

+ $NaBH_4$ →

(j)

+ $NaBH_4$ →

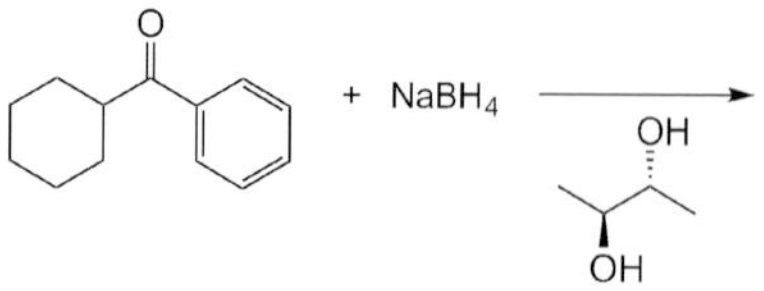

8・4 ケトンのα位の水素は酸性が高いので、α位に不斉中心があるケトンに塩基を作用させると、不斉中心の立体の反転が起こる。次のケトンのうち、塩基を作用させたときにラセミ体を与えるケトンをすべて選べ。

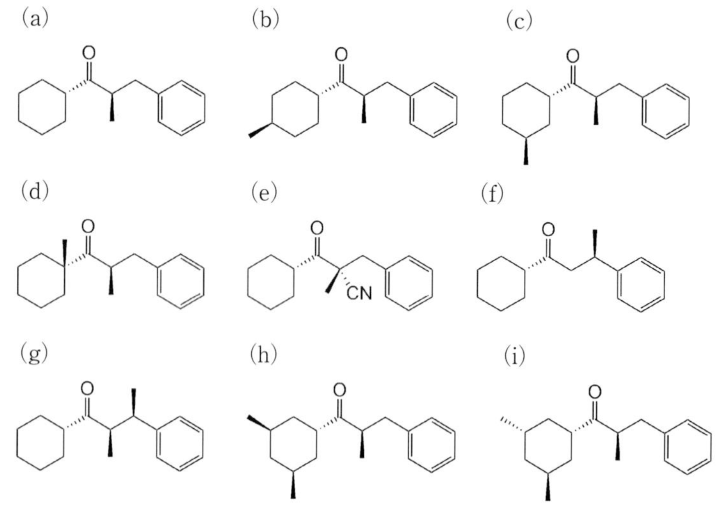

8・5 炭化水素に光を当てながらハロゲン（たとえば塩素 Cl_2）を作用させると、炭化水素の水素をハロゲンに置換することができる（第6章 演習問題6・4）。

$$\mathrm{R-H} \xrightarrow{\text{光}, \mathrm{Cl_2}} \mathrm{R-Cl}$$

次のそれぞれの化合物に光を当てながら塩素を作用させ、水素の一つを塩素で置換した。生成物がラセミ体になるとすれば、それはどの水素を置換したときか。生成物がメソ体になることがあるとすれば、それはどの水素を置換したときか。

(a) (b)  (c) 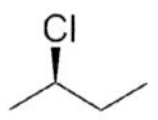 (d) 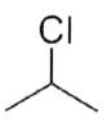 (e)  (f) 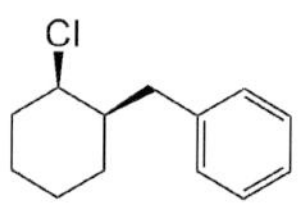 (g)

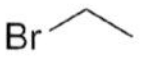

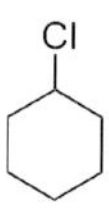

8・6 ラセミ体の化合物 **D** はキラルなカルボン酸 **E** およびそのエナンチオマーを用いて、再結晶法によりエナンチオマーに分割することができる。分割の具体的な手順を述べよ。ただし、**E** は水溶性が高く、回収することはできない。

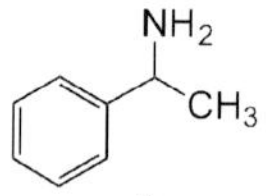

D 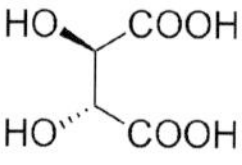 **E**

COLUMN　ラセモとラセミ

ラセモ（racemo）とラセミ（racemi）は、概念としてはまったく違うものなのに、用語として非常に紛らわしい。いずれも、ラテン語でブドウを意味する racemus を語源とする。

これらの用語を初めて用いたルイ=パスツール（Louis Pasteur、フランス）は、ブドウ酒をつくるときの発酵桶に澱として析出する**酒石**（tartar）と呼ばれる石状の沈殿を研究していた（フランスはブドウ酒で有名である）。パスツールはまず、酒石がある有機酸の塩であることを明らかにし、その酸を**酒石酸**（tartaric acid）と呼んだ。さらに、酒石酸には2種類あり、一方は酒石から取れるものと同じであるが、もう一方は性質が異なることを明らかにした。パスツールは、酒石をつくる方をラセモ（racemo、ブドウの）酸と呼び、もう一方をメソ（meso、間の）酸と呼んだ。racemo というのは、「ブドウの」という形容詞が単数名詞に付くときの活用形である。その当時はまだ分からなかったが、今の知識でいえば、メソ酸はメソ体の酒石酸 **8-10** で、ラセモ酸はラセモ体の酒石酸のうち **8-12** の方である（**図**）。**8-10** と **8-12** はジアステレオマーの関係にあるので、当然性質も異なる。

さらにパスツールは、第12章で述べる方法を使って、メソ酸がアキラルであることを明らかにした。そこで同様にラセモ酸のキラリティーについて検討したパスツールは、奇妙なことを見出した。酒石から得られたラセモ酸はキラルであるにもかかわらず、人工的に合成したラセモ酸はアキラルなのである！

今の知識でいえば次のようになる。まず、メソ酸はメソ体 **8-10** であるからアキラルである。一方、酒石から取れたラセモ酸は純粋な **8-12** であるからキラルであるのに対して、人工的に合成したラセモ酸は **8-12** とそのエナンチオマー **8-11** との等量混合物であり、アキラルである。

パスツールは、人工的に合成したラセモ酸を **8-12** と **8-11** の各エナンチオマーに分けるとキラルになること（天然のラセモ酸と同じ！）、これら二つを混ぜると再びアキラルになることを明らかにした。このことから、パスツールは **8-12** と **8-11** のエナンチオマーの等量混合物をラセミ（racemi）と呼んだ。racemi というのは、「ブドウの」という形容詞が複数名詞に付くときの活用形である。

パスツールによる酒石酸の研究を元にして立体化学が始まった。そして今では、「ラセモ」という用語は、酒石酸に限らずメソ体のジアステレオマーに対して用いられる。また、「ラセミ」という用語は、酒石酸（ラセモ酸）に限らずエナンチオマーの混合物に対して用いられる。用語が紛らわしいのは、同じ酸の単数と複数に対して、違う意味が付与されたからなのである。

メソ体　　ラセモ体

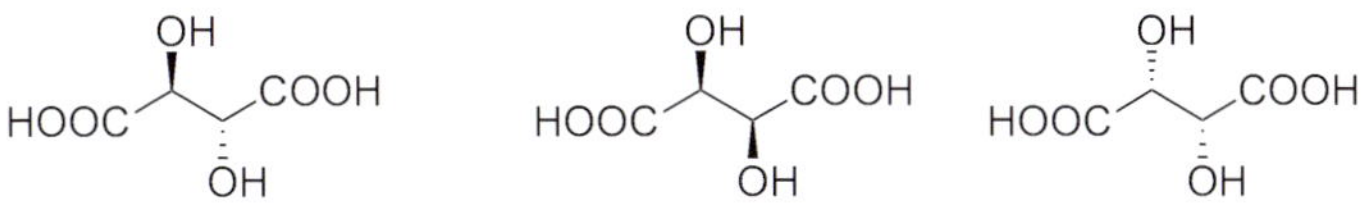

HOOC–CH(OH)–CH(OH)–COOH **8-10**　**8-11**　**8-12**

図　酒石酸のメソ体とラセモ体

COLUMN　ラセミ化合物とラセミ混合物

第7章4節で述べたように、ラセミ体が結晶化するときには、エナンチオマーごとに結晶化する場合と、エナンチオマーの対で結晶化する場合がある。前者を**ラセミ混合物**（conglomerate）といい、後者を**ラセミ化合物**（racemic compound）という。ラセミ混合物というと結晶状態のことを指すので、ラセミ体のことをラセミ混合物と呼ぶのは好ましくない。

ラセミ化合物では結晶はアキラルであるが、ラセミ混合物では結晶1粒は一方のエナンチオマーだけからなるので、結晶1粒はキラルである。ラセミ混合物を形成する過程を**自然分晶**（spontaneous resolution：自然分割ともいう）という。

エナンチオマーを最初に人工的に分離したのは、立体化学の始祖ルイ=パスツールである。パスツールは酒石酸についての研究を行う過程で、酒石酸**8-12**と**8-11**のラセミ体をナトリウムアンモニウム塩にすると、自然分晶しラセミ混合物をつくることを見出した。パスツールが自然分晶に気付いたのは、酒石酸ナトリウムアンモニウムのラセミ混合物では、結晶の形がキラルで、ある結晶面に対して別の結晶面が右側にある結晶と左側にある結晶が存在するからである。パスツールは、顕微鏡で見ながら右の結晶と左の結晶をそれぞれピンセットで取り出して分け取り、それを酸に戻すことで、**8-12**と**8-11**の両エナンチオマーを得たのである。結晶を分け取ると一言でいうが、それが大変な忍耐を必要とする地道な作業であったことは論を待たない。

酒石酸ナトリウムアンモニウムが自然分晶するのは溶液の温度が27℃以下のときだけで、それ以上の温度ではラセミ化合物の結晶をつくる。パスツールが比較的冷涼なフランスで研究を行ったことが、世界で最初のエナンチオマーの分割を可能にしたのである。

COLUMN　不斉炭素という着想

ルイ=パスツールは立体化学の始祖であるが、パスツールの時代には炭素が4本の結合手をもっていることは知られておらず、当然、不斉炭素という概念もなかった。そのため、パスツールが酒石酸のエナンチオマーを見つけ（1848年）、さらにエナンチオマーを分割したとき（1849年）、彼は、分子がキラルであることまでは推測したが、そのキラリティーの由来を知らなかった。

炭素の結合手が4本あること、また、炭素が炭素同士で結合して有機化合物をつくることは、ケクレ（F. A. Kekulé von Stradonitz、ドイツ）によって提唱された（1858年）。しかし、この時点では炭素化合物の形については明確ではない。よく知られているように、ケクレは後年ベンゼンの構造を提唱することになるが（1865年）、飽和炭素化合物で炭素原子が四面体構造をつくることは、1874年にファント・ホッフ（J. H. van't Hoff、オランダ）と、それからわずかに遅れてル・ベル（J. A. Le Bel、フランス）によって着想されるまで、明らかではなかった。不斉炭素の存在は炭素化合物の四面体構造によって自然に帰結され、パスツールの実験結果を説明できるようになったのである。

ファント・ホッフは1901年に第1回のノーベル化学賞を受賞するが、それは物理化学の業績に対してであり、立体化学への貢献に対してではない。しかし、ファント・ホッフは立体化学に対する貢献でも偉大である。

第9章 順位規則

立体配置に名前を付けて区別をするためには、まず、置換基に順位付けを行う。置換基が異なれば、どちらかを必ず上位とすることができる。それにより、不斉中心に四つの異なる置換基が付いている場合、四つの置換基を番号順に並べることができる。本章では、置換基に順位付けを行うための規則を学ぶ。番号順に並べた後に立体配置をどのように名付けるかについては次章で学ぶ。

9・1 絶対配置

どのような分子でも、その炭素骨格と、置換基と官能基の数と位置によって、その分子に固有の名前を与えることができる。逆に、名前が与えられれば、その分子の構造を一義的に書き下すことができる。同様に、立体異性体も、その立体配置に名前を付けて呼ぶことができる。逆に、立体配置の名前が分かれば、どのような立体配置であるのか、一義的に決めることができる。エナンチオマーでは生理的な性質が異なるので（7・3節）、薬などを取り扱うときに立体配置をきちんと理解し、正しく伝えることは極めて重要である。

立体配置は、二重結合や不斉中心に結合している置換基の順番で表すことができる。このようにして表したものを、その立体配置の**絶対配置**と呼ぶ。したがって、絶対配置を決めるには、まず、置換基に順番を付ける必要がある。そのための規則を**順位規則**と呼ぶ*1。

絶対配置 absolute configuration

順位規則 sequence-rule

*1 あるいは、順位規則の提唱者であるカーン（R. S. Cahn）、インゴールド（C. K. Ingold）およびプレローグ（V. Prelog）の名をとって、CIP 順位則ともいう。

9・2 順位規則

順位規則は、置換基の順番を機械的に決定するためのものである。規則は極めて単純で「**規則 1：原子番号**が大きいものほど、順位が上」である。しかし、複雑な置換基で順番を決めるためには、さらに規則が必要となってくる。

原子番号 atomic number

9・2・1 原子番号

-H や -Cl などの単原子置換基の場合は、順位規則をそのまま適用すればよく、原子番号の順に順位が付けられる（**図 9・1**）。

-I > -Br > -Cl > -H

図 9・1 単原子置換基の順位

-OH や $-CH_3$ のように複数の原子からなる置換基の場合、順位規則は、結合している最初の原子（$-\underline{O}H$ と $-\underline{C}H_3$ の下線の原子：以下同様）に適用される。O は原子番号 8、C は原子番号 6 であるので、-OH の方が順位が上になる。最初の原子だけを見るので、その先に何が付いていようと、関

$-Cl > -SR > -OR > -NR_2 > -CR_3 > -H$

図9・2　結合している最初の原子で順位が決まる

係ない (**図9・2**)。

では、-OH と $-OCH_3$ ではどちらが上位となるだろうか。結合している最初の原子 (-OH と $-OCH_3$) はどちらも O で同じである。このような場合「**規則2**：最初の原子で決まらない場合は2番目の原子で決める」とする。2番目の原子とは、-OH と $-OCH_3$ の場合、最初の原子 (O) に結合している -O-H と $-O-CH_3$ である。H は原子番号1、C は原子番号6で、C の方が原子番号が大きいので、$-OCH_3$ の方が順位が上となる。

このような比較を行うときには、**図9・3**のような表を書くと分かりやすい。まず、結合している最初の (1としてある) 原子を書く。この場合、どちらも O なので順位は付かない。次に、その原子に結合している (2としてある) 原子を書き、比較する。H と C と異なるので順位が付く。

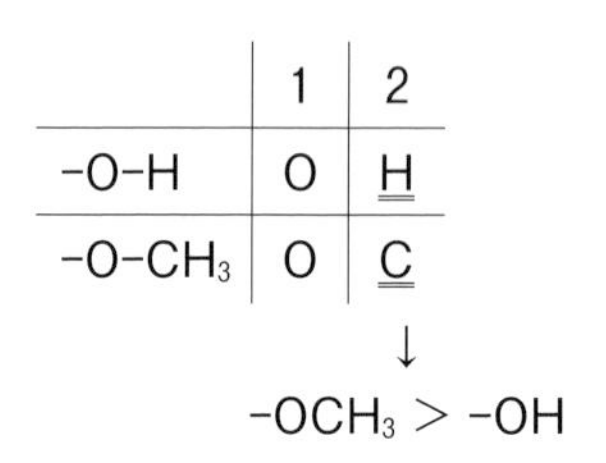

	1	2
-O-H	O	H
$-O-CH_3$	O	C

↓

$-OCH_3 > -OH$

図9・3　1番目で決まらない場合は2番目を比較する

次に、$-CH_2OH$ と $-CH_2CH_3$ を比べてみよう。結合している最初の原子 ($-CH_2OH$ と $-CH_2CH_3$) はどちらも C で同じなので、2番目の原子を比較する。$-CH_2OH$ では C に付く2番目の原子は H と H と O、$-CH_2CH_3$ では C に付くのは H と H と C となる。このように2番目の原子が複数ある場合には、それぞれ上位から並べて、上位から順に比較する。$-CH_2OH$ の2番目の原子を OHH、$-CH_2CH_3$ では CHH と並べ直す。最上位の O と C では O の方が上位なので、$-CH_2OH$ の方が順位が上となる。図9・3と同様な表を書くと**図9・4**のようになる。1番目の原子だけ見ると同じ C であるが、2番目の原子によって上下関係がつき、$-CH_2OH$ の C の方が上位になる。

同様に、$-CCl_3$ と $-CHCl_2$ を比べてみよう。結合している最初の原子 ($-CCl_3$ と $-CHCl_2$) はどちらも C で同じなので、2番目の原子を比較する。2番目の原子を上位から並べると、$-CCl_3$ では ClClCl、$-CHCl_2$ では ClClH となる。上位から順に比較していくと、最初の二つは同じだが、三つ目では Cl の方が H よりも上位なので、$-CCl_3$ の方が順位は上となる。比較のための表を**図9・5**に示す。結着がついたところで比較は打ち切り、その先は見ない。

	1	2	1	2
$-CH_2OH$	C	H, H, O	C	O H H
$-CH_2CH_3$	C	H, H, C	C	C H H

↓

$-CH_2OH > -CH_2CH_3$

図9・4 2番目に複数の原子があるときには原子番号順に並べてから比較する

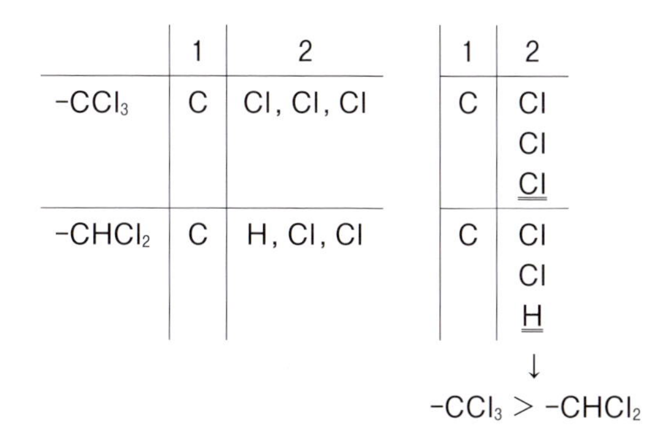

	1	2	1	2
$-CCl_3$	C	Cl, Cl, Cl	C	Cl Cl Cl
$-CHCl_2$	C	H, Cl, Cl	C	Cl Cl H

↓

$-CCl_3 > -CHCl_2$

図9・5 上から順番に比較していく

2番目の原子で決着がつかない場合は、3番目の原子で比較することになる。この例は、次の項で見ることとしよう。

9・2・2 多重結合

置換基に多重結合がある場合、多重結合は単結合に展開してから比較する。

たとえば -CHO というように、C=O 結合をもつ場合、C と O は二重結合でつながっているので、C には O が二つ、O にも C が二つ、それぞれ結合していると考える。ここで考えた二つ目の、実際には存在していない原子を**複製原子**と呼ぶ。複製原子も通常の原子と同じように、C ならば 4 の、O ならば 2 の**原子価**をもつ。複製原子が通常の原子と異なるのは、複製原子には原子番号 0 の（したがって、H よりも順位が下の）**仮想原子**が結合している、と考えることである。仮想原子はしばしば「•」で示される（**図9・6**）。

複製原子 duplicate representation

原子価 valence または valency

仮想原子 phantom atom

図9・6 多重結合の展開

それでは、-CHO と $-CH(OCH_3)_2$ を比較してみよう（**図9・7**）。1番目の原子はいずれも C である。この C に結合する 2 番目の原子を上位から順に並べると、いずれも OOH となる。-CHO の方には複製原子が一つ混

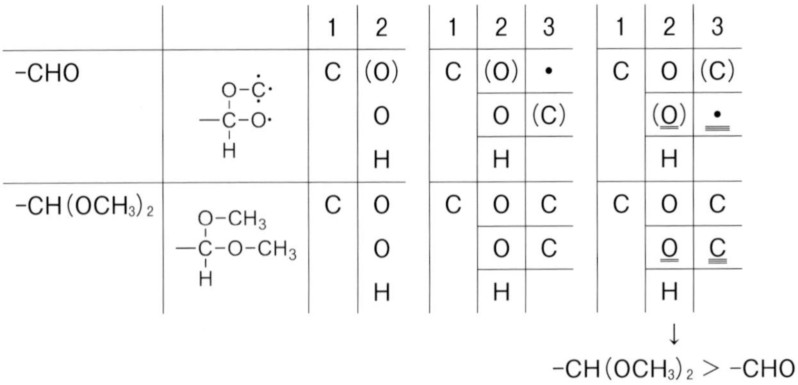

		1	2	1	2	3	1	2	3
-CHO	O-Ċ· —C-O· H	C	(O)	C	(O)	•	C	O	(C)
			O		O	(C)		(O)	•
			H		H			H	
$-CH(OCH_3)_2$	O-CH_3 —C-O-CH_3 H	C	O	C	O	C	C	O	C
			O		O	C		O	C
			H		H			H	

↓

$-CH(OCH_3)_2$ > -CHO

図9・7 2番目で決められない場合は3番目で比較する

じっているが、この段階では順位とは関係ない。ただ、このままでは分かりにくいので、複製原子の方は (O) と表示しておくことにしよう。

2番目までで決着がつかないので、それぞれのOに結合する3番目の原子で比較する。-CHOでは、3番目の原子は、複製原子の (O) に付く仮想原子•と、実在するO原子に付く複製原子のC (分かりやすいように (C) としてある) となる。$-CH(OCH_3)_2$ では、3番目の原子はどちらもOに付く $-\underline{C}H_3$ のCである。

-CHOでは、2番目で決められなかったOの間の順位が、3番目の原子によって決まり、(仮想原子の) Cをもつ Oの方が上位となる。$-CH(OCH_3)_2$ では二つの $-OCH_3$ の間に上下関係はない。そこで、2番目のOの間で-CHOと $-CH(OCH_3)_2$ を比較していく。上位のOはいずれもCと結合しており (複製原子でもCであることは変わらない) 区別できない。一方、下位のOは、-CHOでは仮想原子 (原子番号0) と結合しているのに対して、$-CH(OCH_3)_2$ ではC (原子番号6) と結合しているので、$-CH(OCH_3)_2$ の方が上位となる。

2番目のOで見られたように、複製原子を同じ通常原子と比較すると複製原子は必ず下位になる。しかし、3番目のCで見られたように、その先をまだ見ないのであれば、複製原子も負けてはいない。

三重結合も同様に展開される。たとえば-C≡CHでは、それぞれの炭素C原子は三つのCと結合していると考えるので、いずれも二つの複製原子のCをもつ。複製原子のCの先には三つの仮想原子が付いている (**図9・8**)。

—C≡C−H —展開→ —C—C^2·H (C の上下に ·C^1·, ·C^3·, ·C·, ·C·)

図9・8 三重結合の展開

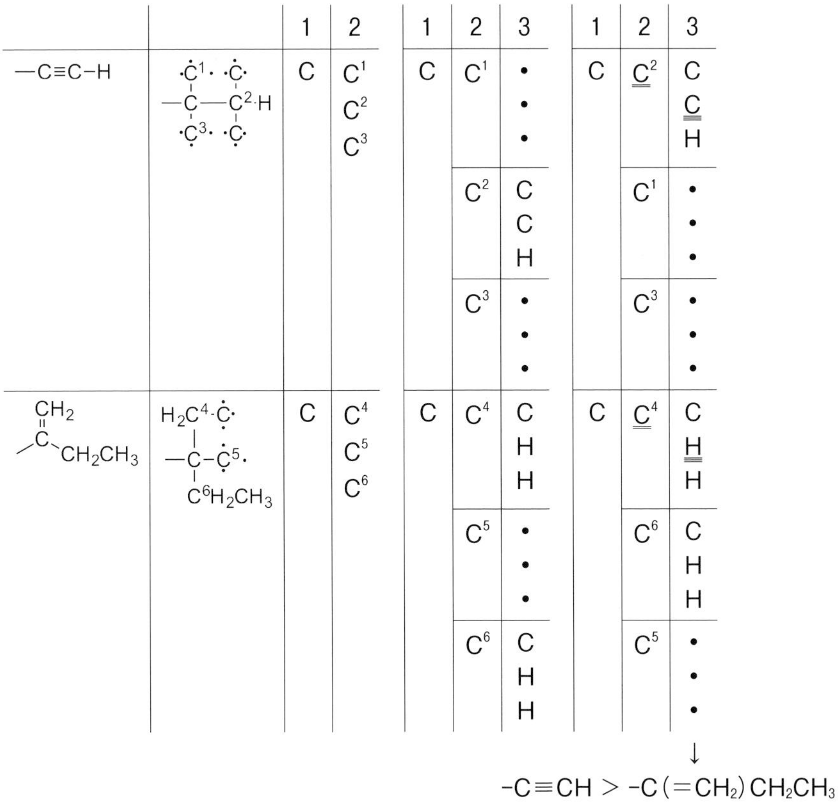

		1	2	1	2	3	1	2	3
—C≡C−H	$\cdot\dot{C}^1\cdot\ \cdot\dot{C}\cdot$ $—C—C^2\cdot H$ $\cdot\dot{C}^3\cdot\ \cdot\dot{C}\cdot$	C	C^1 C^2 C^3	C	C^1	• • •	C	$\underline{\underline{C^2}}$	C $\underline{\underline{C}}$ H
					C^2	C C H		C^1	• • •
					C^3	• • •		C^3	• • •
CH_2 ‖ —C—CH_2CH_3	$H_2C^4\cdot\dot{C}\cdot$ —C−$\dot{C}^5\cdot$ $C^6H_2CH_3$	C	C^4 C^5 C^6	C	C^4	C H H	C	$\underline{\underline{C^4}}$	C $\underline{\underline{H}}$ H
					C^5	• • •		C^6	C H H
					C^6	C H H		C^5	• • •

↓

-C≡CH > -C(=CH_2)CH_2CH_3

図 9・9 展開した置換基同士で比較する

それでは、-C≡CH と -C(=CH_2)CH_2CH_3 を比較してみよう（**図 9・9**）。それぞれの三重結合と二重結合を展開する。1 番目の原子はいずれも C で、2 番目の原子はいずれも CCC となる。そこで、3 番目の原子で比較する。ここでは分かりやすいように 2 番目の C 原子に 1～6 の番号を付けている。-C≡CH では、複製原子の C^1 や C^3 よりも、CCH の付いている C^2 の方が上位となる。-C(=CH_2)CH_2CH_3 の場合は、CHH の付いている C^4 と C^6 が複製原子の C^5 よりも上位である。それぞれの最上位の C^2 と C^4 では C^2 の方が上位であるので、結局、-C≡CH の方が順位は上となる。

ここで注意しなければならないことは、C^1 が C^6 よりも下位であるにもかかわらず、それは考慮されないことである。C^2 と C^4 ですでに勝負がついているので、それより下のところは（同じ C であるにもかかわらず）考慮の対象にならない。

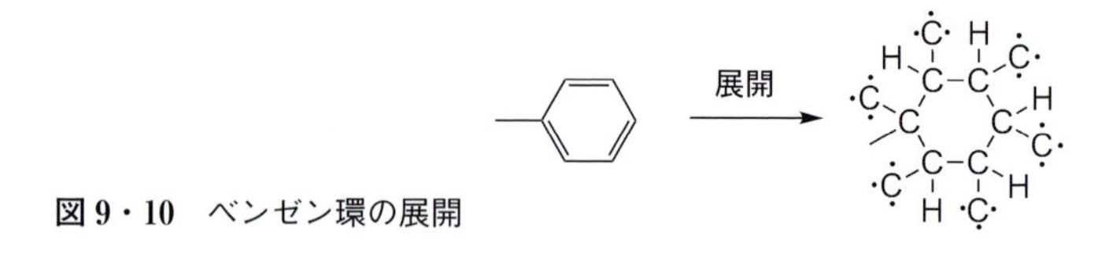

図9・10 ベンゼン環の展開

ベンゼン環 benzene ring

ベンゼン環も展開される。ベンゼン環は三つの二重結合をもつシクロヘキサン環であるかのように展開が行われる（**図9・10**）。

演習問題

必要に応じて次の周期表を利用せよ。

13族	14族	15族	16族	17族
$_{5}B$	$_{6}C$	$_{7}N$	$_{8}O$	$_{9}F$
$_{13}Al$	$_{14}Si$	$_{15}P$	$_{16}S$	$_{17}Cl$
$_{31}Ga$	$_{32}Ge$	$_{33}As$	$_{34}Se$	$_{35}Br$
$_{49}In$	$_{50}Sn$	$_{51}Sb$	$_{52}Te$	$_{53}I$

次の置換基の組に順位を付けよ。

(a) $-CH_2OH$　$-C(CH_3)_3$

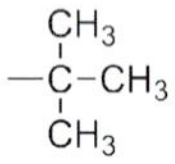

(b) $-CH_2Cl$　$-NH_2$

(c) 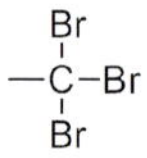 $-CBr_3$　$-NH_2$

(d) $-SCH_3$　$-Cl$

(e) 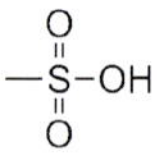 $-S(=O)_2-OH$　$-Cl$

(f) 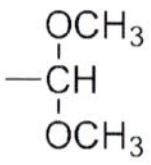 $-CH(OCH_3)_2$　$-CHO$

(g) 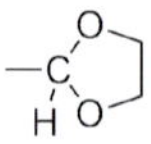 1,3-ジオキソラン環（$-C(H)$, O, O）　$-CHO$

(h) 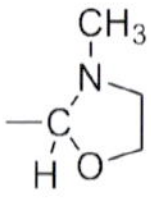 N-メチルオキサゾリジン環（$-C(H)$, $N-CH_3$, O）　$-CHO$

(i) $-CH_2F$　$-CHO$

(j) $-CH_2F$　$-COOH$

(k) $-COOH$　$-CHO$

(l) $-COOCH_3$　$-COCl$

(m) 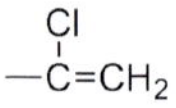 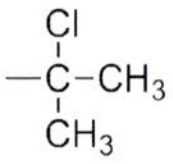 $-C(Cl)=CH_2$　$-C(Cl)(CH_3)_2$

(n) 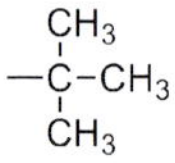 $-C(CH_3)_3$　$-CH=CH_2$

(o) 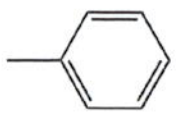 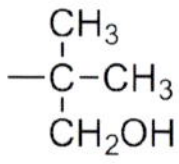 フェニル基　$-C(CH_3)_2CH_2OH$

(p) 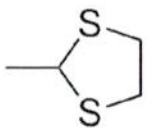 1,3-ジチオラン環（S, S）　$-CH_2Cl$

(q) 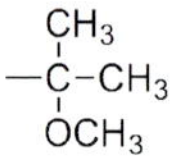 $-C(CH_3)_2OCH_3$　$-CH_2SCH_3$

(r) 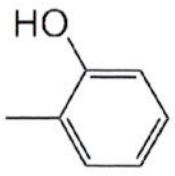 2-ヒドロキシフェニル基（HO）　$-C{\equiv}C-CH_3$

(s) O OCH_3 OCH_3

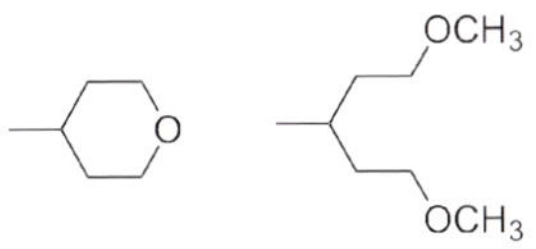

(t) O O $-CHOCH_3$ CH_2OCH_3

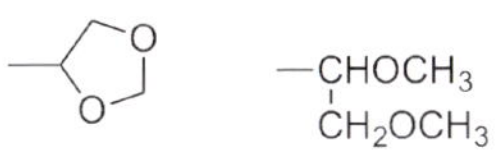

(u) O CH_3 OH

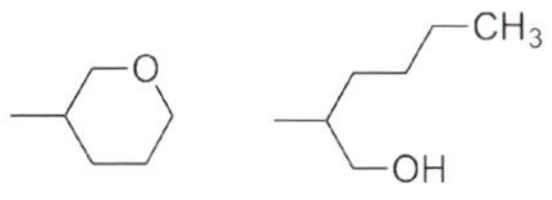

(v) $-CHCH_3$ OCH_3 $-CHCH_2CH_3$ OH

(w)

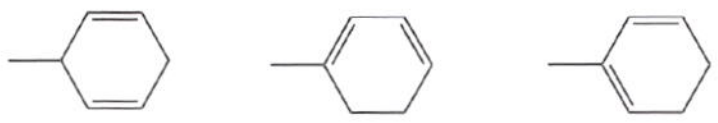

(x) CH_3 CH_3 O CH_3 CH_3

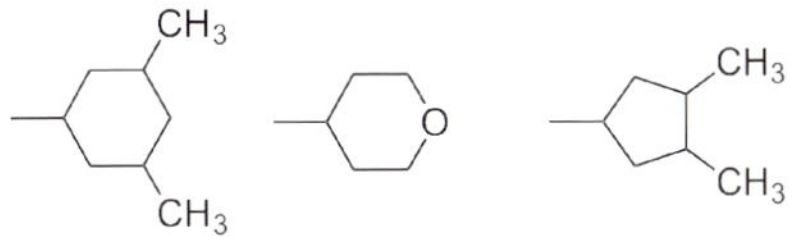

(y) $-COOH$ $-CF_3$ $-COCl$

(z) $-O$ CCl_3 O $-O$ OCH_3 O $-O$ CH_2SH O

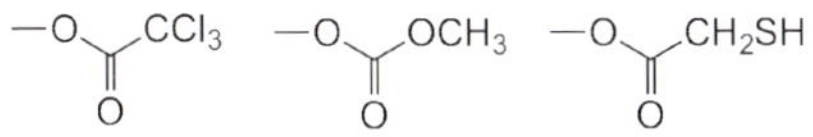

(A) $-CN$ N N $-CH_2OH$

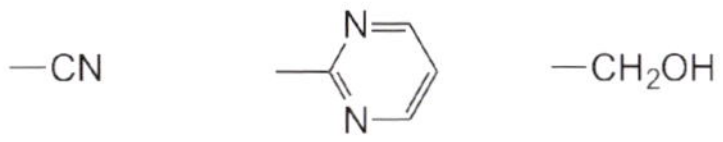

(B) CH_3 O O NH_2 CH_3 CH_3

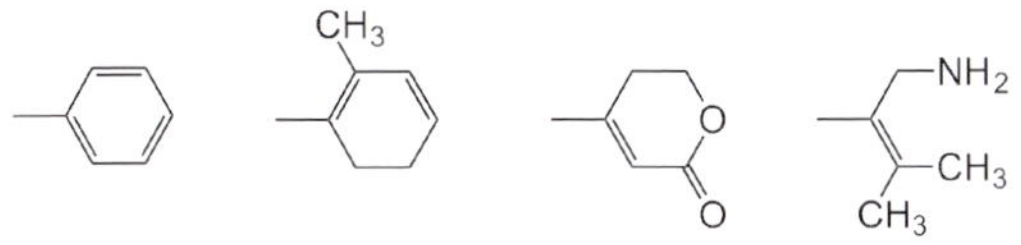

(C) O NH H N

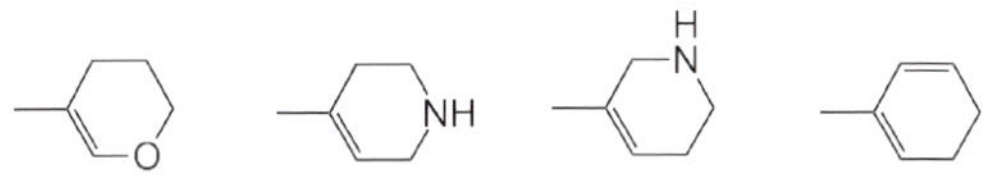

(D) CH_3 $-C-CH_3$ CH_2CH_3 CH_3 $-C=CH_2$ $-C≡CH$ CH_3 CH_3 $-C=C$ CH_3

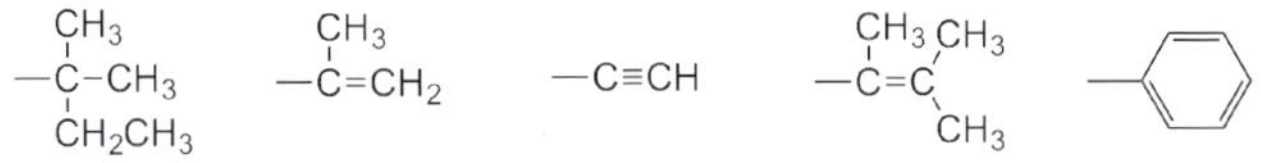

COLUMN 同位体

水素には質量数が1の水素（^{1}H：Hと書くと通常はこちらを指す）と質量数が2の水素（^{2}H：しばしばDと書かれる）の二つの**同位体**（isotope：iso＝同じ、tope＝場所）がある。これらは違うものなので、たとえば、

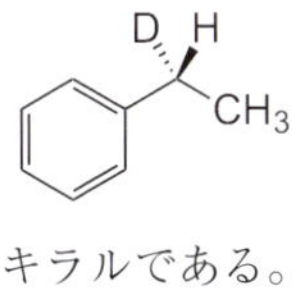

D H CH_3

のような化合物はキラルである。この場合、不斉中心の立体配置を決めるためには -H と -D に順位付けをしなければならない。しかし、-H も -D も原子番号は1であり、順位が付けられない。

このような場合、質量数が大きいものの方が順位が上であると決められている。したがって、-H よりも -D の方が上位である。

この規則は原子番号が同じ場合にだけ適用される。したがって、^{36}S と ^{35}Cl では、^{36}S の方が質量数は大きいが、^{35}Cl の方が原子番号が大きいため、^{35}Cl の方が上位となる。

第10章 *EZ* 表示法・*RS* 表示法

前章で置換基の順位が付けられるようになったので、本章では、それを利用して立体配置を名付け、立体異性体を区別することを学ぶ。二重結合の立体配置は、二重結合の両端に付く置換基の順位を利用し *E* あるいは *Z* と名付ける。不斉中心の立体配置は、不斉中心に付く四つの置換基の順位を利用し *R* あるいは *S* と名付ける。軸不斉の立体配置も *R* あるいは *S* と名付けることができる。*E*/*Z* あるいは *R*/*S* は立体異性体の絶対配置と呼ばれる。

10・1 二重結合の絶対配置

第5章で学んだように、単純なオレフィンであれば、置換基が同じ側にあるか反対側にあるかによって、シスあるいはトランスという用語を用い、二重結合の立体異性体を表すことができる。しかし、複雑な置換基をもつ場合には、シスやトランスといった用語では立体配置を表現できなくなる。また、何をもって「同じ」というかは人によって異なり、曖昧である[*1]。このような人間的な感覚を排し、曖昧さをもたない立体配置の表現法を**絶対配置**という。絶対配置は、どのような場合でも確実に立体配置を名付けることができる。絶対配置は時に人間的な感覚に反するが、正しく用いれば紛れなく立体配置を表現できる。

二重結合の立体配置は、二重結合が回転できないことから生じる。したがって、二重結合の両側の置換基の順位を比較することで、二重結合の立体配置を絶対的に名付けることができる（***EZ* 表示法**）。

図10・1 に示す **10-1** と **10-2** は立体異性体の関係にある。両者の絶対配置は、二重結合のそれぞれの炭素上で、置換基の順位を比較することで決める。原子番号は F < Cl < Br < I であるので、左側の炭素上では F < Cl となり、Cl の方が上位である。また、右側の炭素上では Br < I となり、

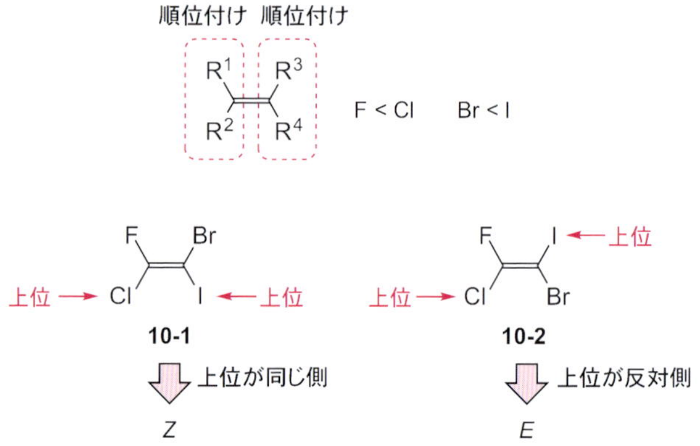

順位付け 順位付け

R^1 R^3 / R^2 R^4　F < Cl　Br < I

10-1：F, Br / Cl（上位）, I（上位）→ 上位が同じ側 → *Z*

10-2：F, I（上位） / Cl（上位）, Br → 上位が反対側 → *E*

図10・1　二重結合の絶対配置

*1

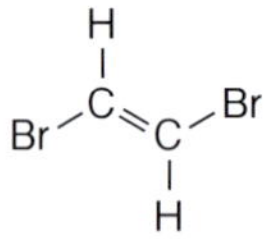

(Br(H)C=C(H)Br) は、トランスで衆目が一致する。では、

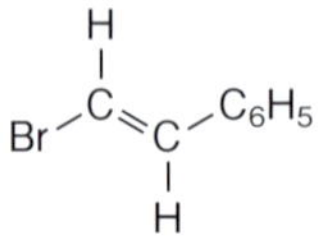

(Br(H)C=C(H)C_6H_5)

ではどうだろう。Br と C_6H_5 は違うけれども、H がトランスなので、まだトランスでよいだろう。では、

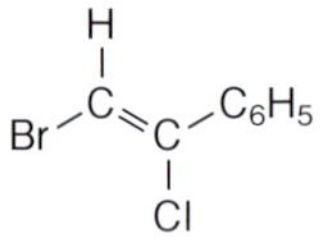

(Br(H)C=C(Cl)C_6H_5)

ではどうだろうか。ある人はハロゲンが同じ側なのでシスだと言い、ある人は分子量の大きい置換基（Br と C_6H_5）が反対側に付いているのでトランスと言うだろう。あなたは、次のようなラベルを貼ってある試薬びんを前にして途方にくれる。

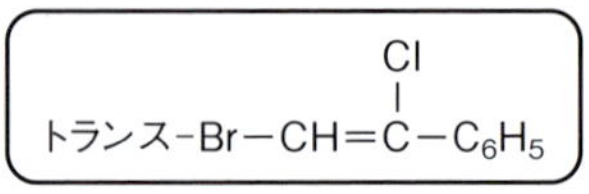

トランス-Br−CH=C(Cl)−C_6H_5

絶対配置
absolute configuration

***EZ* 表示法** *E*/*Z* convension

I の方が上位である。**10-1** では二重結合の右側で上位の置換基と左側で上位の置換基は同じ側にある。それに対して、**10-2** では右側で上位の置換基と左側で上位の置換基が反対側にある。**10-1** のように、上位の置換基が左右の炭素上で同じ側にあるとき、その立体異性体を Z と呼ぶ。**10-2** のように、上位の置換基が左右の炭素上で反対側にあるとき、その立体異性体を E と呼ぶ。

Z と E はシスとトランスに似ているが違う概念である。したがって、トランスのオレフィンが E の絶対配置をもっていたとしても、それは単なる偶然である。逆に、トランスのオレフィンが Z の絶対配置をもっていても何ら不思議はない。

図 10・2 に示す **10-3** は二つの $-OCH_3$ 基がシスの関係にあり、絶対配置は Z である。一方、**10-4** では二つの $-OCH_3$ 基がシスの関係にあることは変わらないものの、絶対配置としては E である。**10-4** の絶対配置が E であることは、直観には反するかもしれない。しかし、このように表現することで、人間的な曖昧さをもたず、確実に二重結合の立体配置を伝えることができる。

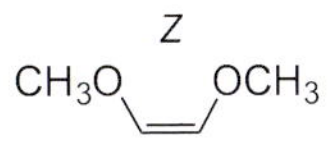

図 10・2　シス/トランスと Z/E との違い

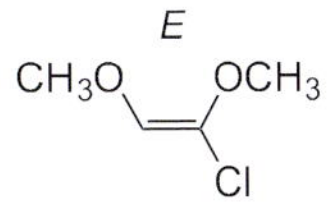

10・2　不斉中心の絶対配置

不斉中心には四つの異なる置換基が付いていて、その配置によって立体異性体（エナンチオマー）が生じる。置換基が異なるのであれば、必ず順位付けをすることができるので、その順位を元にエナンチオマーの立体配置を名付けることができる（***RS* 表示法**）。

***RS* 表示法**　*R/S* convension

次ページの**図 10・3** に示す **10-5** と **10-6** はエナンチオマーの関係にある。原子番号は F < Cl < Br < I であり、これは、不斉中心に結合する四つの置換基の順位である。ここで、不斉炭素中心の向こう側に順位が 4（一番順位が低い）の F があるような方向から **10-5** と **10-6** を眺める。このとき、残る三つの置換基は不斉炭素中心の手前側に来ている。ここで、順位が 1→2→3 の置換基をたどると、**10-5** では 1→2→3 は右回り（**時計回り**）であり、**10-6** では 1→2→3 は左回り（**反時計回り**）である。**10-5** のように、順位が 1→2→3 の置換基が右回りであるとき、その立体異性体を R と呼ぶ。**10-6** のように、順位が 1→2→3 の置換基が左回りであるとき、その立体異性体を S と呼ぶ。

時計回り　clockwise direction

反時計回り　anticlockwise direction

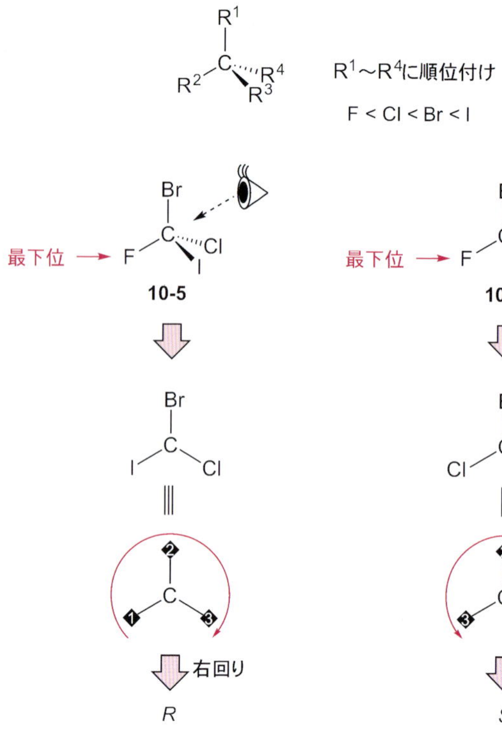

図 10・3 不斉中心の絶対配置

10・3 軸不斉の絶対配置

ナフタレン環 naphthalene ring

自由回転 free rotation

不斉軸 axis of chirality

図 10・4 に示す **10-7** は典型的な軸不斉をもつ化合物である（第6章参照）。**10-7** では、**ナフタレン環**を結ぶ単結合が「**自由回転**」ではなく、180°以上には回転しないことによって立体異性体が生じる。このような結合のことを**不斉軸**という。二重結合の場合と同様に、不斉軸の両端に結合している置換基の順位を比較することで、この軸不斉に由来する立体配置を名付けることができる。

10-7 の不斉軸について、両端に付いている置換基をまず展開し、それから不斉軸の両側で、それぞれ置換基に順位を付けると**図 10・4** のようになる。次に、**10-7** を不斉軸の一方から眺める。どちらから眺めても構わない。このとき、手前側で順位が高い方を順位1、低い方を順位2とする。奥側で順位が高い方を順位3、低い方を順位4とする。このあとは不斉中心の場合と同様に、順位4の置換基を奥に置くように眺め、順位1→2→3の置換基の回る方向を見る。右回り（時計回り）であれば *R*、左回り（反時計回り）であれば *S* である。したがって、**10-7** は *S* の絶対配置をもつ立体異性体である。

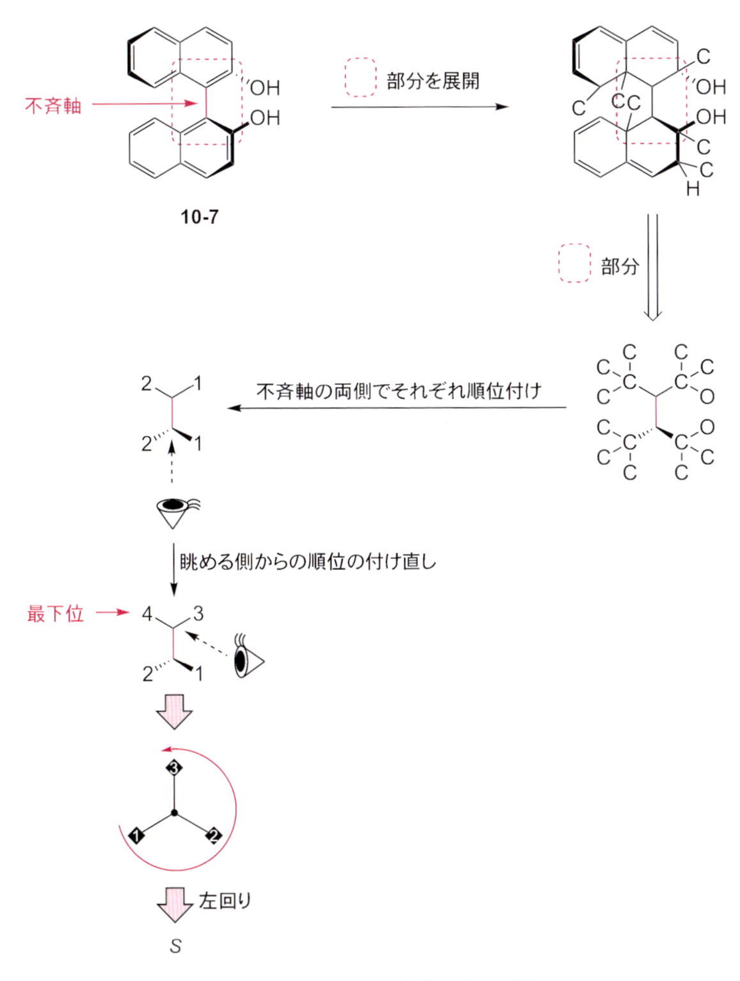

図 10・4　軸不斉化合物の絶対配置

演習問題

10・1　$C_5H_{12}O$ の分子式をもつすべてのキラルなアルコールについて、*R* 体と *S* 体の構造式を書け。

10・2　次のそれぞれの分子について、二重結合の絶対配置を *EZ* 表示法で表せ。

(a)
F
COOH
O
O
CHO

(b)
O
HO
OH

(c)
F
CH_3
CH_3
$COOCH_3$
CH_3

(d)
HO
COCl
CF_3

(e)
H_2N
OH
CH_3
Br

(f)
O
S

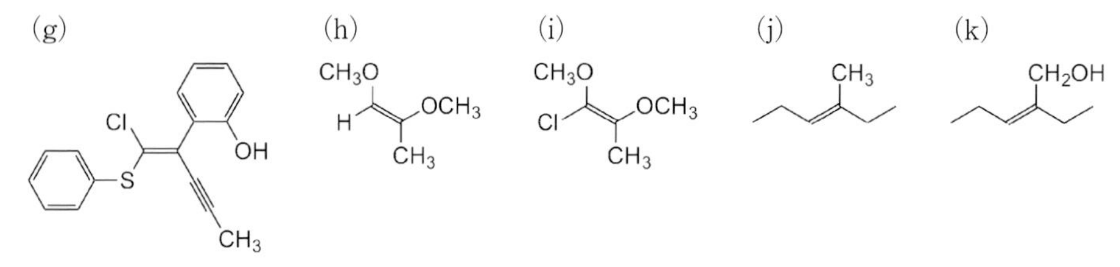

10・3　次のそれぞれの分子について、不斉中心の立体配置を *RS* 表示法で表せ。

(a)　(b)　(c)

(d)　(e)　(f)　(g)　(h)

(i)　(j)　(k)

10・4　化合物 **A** のすべての立体異性体について、次の問に答えよ。

A

(a) すべての不斉中心が *R* の立体配置の異性体を書け。

(b) 不斉中心のうち、一つだけが *S* の立体配置で、残りの三つが *R* の立体配置の異性体を書け。

(c) すべてのメソ体について、不斉中心の立体配置を答えよ。

10・5　C_5H_{10} のすべての異性体（第1章 演習問題1・3）の中で、不斉中心をもつものについて（第6章 演習問題6・5）、不斉中心の立体配置を *RS* 表示法で表せ。

10・6　C_3H_6O のすべての異性体（第1章 演習問題1・4）の中で、不斉中心をもつものについて（第6章 演習問題6・6）、不斉中心の立体配置が *R* のものと *S* のものをそれぞれ書け。

10・7　化合物 **B** と **C** について、すべての立体異性体を書き、すべての不斉中心の立体配置を *RS* 表示法を用いて表せ。

B　**C**

10・8　次のそれぞれの軸不斉化合物について、立体配置を *RS* 表示法を用いて表せ。

(a)　(b)　(c)　(d)

10・9 炭化水素に光を当てながらハロゲン（たとえば塩素 Cl_2）を作用させると、炭化水素の水素をハロゲンに置換することができる（第6章 演習問題6・4）。

$$R-H \xrightarrow{\text{光},\ Cl_2} R-Cl$$

次のそれぞれの化合物に光を当てながら塩素を作用させ、水素の一つを塩素で置換した。*S* の立体配置の不斉中心をもつ生成物をすべて書け。

(a) Br
(b) 
(c) Cl
(d) 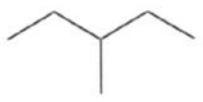
(e) O

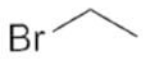

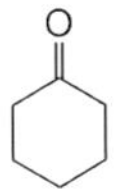

10・10 次の天然物のすべての不斉中心について、立体配置を *RS* 表示法を用いて表せ。

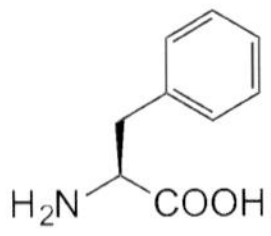

H_2N COOH
フェニルアラニン

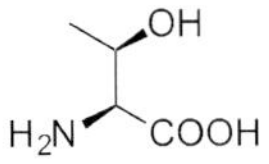

OH
H_2N COOH
トレオニン

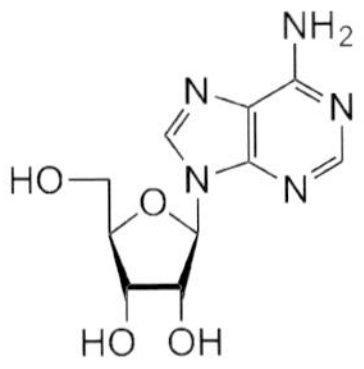

NH_2 N N HO O N N HO OH
アデノシン

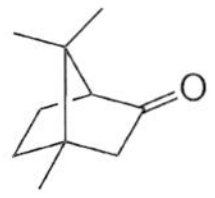

O
カンファー
（樟脳）

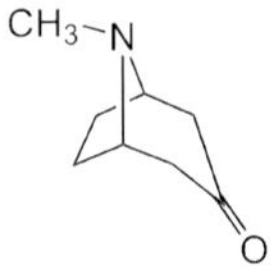

CH_3–N
O
トロピノン

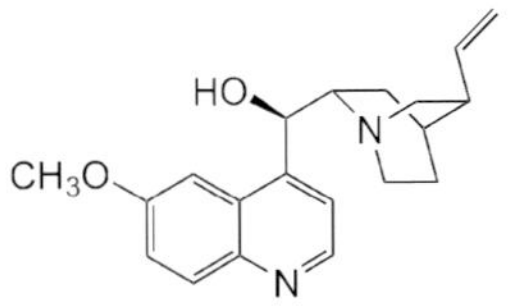

HO N
CH_3O
N
キニーネ

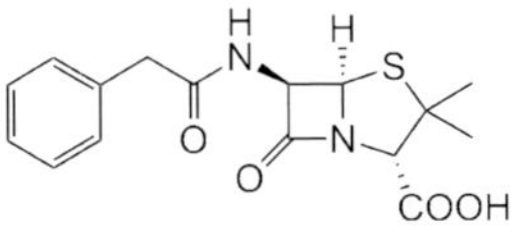

H H
N S
O O N
O COOH
ペニシリンG

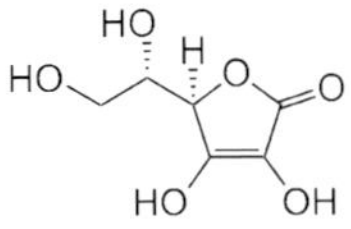

HO
HO H O O
HO OH
ビタミンC

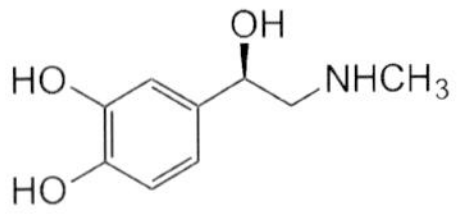

OH
HO NHCH$_3$
HO
アドレナリン

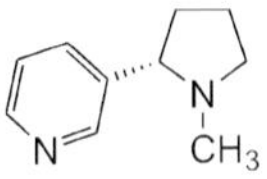

N
N CH_3
ニコチン

10・11 $C_3H_4Cl_2$ の異性体（全部で11ある）をすべて書き、次の問に答えよ。

(a) 幾何異性体の関係にあるものをすべて選び、それぞれの立体配置を *EZ* 表示法で表せ。

(b) 不斉中心をもつものをすべて選び、それぞれの立体配置を *RS* 表示法で表せ。

(c) メソ体はどれか答えよ。

(d) エナンチオマーの関係にあるものをすべて答えよ。

(e) ジアステレオマーの関係にあるものをすべて答えよ。

COLUMN *Z* と *E*

Z と *E* はドイツ語の zusammen（同じ）と entgegen（反対の）の頭文字から来ている。*Z* と *E* はイタリック（斜体文字）で書き、**10-1** は *Z*-1-ブロモ-2-クロロ-2-フルオロ-1-ヨードエテン（*Z*-1-bromo-2-chloro-2-fluoro-1-iodoethene）というように名付ける。

COLUMN *R* と *S*

R と *S* はラテン語の rectus（右）と sinister（左）の頭文字から来ている。*R* と *S* は（*Z* と *E* と同様に）イタリック（斜体文字）で書き、**10-5** は *R*-ブロモクロロフルオロヨードメタン（*R*-bromochlorofluoroiodomethene）というように名付ける。不斉中心の絶対配置を名付けるときには、「一番順位が低い4番目の置換基を奥に置く」という規則の分だけ、二重結合の絶対配置を名付けるときに比べると一つ段階が増えていることを忘れないようにしよう。なお、*R* が右回りで *S* が左回りであることを憶えにくいときには次のような絵を書くとよい。

第11章　フィッシャー投影式・DL表示法

直鎖状の化合物の立体配置を表す方法として、フィッシャー投影式を学ぶ。フィッシャー投影式では炭素骨格を上下にハシゴ状に書き、そのとき、置換基は手前に出ているものとする。フィッシャー投影式で書くと立体配置が分かりやすいという利点がある。フィッシャー投影式を利用すると、不斉中心の立体配置にDあるいはLと名前を付けることができる。DL表示法は相対的なものであるため、立体配置の直観的な命名を可能にする。

11・1　フィッシャー投影式

不斉中心の立体配置は破線・くさび表記で一般的に表すことができる。しかし、糖類など、直鎖状の炭素鎖をもつ天然有機化合物の立体配置を表現するのには、**フィッシャー投影式**といわれる表記法が使われることがある[*1]。フィッシャー投影式は環状炭素鎖をもつ化合物に適用できないため万能ではないが、立体異性体の区別が容易であること、立体異性体の表記法の一つであるDL表示法の基礎となることから、立体化学の重要な道具である。

フィッシャー投影式では、直鎖状の炭素骨格のうち、不斉炭素をもつ区間を縦にハシゴ状に書く。骨格の各炭素は十字になっているところにあるが、省略する。各炭素に付いた各置換基を、いずれも手前側に向くようにして、そのままハシゴの段に記載する。置換基は手前に出ているという約束なので、ハシゴの段をくさびを使って表記する必要はない（**図11・1**）。

フィッシャー投影式
Fischer projection

*1　エミール・フィッシャーによって、糖の立体配座を表現するために、1891年に初めて用いられた（本章コラム参照）。フィッシャーは、当時まだ構造のよく分かっていなかった糖類、核酸塩基類、アミノ酸とタンパク質類の構造を明らかにするとともに、それらの合成を行った。有機合成化学の偉大な先駆者である。

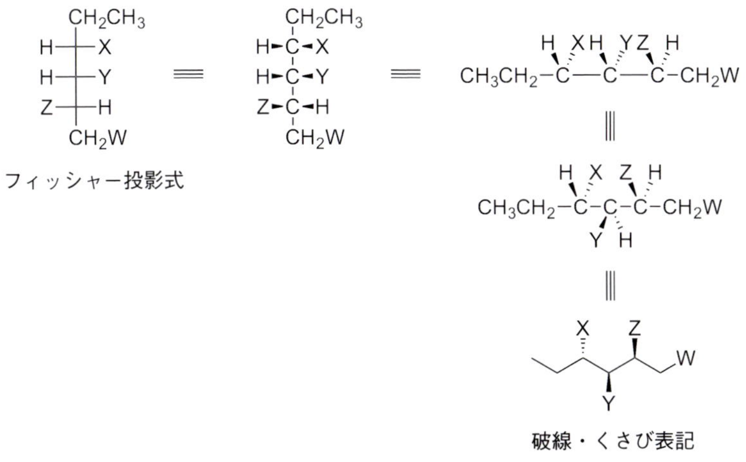

フィッシャー投影式

破線・くさび表記

図11・1　フィッシャー投影式の書き方

11・2　フィッシャー投影式と破線・くさび表記法

図11・2に示した**11-1**をフィッシャー投影式と破線・くさび表記法でそれぞれ表し、フィッシャー投影式で立体配置を表すことに慣れよう。

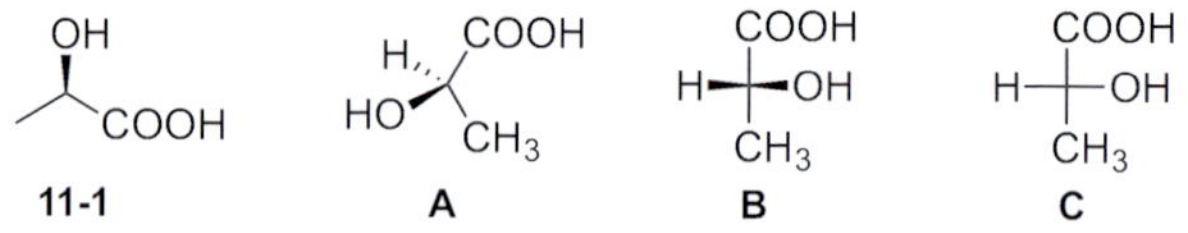

図11・2　フィッシャー投影式で立体配置を表す

まず、炭素鎖を上下になるように置く（**A**）。ここでは-COOHを上に、$-CH_3$を下に置くことにしよう。次に、不斉中心に結合する置換基（HとOH）が手前に来るように90°回す（**B**）。こうすると、OHは右側に、Hは左側に来る。このまま、くさびを普通の線で書くとフィッシャー投影式になる（**C**）。不斉中心の炭素は省略する。

では、**11-1**のエナンチオマーの**11-2**の場合はどうだろうか（**図11・3**）。同様の手順を踏んで書くと**F**のようなフィッシャー投影式になる。**C**と比べてみよう。エナンチオマーをフィッシャー投影式で書くと、不斉中心で置換基の左右が入れ換わることが分かる。

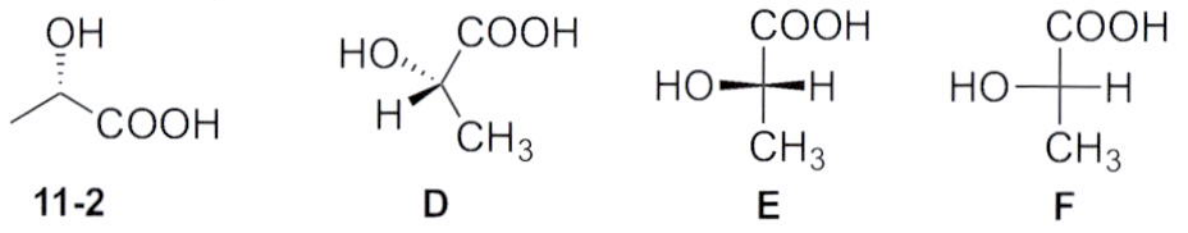

図11・3　エナンチオマーをフィッシャー投影式で表す

図11・4の**11-3**のような場合は、まず、炭素鎖を上下に書けるようにくさび表記を書き直す（**G**）。それから同様の手順を踏んでいくと**J**のように書くことができる。

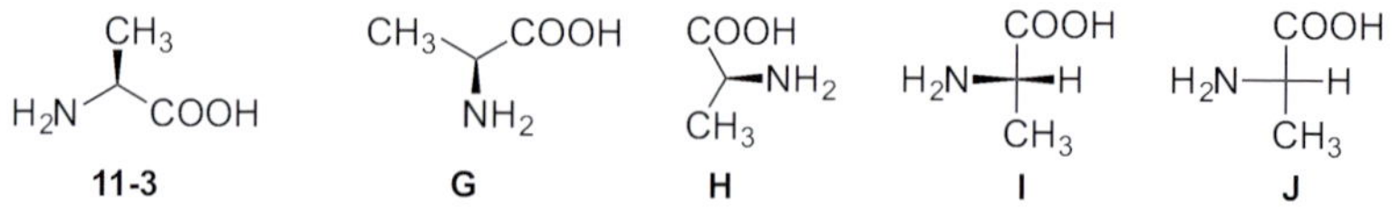

図11・4　炭素鎖を上下に書けるように書き直す

不斉中心を二つもつ**11-4**をフィッシャー投影式で書き表してみよう（**図11・5**）。炭素鎖を上下にするので、-COOHを上に、$-CH_3$を下に置くことにしよう（**K**）。次に、各炭素に結合する置換基が手前になるように回転させる（**N**）。その前に、炭素鎖をジグザグに置くのではなく、真っ直ぐになるように片側に寄せておく（**L**）と分かりやすい。また、省略されている水素を書いておくと間違えにくい（**M**）。このような手順で**11-4**をフィッシャー投影式で書くと**O**のようになる。

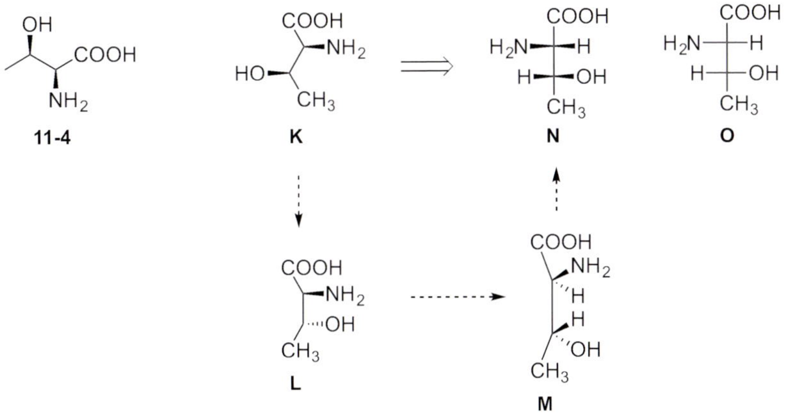

OH COOH NH$_2$ 11-4　COOH NH$_2$ HO CH$_3$ K　⟹　COOH H$_2$N H H OH CH$_3$ N　COOH H$_2$N H H OH CH$_3$ O

COOH NH$_2$ OH CH$_3$ L　COOH NH$_2$ H H OH CH$_3$ M

図 11・5　複数の不斉中心をもつ化合物をフィッシャー投影式で書く

11・3　フィッシャー投影式と立体配置

フィッシャー投影式で書いたとき、左右の置換基の入れ換えは、立体反転を意味する。したがって、置換基の左右をすべて入れ換えるとエナンチオマーとなり、左右が一部だけ入れ換わっているならジアステレオマーである（**図 11・6**）。

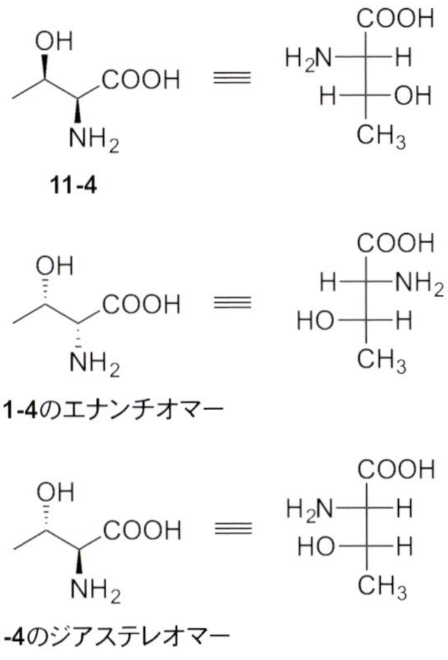

OH COOH NH$_2$ ≡ COOH H$_2$N H H OH CH$_3$
11-4

OH COOH NH$_2$ ≡ COOH H NH$_2$ HO H CH$_3$
11-4のエナンチオマー

OH COOH NH$_2$ ≡ COOH H$_2$N H HO H CH$_3$
11-4のジアステレオマー

図 11・6　フィッシャー投影式でエナンチオマーとジアステレオマーを書く

フィッシャー投影式で書いたとき、上下が対称になっているならそれはメソ体である。中央部分に対称面があるからである。次ページの**図 11・7** の **11-5** や **11-6** はメソ体であり、フィッシャー投影式で書いた構造には対称面がある。

フィッシャー投影式では、二つの置換基を入れ換えると立体配置が逆転した。立体配置を変えずに置換基の位置を変えるときには、三つを同時に入れ換える。次ページの**図 11・8** に示すように、フィッシャー投影式で不

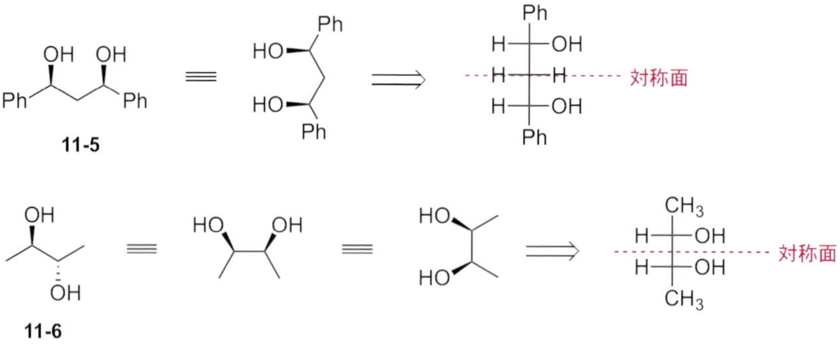

図11・7　メソ体をフィッシャー投影式で書くと対称面をもつ

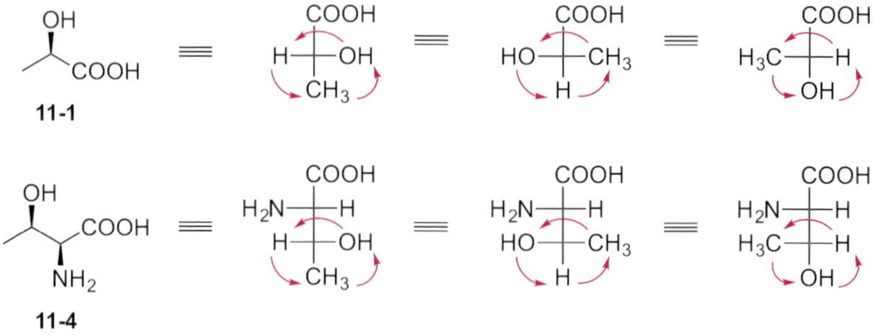

図11・8　フィッシャー投影式で立体配置を変えずに置換基の位置を変える

斉中心上の三つの置換基を回転するように入れ換えても、同じ立体配置のままである。

11・4　絶対配置の限界

不斉中心の絶対配置（*RS* 表示法；第10章）は、立体配置を確実に表現することを可能にしている。立体配置が分かれば、その立体配置を *R* か *S* か一義的に決めることが可能であるし、逆に、キラリティーが *R* か *S* か分かれば、その立体配置を紛れなく明示することができる。しかし、絶対配置はしばしば人間の「直観」に反する。

たとえば、**図11・9** に示す **11-7** は *S* の絶対配置をもつが、それを酸クロリド **11-8** に変換すると絶対配置は *R* となる（確認せよ）。単純な変換反応であり、人間的には立体配置は変化していないように見えるが、絶対配置は変化してしまう。これは、絶対配置では置換基の間の相対的な関係を見ているのではなく、置換基の原子番号だけを見ているからである。相対的な置換基の配置によって立体配置を名付けることができれば、**11-7** と **11-8** に同じ立体配置を与えることができよう。

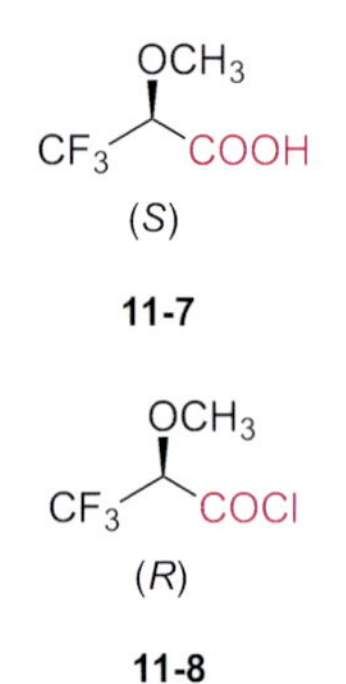

図11・9　置換基の相対配置が変化しないのに絶対配置が変化してしまう例

アミノ酸とそれからつくられるタンパク質は、我々生物にとって極めて

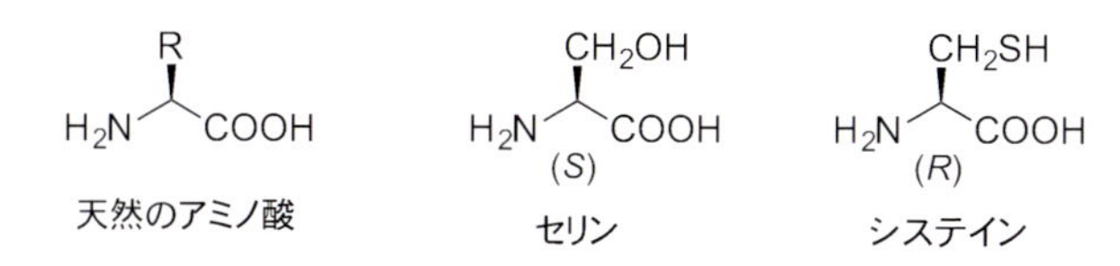

図 11・10　共通の立体配置をもっていても絶対配置が異なる例

重要な化合物である（第 7 章）。タンパク質は 20 種類のアミノ酸でできているが、そのいずれも、**図 11・10** に示したような共通の分子構造と立体配置をもっている。アミノ酸が 20 種類あるというのは、置換基 R が 20 種類ある、ということで、立体配置は一つしかない。代表的なアミノ酸に**セリン**（R ＝ CH_2OH）と**システイン**（R ＝ CH_2SH）がある。違いは R に含まれる置換基が OH か SH かだけであり、立体配置は同じである。しかし、絶対配置では、セリンの絶対配置が *S* であるのに対して、システインの絶対配置は *R* である（確認せよ）。

セリン serine

システイン cysteine

実は、絶対配置が *R* であるものはシステインだけで、残りの 19 種類のアミノ酸はすべて *S* の絶対配置をもつ。人間としては、天然のアミノ酸はすべて同じ立体配置をもつと言いたいところであるが、絶対配置はそれを許さない。アミノ酸に対して、置換基の相対的な関係から立体配置を名付けるような方法があれば、天然のアミノ酸はすべて同じ立体配置をもつといえる。

置換基の相対的な関係から立体配置を名付ける方法として、**DL 表示法**がある。DL 表示法を用いれば、天然のすべてのアミノ酸を、「同じ立体配置である」ということができる。DL 表示法はフィッシャー投影式に基づくため、炭素鎖が直鎖状であるものにしか適用できない。そのため、絶対的な方法と異なり万能の方法ではない。しかし、天然物の多くは直鎖状の炭素鎖をもつため、特に天然物の立体配置を表現するのに便利に使われる。

DL 表示法 DL notation：**DL 表記法**ともいう。

11・5　DL 表示法

ある化合物の立体配置を DL 表示法で表現するためには、まず、その化合物の立体配置をフィッシャー投影式で書く。

フィッシャー投影式では、次のような規則に従って書くのが習慣的であるが、フィッシャー投影式を用いて DL を決定するときには、この規則を厳密に守る必要がある。

① 炭素鎖はできるだけ真っ直ぐ上下に伸ばし、横（ハシゴの段）に置かない。

② より酸化が進んだ炭素を上に置く。最も酸化が進んだ炭素はカルボン酸誘導体（-COOR など）で、アルデヒド誘導体（-CHO など）、アルコールやアミン（$-CH_2OH$ や $-CH_2NH_2$ など）、炭化水素（$-CH_3$ など）と続く。

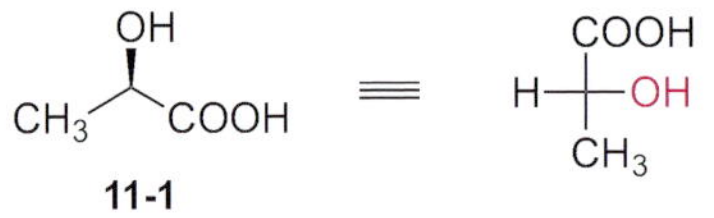

OH
CH_3 COOH ≡ COOH / H—|—OH / CH_3
11-1 D体 (OHが右)

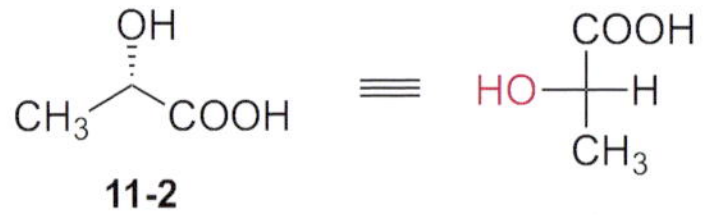

OH
CH_3 COOH ≡ COOH / HO—|—H / CH_3
11-2 L体 (OHが左)

図11・11 フィッシャー投影式とDL表示法

このように分子の構造をフィッシャー投影式で書いたとき、一番下の不斉点、あるいは、注目している不斉点で官能基（$-OH$ や $-NH_2$）が右にあるものをD体と呼び、左にあるものをL体と呼ぶ。11・2節でフィッシャー投影式を書いた**11-1**と**11-2**では[*1]、**11-1**がD体、**11-2**がL体である（**図11・11**）。

*1 11-1と11-2は乳酸という天然物である。

図11・10に示した天然のアミノ酸の立体配置をDL表示法で表してみよう。図11・4で代表的なアミノ酸である**11-3**のフィッシャー投影式を書いている。-COOHは一般に-Rよりも酸化が進んだ置換基なので、フィッシャー投影式では-COOHが炭素鎖の一番上にくる。規則を守ってフィッシャー投影式で書くと**図11・12**のようになる。したがって、天然のアミノ酸は（Rによらず）L体であるということができる。

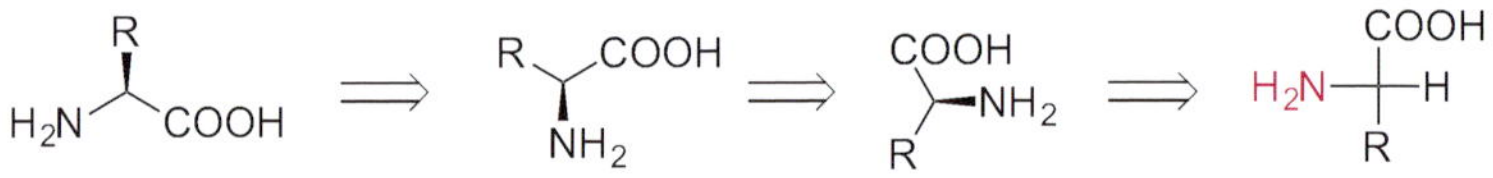

R / H_2N COOH ⟹ R COOH / NH_2 ⟹ COOH / NH_2 / R ⟹ COOH / H_2N—|—H / R
L体 (H_2Nが左)

図11・12 天然のアミノ酸のDL表示法による立体配置

グルコース glucose

マンノース mannose

ガラクトース galactose

リボース ribose

天然には様々な糖類がある。代表的な糖として**グルコース**（ブドウ糖：すべての生物で最も普遍的な糖）、**マンノース**（コンニャクなどに含まれる糖）、**ガラクトース**（乳に含まれる糖）、**リボース**（RNAのような遺伝物質などで使われる糖）をフィッシャー投影式で書くと**図11・13**のようになる[*2]。いずれも、一番下の不斉中心では、-OHは右側にある。すなわち、これらの糖類はすべてD体である。天然の糖はほとんどがD体である。

*2 図11・13に示した糖はいずれも糖類（炭水化物）の基本単位となるもので、単糖と呼ばれる。糖類は、単糖がカルボニル基（アルデヒド基）の部分でアセタール結合を形成してつながったものである。単糖二つからなる糖類にはスクロース（ショ糖あるいは砂糖）やマルトース（麦芽糖）があり、これらを二糖と呼ぶ。単糖が多数連なって高分子となっているものにはデンプンやセルロースがあり、これらは多糖と呼ばれる。

酒石酸には**11-9**、**11-10**、**11-11**の三つの立体異性体がある（第8章）。これらをフィッシャー投影式で表すと**図11・14**のようになる。酒石酸は炭素鎖の両端に-COOHがあるが、**11-9**と**11-11**では、どちらを上に書いてもまったく同じである。**11-9**は一番下の不斉中心で-OHが右側にあるのでD体、**11-11**では-OHが左側にあるのでL体である。**11-10**は、どちら

CHO
H—OH
HO—H
H—OH
H—OH
CH_2OH
グルコース

CHO
H—OH
HO—H
HO—H
H—OH
CH_2OH
ガラクトース

CHO
HO—H
HO—H
H—OH
H—OH
CH_2OH
マンノース

CHO
H—OH
H—OH
H—OH
CH_2OH
リボース

全てD体
（OHが右）

図 11・13　天然の糖の DL 表示法による立体配置

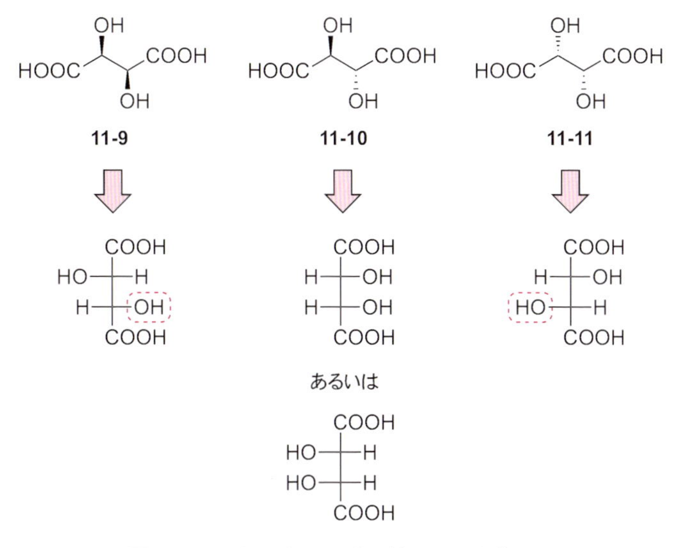

図 11・14　酒石酸の DL 表示法による立体配置

の -COOH を上に書くかによって、一番下の不斉中心で -OH が右側に来たり左側に来たりする。つまり、**11-10** は D 体か L 体か決められないように見える。しかし、実はそうではない。**11-10** はちょうど真ん中に対称面があるのでメソ体であり、キラルではない。したがって、D 体でも L 体でもない。フィッシャー投影式で書くと、**11-10** がメソ体であることが分かりやすい。

演習問題

11・1　フィッシャー投影式で表されたそれぞれの化合物の立体を、破線・くさび表記法で表し、すべての不斉中心の立体配置を *RS* 表示法で示せ。ただし、破線・くさび表記法では、炭素鎖を左右にジグザグに延ばすように書くこと。

(a)
CHO
H—OH
CH_2SH

(b)
COOH
H_2N—H
CH_2OH

(c)
CH_2NH_2
H—OH
CH_3

(d)
COOH
H—OH
H—OH
CH_2OH

(e)
CH_2OH
H—OH
H—OH
CH_2OH

(f)
CH_2OH
H—OH
HO—H
CH_2OH

(g)
CH_2OH
H—H
H—NH_2
CH_3

(h)
COOH
H_2N—H
H—OH
H—SH
CH_3

11・2　次のそれぞれの化合物をフィッシャー投影式で書き、L体かD体か決定せよ。さらに、すべての不斉中心の立体配置を*RS*表示法で表せ。

(a) HS, CHO, OH

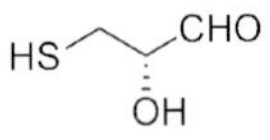

(b) COOH, SH

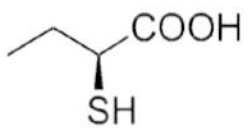

(c) HO, CHO, OH

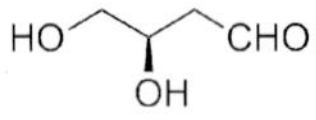

(d) OH, CHO, OH

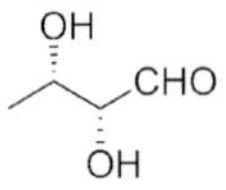

(e) NH_2, OH, OH

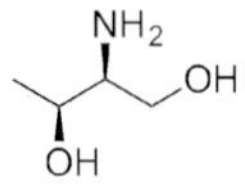

(f) HO, COOH, OH, NH_2

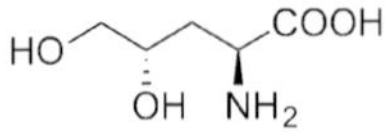

(g) OH, HO, SH

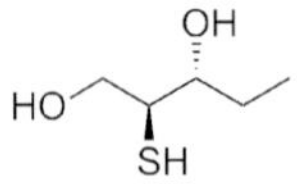

(h) NH_2, OH, COOH, SH

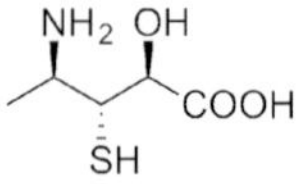

11・3　次のそれぞれの化合物の組について、同一化合物か、位置異性体か、エナンチオマーか、ジアステレオマーか、示せ。

(a)
CHO / H—OH / CH_3　　CHO / HO—H / CH_3

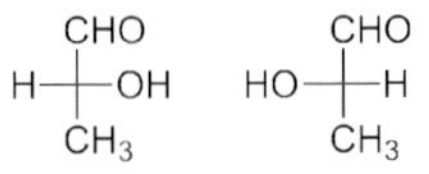

(b)
CHO / H—OH / CH_3　　CHO / H—CH_3 / OH

(c)
CHO / H—OH / CH_3　　CHO / HO—CH_3 / H

(d)
CHO / H—OH / CH_3　　CHO, H, HO, CH_3

(e)
CHO / H—OH / CH_3　　CH_3, HO, H, CHO

(f)
CH_2OH / H—OH / H—OH / CH_2OH　　CH_2OH / HO—H / HO—H / CH_2OH

(g)
CH_2OH / H—OH / H—OH / CH_2OH　　OH / H—CH_2OH / H—CH_2OH / OH

(h)
CH_2OH / H—OH / H—OH / CH_2OH　　H / HO—CH_2OH / H—OH / CH_2OH

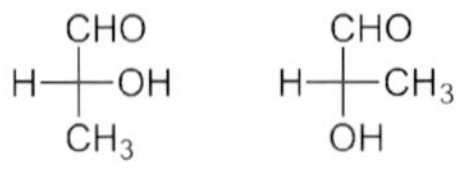

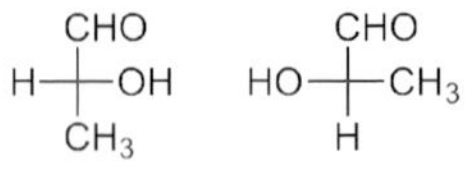

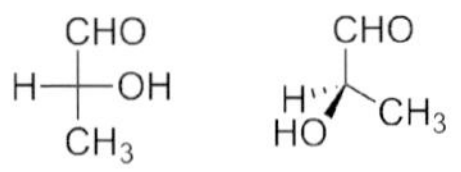

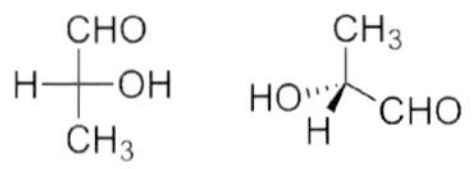

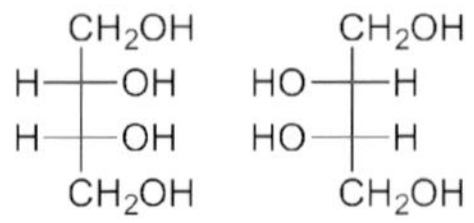

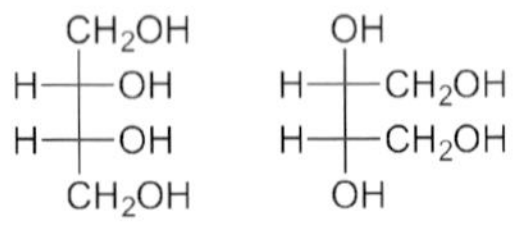

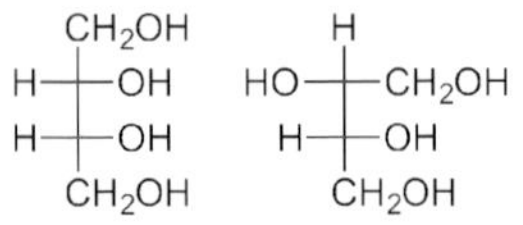

(i)
CH_3 / H—Cl / Cl—H / CH_3　　CH_3 / Cl—H / H—Cl / CH_3

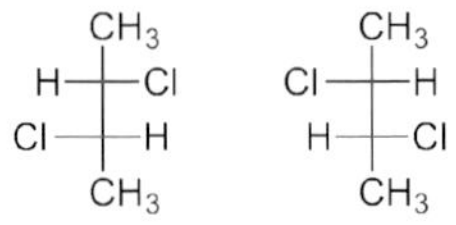

(j)
CH_3 / H—Cl / Cl—H / CH_3　　CH_2Cl / H—H / H—Cl / CH_3

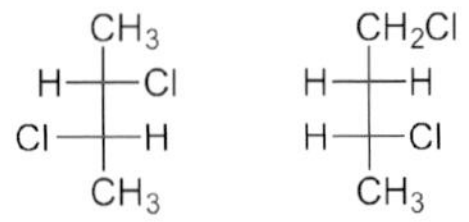

(k)
CH_3 / H—Cl / Cl—H / CH_3　　CH_3 / Cl—Cl / H—H / CH_3

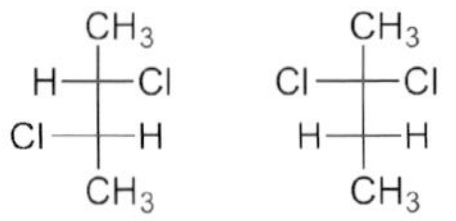

(l)
CH_3 / H—Cl / Cl—H / CH_3　　Cl, CH_3, CH_3, Cl

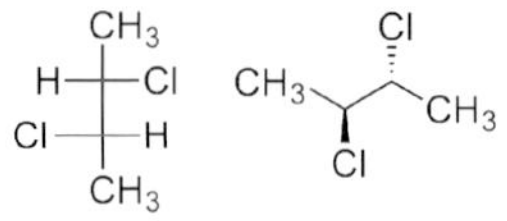

(m)
CH_3 / H—Cl / Cl—H / CH_3　　CH_3, CH_3, Cl, Cl

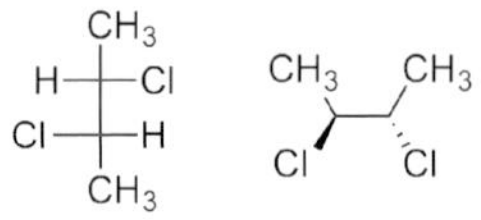

11・4　次のそれぞれの天然の糖類について、フィッシャー投影式で書かれたものを、破線・くさび表記法で不斉中心の立体が分かるように書け。さらに、すべての不斉中心の立体配置を*RS*表示法で示せ。

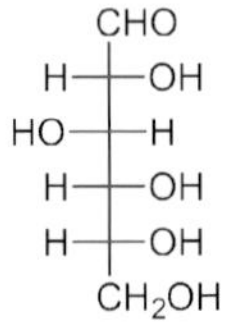

グルコース：CHO / H—OH / HO—H / H—OH / H—OH / CH_2OH

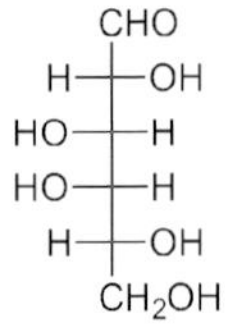

ガラクトース：CHO / H—OH / HO—H / HO—H / H—OH / CH_2OH

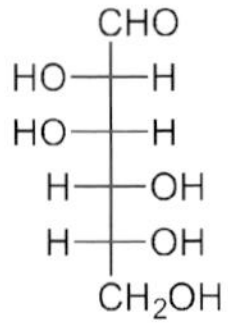

マンノース：CHO / HO—H / HO—H / H—OH / H—OH / CH_2OH

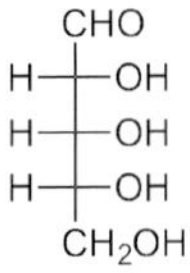

リボース：CHO / H—OH / H—OH / H—OH / CH_2OH

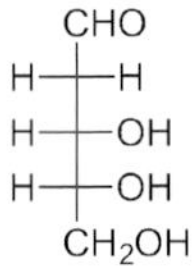

デオキシリボース：CHO / H—H / H—OH / H—OH / CH_2OH

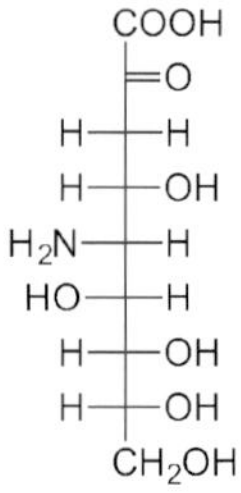

ノイラミン酸：COOH / =O / H—H / H—OH / H_2N—H / HO—H / H—OH / H—OH / CH_2OH

COLUMN　D と L

D や L には小さい大文字を使う。D はラテン語の dexter（右）から、L は laevus（左）から来ている。フィッシャー（H.E.Fischer、ドイツ：1902 年第 2 回ノーベル化学賞受賞）が DL 表示法を提案した当時、キラルな分子の絶対配置を知る方法はなかった。そこで彼は、当時得られていたグリセルアルデヒドの二つのエナンチオマー（一方を＋体、もう一方を－体と呼ぶことにする：この意味は第 12 章で分かることになる）に対して、とりあえず、＋体には D の、－体には L の立体配置を割り当てた。＋体という（実験的に得られた）エナンチオマーが D 体であるとしてみたのである。このとき、*RS* 表示法のような絶対配置を示す方法はまだなかったので、フィッシャーは立体配置を示すための方法を開発する必要があった。そこでフィッシャー投影式を発案して DL 表示法を提示したのである。そのうえで、D-グリセルアルデヒドと同じ相対配置をもつものを D 体と、L-グリセルアルデヒドと同じ相対配置をもつものを L 体と呼ぶことにした。

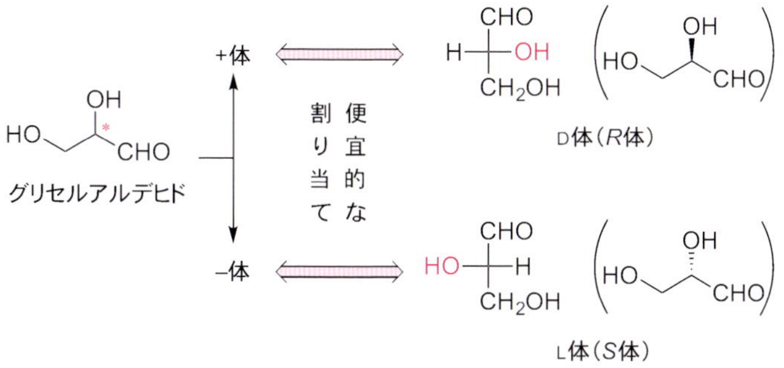

これは本当に便宜的な割り当てであり、＋体が本当に D 体（すなわち *R* 体）である確率は、逆に L 体（すなわち *S* 体）である確率と等しく、＋体が D 体である根拠などまったくない。しかし、立体化学を議論するために、とりあえずどちらかとしておく必要があったのである。

彼が D-グリセルアルデヒドと呼んだ＋体が本当に D（*R*）の絶対配置をもっているのかどうか、フィッシャーは死ぬまで知ることはできなかった。フィッシャーの提案から 60 年後、X 線回折によって絶対配置を決定する技術が開発された。この時点で、立体化学については膨大な研究成果が蓄積されており、いまさら「D と L が逆だ」などということになったら、化学界は大混乱に陥ったであろう。そのような中で、D とされてきたグリセルアルデヒドの絶対配置が決定された（実際には酒石酸の塩で決定されている）。そして、それは果たして D 体であった。フィッシャーは、そして立体化学は、二つに一つの大博打に勝ったのである。

COLUMN 糖の立体配置

糖類には様々なものがあるが、CHO-(CHOH)$_m$-CH_2OH で表される構造をもつもの（**アルドース**；aldose：ald＝アルデヒド、ose＝糖類を示す語尾）が最も多く、図11・13に示した糖もすべてこの形の構造をもっている。炭素数6（$m＝4$）の糖を**六炭糖**（hexose：hexa＝6）と呼び、グルコースはその典型である。炭素数5（$m＝3$）の糖は**五炭糖**（pentose：penta＝5）と呼ばれ、リボースはその典型である。

六炭糖では5位のヒドロキシ基が1位のアルデヒドに付加して、6員環（**ピラノース**形；pyranose：pyranは6員環で酸素を一つ含むヘテロ環化合物）の**ヘミアセタール**（hemiacetal：hemi＝半分）構造をとりやすい。また、五炭糖では4位のヒドロキシ基が同様に1位のアルデヒドに付加して、5員環（**フラノース**形；furanose：furanは5員環で酸素を一つ含むヘテロ環化合物）のヘミアセタール構造をとりやすい。それぞれ、グルコースとリボースについてフィッシャー投影式で表すと次のようになる。このとき、新たに立体中心となる1位の立体は決まらない。

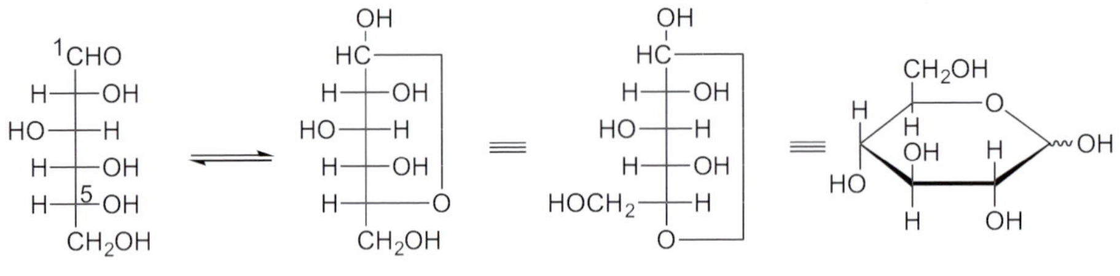

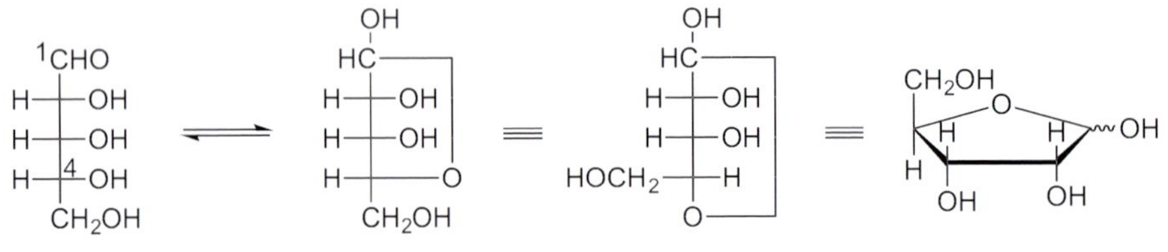

グルコース

リボース

環状構造を明示するためには、まず、六炭糖のグルコースでは5位の、五炭糖のリボースでは4位の置換基を三つ入れ換えて（図11・8）、環内のO原子を下に置くとよい。次いで、少し上から見るような形で、6員環あるいは5員環に糖の環状構造を書く。このように、環の立体配座（第3章）の情報を消去して糖の構造を平面状に書く方法を**ハース投影式**（Haworth projection）という。ハース投影式では、置換基を上下に出してどちらに向いているかを明示する。また、環内のO原子を、5員環の場合は奥に、6員環の場合は右上に置き、1位の炭素を右側に置く。

ハース投影式では、フィッシャー投影式で右側にある置換基が下側（α 面）に、左側にある置換基が上側（β 面）に来る。天然の糖がD体であるということは、一番下の不斉点で置換基を入れ換えたとき、末端の CH_2OH 基が左側に来るということである。したがって、天然の糖では末端の CH_2OH 基は β 面にある。

第12章　光学活性と旋光度

手元にキラルな化合物があったとき、それがどちらのエナンチオマーでどのような絶対配置をもつのかを決めることは重要である。エナンチオマーによって生理的な性質は異なるため、一方のエナンチオマーが薬で、もう一方は毒ということすらあるからである。しかし、エナンチオマーの物理的性質はまったく等しいため、どちらのエナンチオマーであるかを決めるためには、右か左かを判断できるような測定が必要である。そのために旋光度が利用される。手元の試料の旋光度を測定し、それを絶対配置の分かっている試料の旋光度と比較することで、絶対配置を決めることができる。

12・1　偏　光

光源からは光が出て私たちの目に届き、私たちは明るさを感じる。このとき、光源からは光が粒として出ている。この粒のことを**光子**(こうし)という。光子は粒といっても重さがなく、純粋なエネルギーからなる粒である。光子はそのエネルギーを波として私たちの目に届ける。光子1粒がもつエネルギーは、その波の振動数で決まる。目に見える光だと、500 THz（T（テラ）は 10^{12}（1兆））程度の振動数である。光子1粒当たりのエネルギーは極めて小さい。それでも光がまぶしかったり、光が当たると温度が上がったりするのは、光源から膨大な数の光子がやってくるからである。普通の電球からは、1秒間当たり1兆個以上もの光子が目に届く。

光子 photon

光子のエネルギーを伝える波は、進行方向（x 方向）に対して直角なある面に沿って振動している。次の光子も、進行方向に対して直角なある面に沿って振動しているが、その面は前の光子の振動面とは違っている。光源からは、膨大な数の光子が次々と出てくるが、その振動面はみんな違っている。光の進行方向（x 方向）から見ると、振動面は360°の間に均等に分布している。**図12・1**には、光源から出た光子の振動面の分布を示す。

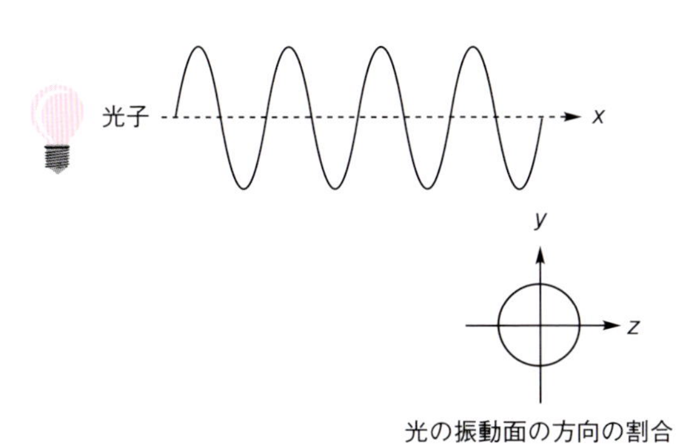

図12・1　光の振動面は360°均等に分布する

分極 polarization

偏光 polarized light

偏光子 polarizer

偏光面 plane of polarization

ある種の物質は、その**分極**構造が光の振動と相互作用をし、その物質の中を光が通ると、分極の向きに対応する振動面の成分だけが通り抜ける。そのため、この物質は光に対して「すだれ」のような働きをし、「すだれ」の向きに振動面を揃える。この物質を通過した光子は、同じ面に沿って振動する波となっている。このような、特定の振動面だけをもつ光を**偏光**と呼ぶ。偏光をつくりだす「すだれ」物質を**偏光子**と呼ぶ。また、偏光が振動している振動面を**偏光面**と呼ぶ。**図12・2**には、偏光子を通過することで光子の振動面の分布がどのように変化するかを示す。

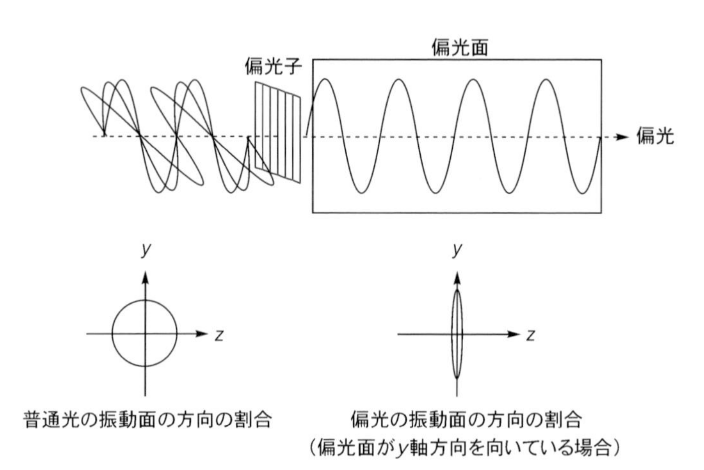

図12・2 偏光子による偏光の生成：偏光では振動面が特定の方向（偏光面）に規制される

光が偏光になっているかどうかは、偏光子を2枚使うことで確認することができる。まず1枚目の偏光子（偏光子A）で通常光を偏光にする。その光路上に2枚目の偏光子（偏光子B）を置く。偏光子Bを回していくと、通り抜けた光の強度が変わっていく。偏光子Aと偏光子Bの「すだれ」の向きが揃っているときに光の強度は最大となり、向きが90°に直交しているときに強度は最小（理想的には0）となる（**図12・3**）。このように2枚の偏光子の角度で光の強度が変化するのは、光が偏光になった証拠である。

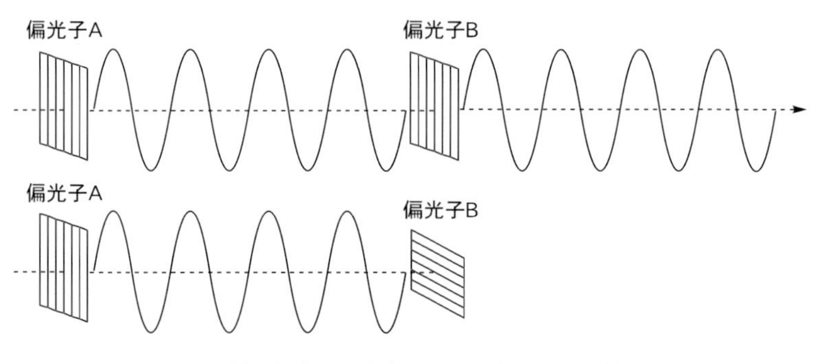

図12・3 2枚の偏光子の角度によって光の通過が制御される

そして、光の強度が最小になったとき、2枚の偏光子の「すだれ」の向きが直交していることが分かる。

12・2 光学活性

キラルな化合物とは、右か左の偏りをもつ化合物である。キラルな化合物を偏光の通り道に置くと、偏光面が右か左に回転するという現象が見られる。キラルな化合物がもつこのような作用を**光学活性**という（**図12・4**）。

光学活性 optical activity：**旋光性**（optical rotatory power）ともいう。

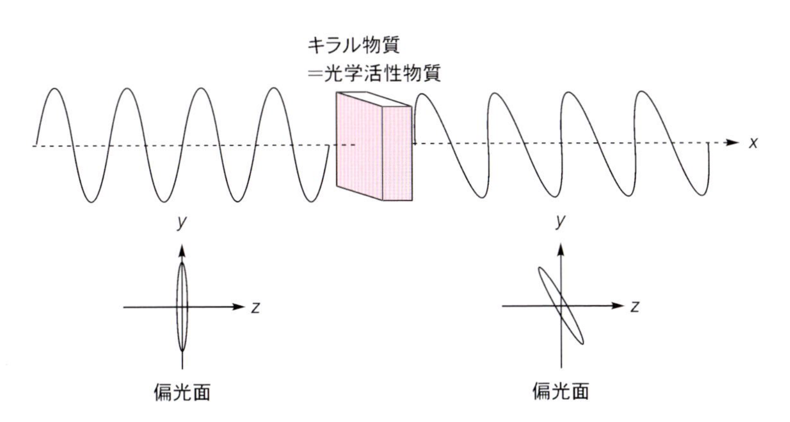

図12・4 キラルな化合物による偏光面の回転（光学活性）

逆に、ある物質やその溶液が光学活性をもてば、その物質はキラルであるといえる。キラルでなければ光学活性をもたない（**光学不活性**）からである。水のようにキラルでない化合物は光学不活性であるので、ある化合物の水溶液が光学活性であれば、その光学活性は溶かした化合物に由来することになる（**図12・5**）。

光学不活性 optically inactive

偏光面が回転したことは、2枚の偏光子を使った実験で知ることができる。まず、キラルでない溶媒（たとえば水）を2枚の偏光子ではさみ、偏光子を回転させて、光の強度を最小にしておく。このとき、偏光子の「すだれ」は直交している。次に、純粋な溶媒の代わりに、ある化合物の溶液を偏光子ではさむ。もしその化合物が光学活性であれば、偏光面が回転するので、光が通るようになる。偏光子を回して再び光の強度を最小にしたとき、偏光子を右に回したのであれば、それは偏光面が右に回っていたことを示している。このとき、偏光面の回った角度は偏光子を回した角度と等しく、これを**旋光度**という（**図12・6**）。

旋光度
(observed) optical rotation

偏光面が右に回転したとき、その化合物は（+）である（あるいは、旋光度が + である）といい、左に回転したとき、その化合物は（−）である（あるいは、旋光度が − である）という。あるキラルな化合物が（+）体であったとき、そのエナンチオマーは（−）体である。

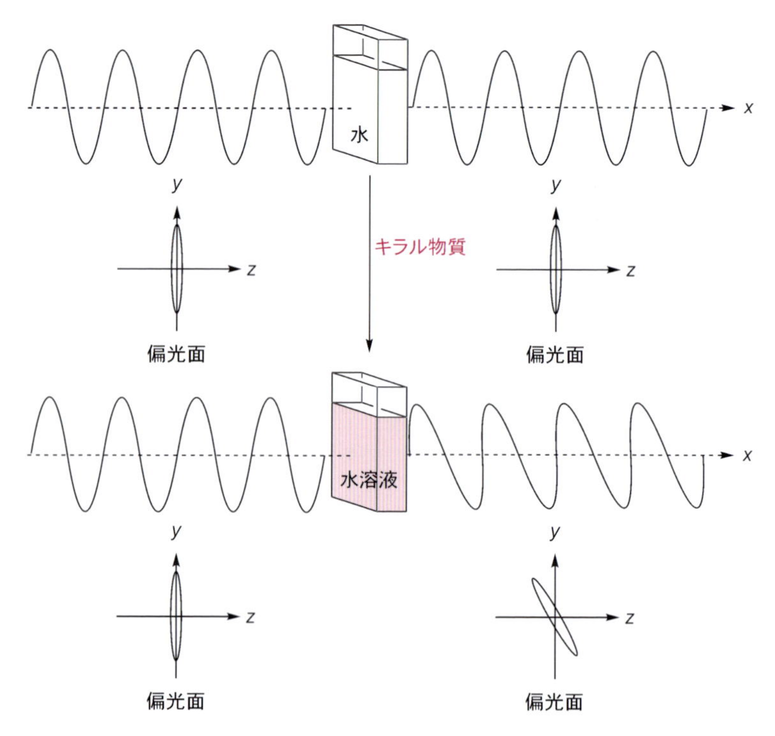

図 12・5　キラルな化合物の水溶液は光学活性

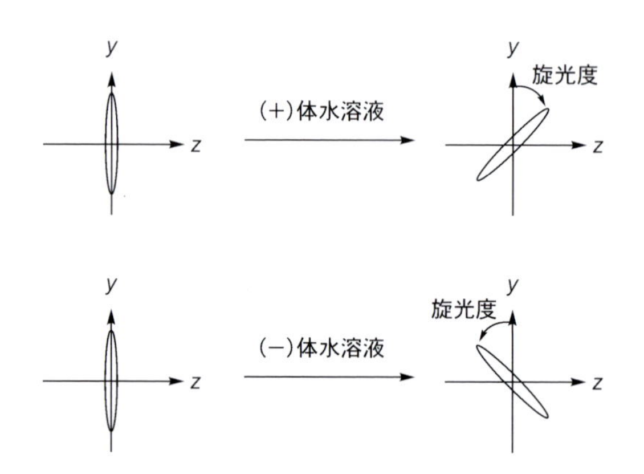

図 12・6　偏光面を右に回す（旋光度が ＋）化合物は（＋）体、偏光面を左に回す（旋光度が −）化合物は（−）体

図 12・7 に示すアミノ酸 **12-1** と **12-2** はエナンチオマーの関係にある。**12-1** は天然型で、*S* 体で、L 体で、（＋）体である。**12-2** は非天然型で、*R* 体で、D 体で、（−）体である。構造式を見れば、**12-1** が *S* 体で、L 体であることは分かるが、（＋）体であるかどうかは、**12-1** が（＋）体だと知らなければ、分からない。一方、目の前に **12-1** か **12-2** かどちらだか分からない結晶が置いてあったとき、水溶液をつくって旋光度を測定し、偏光面を右に回転させたならば、それは（＋）体である。そして、**12-1** が（＋）体だと知っていれば、それが **12-1** であると（つまり、**12-2** ではなく、食べられ

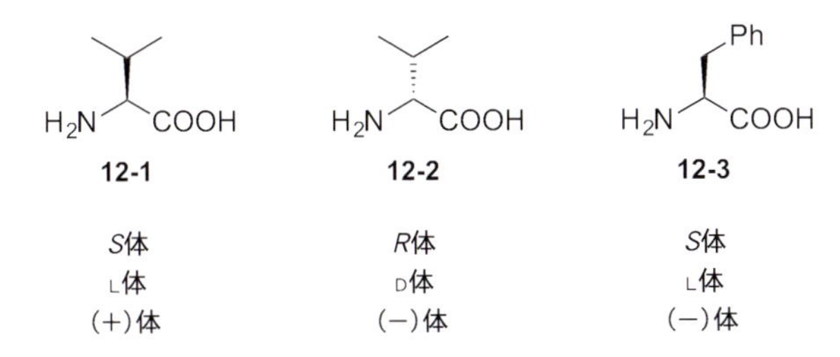

図 12・7 絶対配置と旋光度 (水溶液中)

ると) 知ることができる。**12-1** と **12-2** はエナンチオマーの関係にあるので、どんなスペクトルを測定しても区別することはできないが、偏光面をどちらに回転させるかで区別することができるのである。

同じく**図 12・7** に示したアミノ酸 **12-3** は天然型であり、**12-1** と同じく *S* 体で、L 体である。しかし、**12-3** は **12-1** とは逆の (−) 体である。(+)(−) 表示法は、*RS* 表示法や DL 表示法とあわせてエナンチオマーを表現する方法であるが、*RS* 表示法や DL 表示法とは異なり、測定によって分かるもので、構造式から予測することはできない*1。

*1 **12-1** が (+) 体で **12-3** が (−) 体であるのは、溶媒が水の場合だけである。酸性水溶液中や塩基性水溶液中では、両性化合物であるアミノ酸の旋光度は大きく変化する。場合によっては (+) 体であったものが (−) 体になったり、(−) 体であったものが (+) 体になったりすることもある。

12・3 旋光度と比旋光度

偏光面が回る角度、すなわち旋光度は、基本的にはそのキラルな化合物の光学活性の強さ、すなわち、偏光面を回す力による。光学活性は物質固有の性質である。

たいていの場合、旋光度は溶液で測定するので、溶液の場合を考えることにしよう (**図 12・8**)。あるキラルな化合物の溶液が偏光面を右に 10° 回転させたのであれば、旋光度は +10° である。別のキラルな化合物で同じ濃度の溶液をつくり、まったく同じように測定して旋光度が +20° であれ

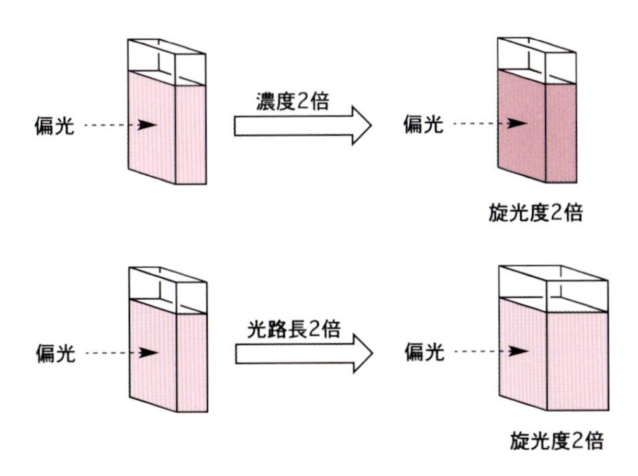

図 12・8 旋光度は濃度と光路長に比例する

ば、その化合物の光学活性、すなわち偏光面を回す力は、最初の化合物の2倍であるといえる。

しかし、旋光度はその化合物の光学活性だけで決まるわけではない。光学活性はその溶液の中のキラルな化合物に由来するので、濃度が2倍になれば旋光度も2倍になる。また、溶液を入れる容器（セルと呼ばれる）の厚さ（**光路長**という）が2倍になれば、偏光面を回す力が働く距離も2倍になるので、旋光度も2倍となる。他に、旋光度は溶媒、測定温度、測定波長の影響[*2]も受けるが、これらの影響は複雑であり、単純な比例の関係にはならない。

光路長 optical path length

*2 旋光分散（optical rotatory dispersion）と呼ばれる。旋光分散を測定することで、そのキラルな化合物の構造や置かれた環境についての情報が得られる。

このように、旋光度は溶液の濃度と光路長に比例するので、その化合物に固有の光学活性の強さは、観測された旋光度を溶液の濃度と光路長で割ることで表すことができる。この値のことを**比旋光度**という。一般に、旋光度は α で、比旋光度は $[\alpha]$ で表す。比旋光度は物質固有の値であるが、溶媒と温度と測定波長によって変わるので、比旋光度は $[\alpha]^{\text{温度}}_{\text{測定波長}}$（濃度、溶媒）というように、溶媒と温度と測定波長とともに表す。いくつかの化合物の比旋光度を**図 12・9** に示す[*3]。旋光度の単位は度（°）であるのに対し、比旋光度は一般に無単位で表す。

比旋光度 specific rotation

*3 裏表紙見返しの表も参照されたい。

エナンチオマーの関係にある場合を除いて、分子構造から比旋光度を予測することはできない。エナンチオマーの関係にある分子の場合、比旋光

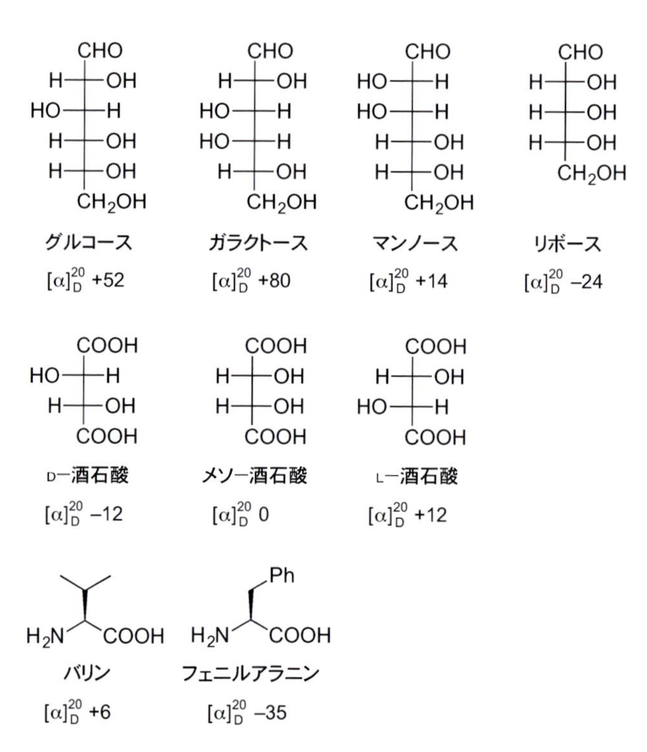

図 12・9 比旋光度の例（測定溶媒はいずれも水）

度の絶対値は等しく、正負の符号が逆転する。メソ体はアキラルであるので、比旋光度は0となる。

旋光度は波長によって変わるため、旋光度の測定は単色光で行わなければならない。容易に得られる単色光として昔から使われてきたのは、励起されたナトリウム原子からの590 nmの発光である。この光はナトリウムランプ（トンネルの照明などでよく用いられる）やナトリウム塩の炎色反応としておなじみの黄色光であり、D線と呼ばれている。測定波長にDと書かれていれば、それはナトリウムのD線で測定したことを意味する。

旋光度の測定では、濃度をg/dLの単位で表す習慣がある。これは、溶媒100 mL（= 1 dL）に溶けている化合物の重さ（g）で表す単位であり、cと表記される。c1.0は溶媒1 dLに溶質を1.0 g溶かした溶液であることを意味する。濃度cの溶液の旋光度を光路長lのセルを用いて測定したとき、旋光度と比旋光度との関係は次の式のようになる。

$$[\alpha] = \frac{100 \times \alpha}{c \times l}$$

濃度はcで表すため、溶液の旋光度を純物質の旋光度に換算するための係数100が分子にかかっている。光路長は1 dm（= 10 cm = 0.1 m）を単位とする。旋光度を測定する機械を**旋光計**といい、溶液の旋光度を計るときには1 dmの光路長をもつセルが標準的に使われる。したがって、c2.0の溶液の旋光度を光路長1 dmのセル*4を用いて測定したとき、旋光度αが+4.0°であったとすれば、比旋光度[α]は+200となる。

旋光計 polarimeter

*4 光路長は一般にlで表され、光路長が1 dmのときl1と表記する。

演習問題

以下のすべての問題において、濃度cの単位はg/dL、セルの光路長lの単位はdmとする。

12・1 化合物Aは比旋光度[α] −102、化合物Bは比旋光度[α] −94である。それぞれの化合物について、以下の問に答えよ。

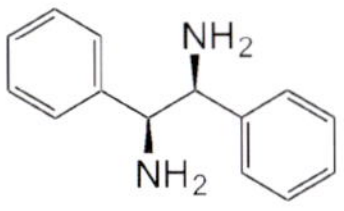

NH_2 NH_2 A　　OH OH B

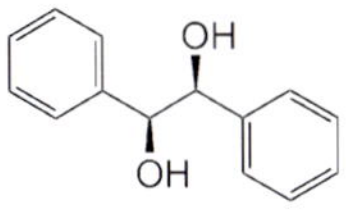

(a) エナンチオマーの比旋光度を答えよ。

(b) ジアステレオマーの比旋光度を答えよ。

(c) l1のセルに入れたc0.5の溶液の旋光度を求めよ。

12・2 化合物Cの塩酸中での比旋光度[α]は −155である。この化合物について、次の問に答えよ。

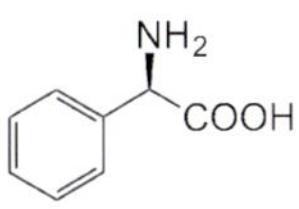

NH_2 COOH C

(a) l1のセルに入れたc4の塩酸溶液の旋光度を求めよ。

(b) この化合物の濃度不明の溶液の旋光度をl1のセルで測定したところ、−3.41°であった。この溶液の濃度を求めよ。

12・3　化合物**D**、**E**、**F**について以下の問に答えよ。

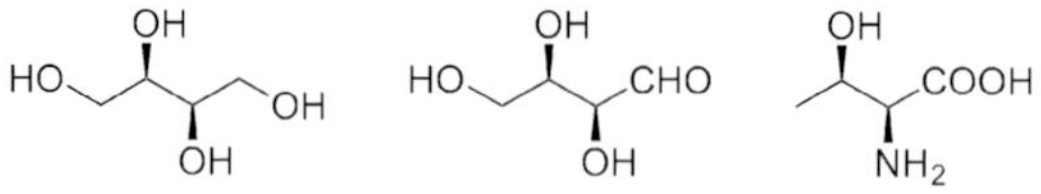

(a) それぞれの化合物をフィッシャー投影式で書き表し、D体かL体か決定せよ。

(b) すべての不斉中心の立体配置をRS表示法で表せ。

(c) l1のセルを用いてc2の溶液の旋光度を測定したところ、**D**の溶液が−0.28°、**E**の溶液が+0.40°、**F**の溶液が−0.57°であった。それぞれの化合物の比旋光度を求めよ。

(d) それぞれの化合物のジアステレオマーの比旋光度を推測せよ。推測することができないのであれば、推測不可能と答えよ。

12・4　化合物**G**の比旋光度$[\alpha]$は、塩酸を溶媒とすると+15.1、純水を溶媒とすると−10.7、水酸化ナトリウム水溶液を溶媒とすると+7.6である。溶媒によって比旋光度が大きく異なる理由を考えよ。

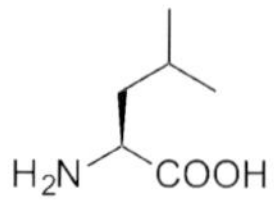

12・5　あるキラルな化合物のc1の溶液で旋光度を測定したところ+6.0°であった。次の問に答えよ。

(a) この化合物のc0.5の溶液の旋光度を答えよ。

(b) この化合物のエナンチオマーの、c2の溶液の旋光度を答えよ。

12・6　あるキラルな化合物0.50 gを水に溶かし10 mLとした。l1のセルを用いてこの溶液の旋光度を測定したところ、−3.0°であった。この化合物の比旋光度を求めよ。

COLUMN　偏光子の働き

偏光子には様々な原理のものがある。その中で最も広く使われているのは、**ポリビニルアルコール**(PVA；poly (vinyl alcohol)) というポリマーに**ヨウ素** (iodine) を溶かし込んでフィルムとし、一方向に引き伸ばす (延伸) 工程を経て作製される偏光板である。ヨウ素の分子はPVAの分子と錯体をつくりながら引き延ばし方向に揃い、整列する。ヨウ素の分子は分極しやすく、偏光板は延伸方向に強い分極構造をもつことになる (第3章コラム)。このフィルムに光を当てると、ヨウ素の分子は整列方向 (延伸方向) の偏光成分を吸収し、それと直角方向の偏光成分だけ透過する。そのため、偏光板を通った光は偏光となる。

本文中では、分かりやすいように、すだれに沿った偏光成分が通過するような図を書いたが、光のすだれの方向は延伸の方向とは直交している。

COLUMN　*d* と *l*

偏光面を右に回す性質は右旋性 (dextro-rotatory)、偏光面を左に回す性質は左旋性 (levo-rotatory) という。この dextro と levo はそれぞれラテン語で右と左を表す語であり、DL 表示法の D と L の語源と同一である (第11章コラム)。本文中では、偏光面を右に回す (右旋性の) エナンチオマーを (+) 体と、左に回す (左旋性の) エナンチオマーを (−) 体と呼んでいるが、かつては、それぞれ *d* 体および *l* 体と呼んでいた。今でもこのような表記は、特に天然物のエナンチオマーを表すのに用いられることがある (第6章、図6·4)。しかし、旋光度に基づく表記である *dl* 表示法は、絶対配置に基づく表記である DL 表示法とまったく関係がないにもかかわらず (そもそもの出発点では関係していたが：第11章コラム) 非常に紛らわしいため (しかも、混同している人が多いため)、現在では使われなくなっている。

ときどき、試薬のカタログなどで、エナンチオマーを区別するのに *d*-(+)- などと書かれているものを見かけることがある。しかし、*d*- と (+)- は同じ意味であり、*d*-(+)- と二重に書くことに意味はない。このように書かれているのは、何らかの命名規則があるからではなく、注文する人のために、どちらでも分かるように、便宜を図っているというだけのことである。

第13章 光学純度とエナンチオマー過剰率

第12章ではキラルな化合物の光学活性を旋光度で調べることを学んだ。本章では、エナンチオマーの混合物の旋光度を測定することで、エナンチオマーの混合比を決定することを学ぶ。あるキラルな化合物に実際に観測された旋光度が比旋光度から期待される旋光度よりも低い場合、比旋光度から期待される旋光度に対する割合を光学純度という。光学純度の低下は、エナンチオマーの混入により起こる。エナンチオマーがどの程度混入しているかは、エナンチオマー過剰率で表される。エナンチオマー過剰率は光学純度に等しい。

13・1 光学純度

第7章で学んだように、キラルな化合物をそのエナンチオマーと分離することは困難である。しかし、エナンチオマーの間では生理的な性質が異なることから、キラルな化合物にそのエナンチオマーが混じっているとき、エナンチオマーがどの程度混じっているのかを知ることは非常に重要である[*1]。また、第8章で学んだように、キラルな化合物ではしばしばラセミ化が起こる。そのような場合にも、ラセミ化がどの程度起こっているか、すなわち、エナンチオマーがどの程度混じっているかを知る必要がある。

*1 たとえば、医薬品においては、薬となる化合物のエナンチオマーは不純物として扱われ、原則として混入が許されていない。一方、昆虫のフェロモンなどでは、エナンチオマーの混合物が使われていることがあり、昆虫の種によってその比が異なり、種に特異的な誘引を可能にしていたりすることもある。

今、比旋光度が $[\alpha]$ のキラルな化合物があるとき、そのエナンチオマーの比旋光度は $-[\alpha]$ を示す。また、この化合物のラセミ体は、両エナンチオマーを等量含みキラルではないので、比旋光度は0となる。このように、観測される比旋光度の値は両エナンチオマーの割合によって変化する。

$[\alpha]$ の比旋光度をもつはずのキラルな化合物に、$[\beta]$（$<[\alpha]$）の比旋光度が観測されたとしよう。これは、この化合物にそのエナンチオマーが混入していることを示している。このとき、$[\alpha]$ に対する $[\beta]$ の比を百分率で表したもの

$$\text{o. p.} = \frac{[\beta]}{[\alpha]} \times 100$$

を**光学純度**（o. p.）という。このように、キラルな化合物にそのエナンチオマーが混じっているとき、「光学的に純粋ではない」という。また、**光学的に純粋**である（o. p. = 100 %あるいは −100 %のとき）のは、純粋なエナンチオマーだけからなっているときである。

光学純度 optical purity

光学的に純粋 optically pure

たとえば、**図13・1**に示す天然のアミノ酸の一つの**13-1**は $[\alpha]^{20}_{D}$ −35である[*1]。ここで、**13-1**（のはず）として得られた物質の旋光度を測定したところ、$[\alpha]^{20}_{D}$ −28が得られたとする。このときの光学純度o. p.は（−28）/（−35）= 0.8で80 %となる。光学純度o. p.が100 %ではないのは、**13-1**として得られた物質の中に**13-1**のエナンチオマー**13-2** $[\alpha]^{20}_{D}$ +35が混

*1 12・3節で述べたように、$[\alpha]^{20}_{D}$ は、20 ℃でナトリウムのD線を用いて測定したときの比旋光度を示す。

じっているからである。**13-1** と **13-2** はエナンチオマーの関係にあるので、**13-1** に **13-2** が混じっていると、これを分けることができない。そのため、**13-1** を得ようとすると、**13-2** との混合物（光学純度 o. p. の低い **13-1**）として得られてしまう。

ラセミ体の旋光度は 0 なので、o. p. は 0 % である。どちらかのエナンチオマーが過剰であれば（ラセミ体でなければ）、観測される旋光度は 0 にならないので、o. p. も 0 にはならない。一方のエナンチオマーの割合が高くなればなるほど o. p. も高くなる。

Ph
H_2N　COOH
13-1
天然型
$[\alpha]_D^{20}$ −35

Ph
H_2N　COOH
13-2
非天然型
$[\alpha]_D^{20}$ +35

図 13・1　天然型アミノ酸 **13-1** と非天然型アミノ酸 **13-2** の比旋光度

13・2　エナンチオマー過剰率

ある化合物で R 体と S 体（D 体と L 体、あるいは、(−) 体と (+) 体といってもよい）が混ざった状態にあるとき、どれだけ「純粋なエナンチオマー」という状態に近いか、を表すのが**エナンチオマー過剰率**（e. e.）である。R 体から見たエナンチオマー過剰率は

エナンチオマー過剰率
enantiomeric excess

$$\text{e. e.} = \frac{[R]-[S]}{[R]+[S]} \times 100$$

で表され、S 体から見たエナンチオマー過剰率は

$$\text{e. e.} = \frac{[S]-[R]}{[S]+[R]} \times 100$$

で表される。ここで $[R]$ と $[S]$ はそれぞれ R 体と S 体の濃度（量）を示している。もし $[R]+[S]=100\ \% = 1$ であるなら、それぞれ

$$\text{e. e.} = [R]-[S]$$

および

$$\text{e. e.} = [S]-[R]$$

である。たとえば、互いにエナンチオマーの **13-1** と **13-2**（図 13・1）が 90 : 10 で混ざっているなら e. e. 80 %、80 : 20 で混ざっているなら e. e. 60 %である。

エナンチオマー過剰率は、そのエナンチオマー混合物がエナンチオマーとしてどれほど純粋かを表す最も一般的な指標である。エナンチオマー過剰率は、純粋なエナンチオマーだけからなるときに 100 %となり、ラセミ体（$[R]=[S]$）で 0 %となる。ラセミ体のときには両エナンチオマーはそれぞれ 50 %と 50 %で存在しており、エナンチオマー過剰率はエナンチオマーの含有率（ラセミ体では 50 %）とはまったく異なることに注意しなければならない。

エナンチオマー混合物に含まれる各エナンチオマーの比を r としたとき

$$r = \frac{[S]}{[R]} \qquad \text{ただし、} 0 \leqq r \leqq 1 \ (R\ \text{体が過剰}) \ \text{とする}$$

r と e. e. との関係は

$$\text{e. e.} = \frac{1-r}{1+r} \times 100$$

あるいは

$$r = \frac{100 - \text{e. e.}}{100 + \text{e. e.}}$$

のようになる。

また、$[R] + [S] = 1$ のとき、

$$[R]\,(\text{or}\,[S]) = \frac{1 + \dfrac{\text{e. e.}}{100}}{2}$$

となる。

13・3　光学純度とエナンチオマー過剰率の関係

一般に、光学純度とエナンチオマー過剰率は等しい。

$$\text{o. p.} = \text{e. e.}$$

これは**図13・2**のように考えると分かりやすい。

今、R 体が過剰なエナンチオマー混合物があるとすると、R 体のもつ光学活性のうち、S 体の量に相当する分は S 体の光学活性（それは R 体の光学活性の逆である）によって打ち消されてしまう。したがって、エナンチオマー混合物全体として光学活性が残っている部分は $[R] - [S]$ だけである。あるいは、光学活性なのは $[R] - [S]$ の部分だけで、残りは光学活性をもたないラセミ体であると考えてもよい。光学的に純粋な場合というのは、$[R] + [S]$ に相当する全体が R 体であるということであるから、この混合物の光学純度は

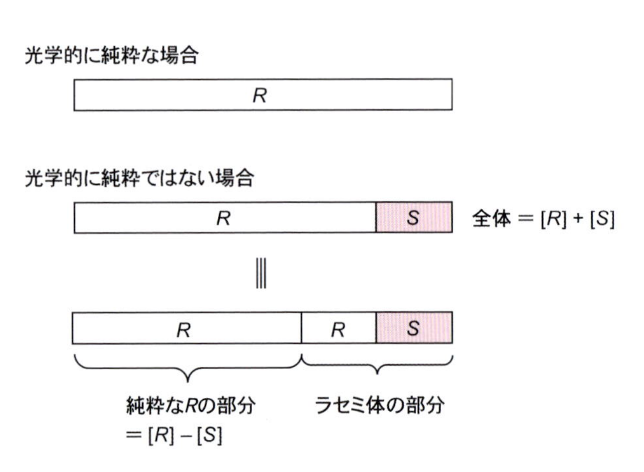

図13・2　光学的に純粋でない場合の、純粋なエナンチオマーに相当する部分の割合

$$\text{o. p.} = \frac{[R] - [S]}{[R] + [S]} \times 100$$

となり、これは e. e. に等しい。

以上のことから、エナンチオマーの混合物あるいは部分的にラセミ化が進行した化合物で、エナンチオマーの存在割合は旋光度の測定から求めることができる。すなわち、試料の旋光度 α を測定し、そこから比旋光度を求める。比旋光度の値を純粋なエナンチオマーに知られている比旋光度 $[\alpha]$ と比較し、光学純度 o. p. を求める。光学純度 o. p. はエナンチオマー過剰率 e. e. に等しいので、エナンチオマー過剰率 e. e. が分かる。エナンチオマー過剰率 e. e. からは、13・2 節に示したようにエナンチオマーの存在比を求めることができる。

たとえば、**13-1**（図 13・1）として得られた物質の旋光度を測定し、そこから比旋光度を求めたところ、$[\alpha]_{\mathrm{D}}^{20}$ −28 であったとする。このときの光学純度は 80 % であり、e. e. も 80 % である。ここから、**13-1** とそのエナンチオマー **13-2** の存在比は 90：10 であることが分かる。

演習問題

以下のすべての問題において、濃度 c の単位は g/dL、セルの光路長 l の単位は dm とする。

13・1　化合物 **D** の純粋なエナンチオマーの比旋光度 $[\alpha]$ は −102 である。光学純度の明らかでない化合物 **D** の c 10 の溶液の旋光度 α を l 1 のセルで測定したところ −5.1° であった。光学純度を求めよ。また、この試料中の **D** とそのエナンチオマーの割合を求めよ。

NH_2
NH_2

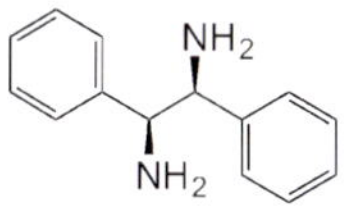

D

13・2　化合物 **E** の純粋なエナンチオマー 4.0 g を塩酸に溶かして 100 mL とした溶液の旋光度を測定したところ +6.2° であった。光学純度の明らかでない化合物 **E** を 5.0 g とり、塩酸に溶かして 100 mL とし、同じセルで旋光度を測定したところ、やはり +6.2° であった。光学純度を求めよ。また、この試料中の **E** とそのエナンチオマーの割合を求めよ。

NH_2
COOH

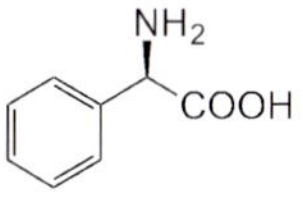

E

13・3　次に示すのは、純粋なエナンチオマーの比旋光度と、エナンチオマー混合物の比旋光度の測定値である。それぞれの混合物の光学純度を求め、さらに、その混合物中のエナンチオマーの存在比を求めよ。

(a) R 体の $[\alpha]$ +100、エナンチオマー混合物の $[\alpha]$ −50

(b) D 体の $[\alpha]$ +50、エナンチオマー混合物の $[\alpha]$ +35

(c) S 体の $[\alpha]$ +65、エナンチオマー混合物の $[\alpha]$ −52

(d) L 体の $[\alpha]$ −75、エナンチオマー混合物の $[\alpha]$ −45

(e) R 体の $[\alpha]$ −80、エナンチオマー混合物の $[\alpha]$ −72

13・4　カルボニル基の α 位の水素は酸性が高いため（第8章 演習問題8・4）、カルボニル基の α 位に不斉中心があるとラセミ化が起こる。アミノ酸はカルボキシ基の α 位が不斉中心であるため、ゆっくりとラセミ化する。このことから次の問に答えよ。

(a) 化石の中から得られたセリンの比旋光度を塩酸中で測定したところ [α] +8.7 であった。純粋な L-セリンの比旋光度は塩酸中で [α] +14.5 である。化石中のセリンの光学純度を求め、L-セリンの何パーセントが D-セリンに変化したか求めよ。

OH
H_2N　COOH
L-セリン

(b) 充分に長い時間が経つと、L-セリンと D-セリンの存在比はいくつになると期待されるか。このときの e.e. はいくつか。

(c) 同様の手法で L-トレオニンを分析することを考えた。L-トレオニンの比旋光度は水中で [α] −28.3 である。L-セリンと同様の分析を行うのに必要な情報はこれで充分か。充分でなければ必要な情報は何か。

OH
H_2N　COOH
L-トレオニン

13・5　R 体の比旋光度が [α] +48 の化合物がある。この化合物の R 体 10 g に、その S 体を 5 g 加えて混合した。この混合物の比旋光度を求めよ。

13・6　昆虫の性フェロモンでは、エナンチオマーの混合物が使われることがあり、種によって最適なエナンチオマー比が異なる。あるコガネムシの性フェロモンは R 体 : S 体 = 3.3 : 1 の混合物であった。この性フェロモンの e.e. を求めよ。

COLUMN　エナンチオマーとラセミ体

二つの化学種 A と B の間に平衡が成立しているとき

$$\mathrm{A} \overset{K}{\rightleftharpoons} \mathrm{B}$$

A と B の間のエネルギー差を ΔG とすると、

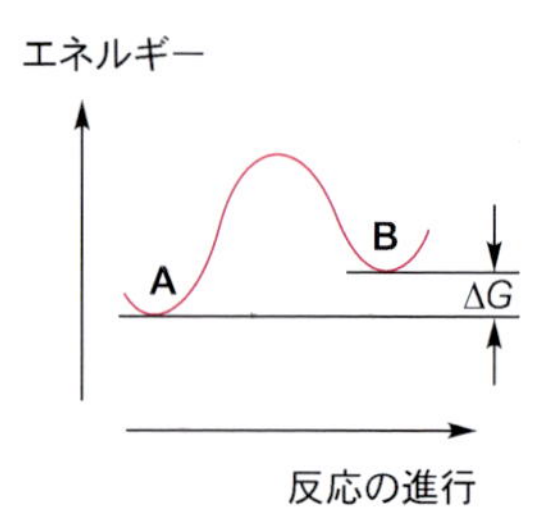

A と B の間の平衡定数 K が次のボルツマン分布の式で表されることは 2・4 節で学んだ。

$$K = \frac{[\mathrm{B}]}{[\mathrm{A}]} = e^{-\frac{\Delta G}{RT}} = \exp\left(-\frac{\Delta G}{RT}\right)$$

ここで、[A] および [B] はそれぞれ A と B の濃度、R は気体定数、T は温度、e は自然対数の底である。$\exp(x)$ は e^x と同じである。

A と B がエナンチオマーの関係にある二つの化学種である場合、この平衡はラセミ化の平衡を示している。この場合、$\Delta G = 0$ であるから、$K = e^0 = 1$ である。すなわち、平衡状態ではエナンチオマーの存在比は [A] : [B] = 1 : 1 となるのでラセミ体が得られる。

COLUMN　エナンチオマーの存在割合を知る

旋光度の測定からエナンチオマーの存在割合が分かるのは、純粋なエナンチオマーの比旋光度が分かっている場合だけである。純粋なエナンチオマーがそもそも得られていない化合物や、純粋なエナンチオマーの旋光度が測定されていない化合物の場合は、この方法を適用することはできない。また、純粋なエナンチオマーであるとして比旋光度が報告されている場合でも、実はその試料が純粋でなかった（光学的に不純な場合もあれば、精製が不充分な場合もある）ということもある。そのような場合、純粋なエナンチオマーが得られれば、比旋光度の値は、報告されている比旋光度の値よりも大きくなってしまう。

このように、旋光度の測定からではエナンチオマー過剰率が求められない場合には、キラルな担体を用いたクロマトグラフィーでエナンチオマーを分離し、エナンチオマーの比、ひいては、エナンチオマー過剰率を直接測定する。

エナンチオマー A と B にアキラルな不純物 C が混じっている混合物をキラルな担体を用いたクロマトグラフィーにかける様子を示す。

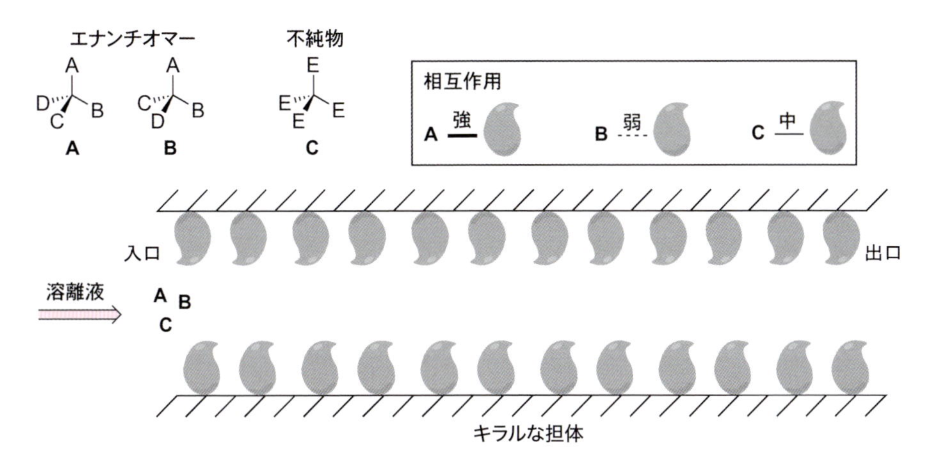

キラルな担体と A あるいは B との関係はジアステレオマーであるので、担体との相互作用は A と B とで異なる。そのため、溶出速度も違ってくる。担体との相互作用は、A が最も強く、B が最も弱いとすると、次のように展開される。

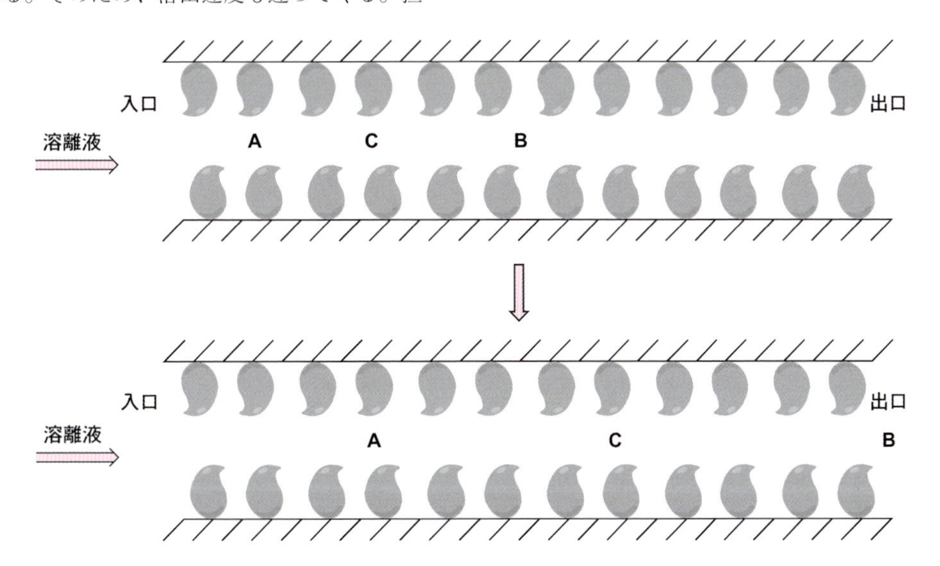

クロマトグラフィーでは相互作用が弱い方から順に展開され、この場合ならば、B→C→Aの順番で溶出してくる。

キラルなクロマトグラフィーを用いる場合には、クロマトグラフィーで分離されたピークが本当に両方のエナンチオマー（この場合ならばAとB）に相当するピークであるということを別途確認する必要がある。検出器として、通常の検出器以外に、旋光度（あるいはそれに相当するもの）の検出器も用い、溶出してくるものが本当にエナンチオマーかどうか確認する。

通常の検出器ではすべての化合物が同様に検出される。一方、旋光度の検出器では、アキラルな不純物Cは観測されず、エナンチオマーAとBは＋と－の逆の符号で検出される。

キラルな担体を用いてクロマトグラフィーを行えば、原理的にはどのような担体でもエナンチオマーが分離される。しかし、キラルな担体がエナンチオマーを見分ける「力」（エナンチオマーとの相互作用の違い）が小さいと、エナンチオマーはいっしょに溶出してきてしまう。分離したい化合物に合わせて適切なキラルな担体と溶離液を選び、担体との相互作用（とその差）を充分大きくしないと、実際にはエナンチオマーは分離できない。

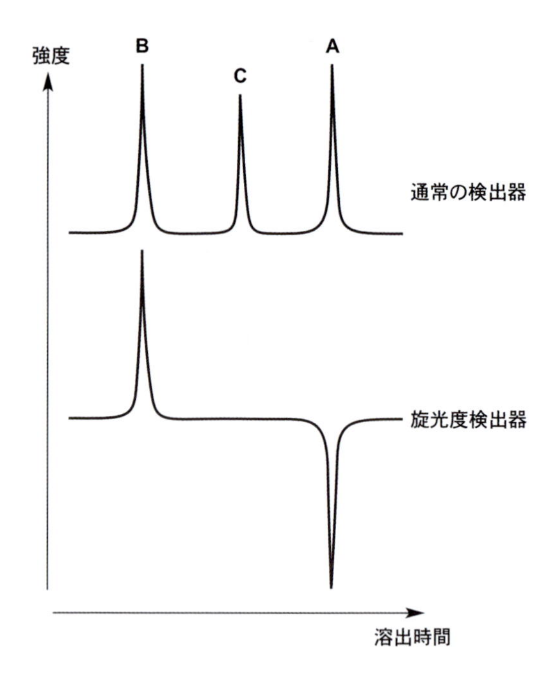

キラルな担体としては、ガスクロマトグラフィーの場合も液体クロマトグラフィーの場合も、糖の誘導体が高い性能を示す。特に液体クロマトグラフィーではキラルな担体と溶離液の組合せが様々に用意されており、非常に多くの化合物がキラル液体クロマトグラフィーで分離できるようになった。

第14章 ワルデン反転

ここまでは、分子の形について学んできたが、本章と次の章では、反応によって分子の形がどのように変わるか、分子の形が反応にどのように影響するか、について学ぶ。炭素上での求核置換反応には、2分子の反応で起こるSN2反応と、炭素カチオンを中間体とする1分子型のSN1反応がある。SN2反応では立体中心の反転を伴い、ワルデン反転と呼ばれる。SN1反応ではカチオンの生成の際に立体の情報が失われ、ラセミ化が起こる。

14・1 SN2反応

負電荷や非共有電子対など、反応性の高い電子対をもつ分子やイオンを**求核剤**(しばしばNuと省略される)と呼び、そのような電子対と反応する分子やイオンを**求電子剤**(しばしばEと省略される)と呼ぶ。化学反応のほとんどは、求核剤と求電子剤の反応である(**表14・1**)。

求核剤 nucleophile

求電子剤 electrophile

表14・1　求核剤と求電子剤

求核剤 (nucleophile, Nu)	求電子剤 (electrophile, E)
負電荷をもつもの	正電荷をもつもの
^{-}OH, Cl^{-} など	H^{+}, Na^{+} など[a]
非共有電子対をもつもの	脱離基をもつもの
NH_3, H_2O など	CH_3I, $PhCH_2Cl$ など
	電子対を受け入れる多重結合をもつもの
	CH_2O, $CH_2{=}CH{-}COOCH_3$ など

[a] Na^{+} は常にイオンであり共有結合をつくらないので、形式的には求電子剤となるが、実質的には求電子剤ではない。炭素カチオンや、炭素などの原子と共有結合をつくるような金属イオン(Hg^{2+} など)が実質的な求電子剤となる。

求核剤と求電子剤の反応として、**図14・1**に示すように、求核剤が**脱離基**(図ではLで示す)をもつ求電子剤と反応し、脱離基が求核剤と置き換わる(置換する)反応は最も基本的な反応であり、**SN2反応**(**2分子求核**

脱離基 leaving group

SN2反応 SN2 reaction

2分子求核置換反応 bimolecular nucleophilic substitution reaction

$$Nu^{\ominus} + R{-}L \longrightarrow Nu{-}R + L^{\ominus}$$

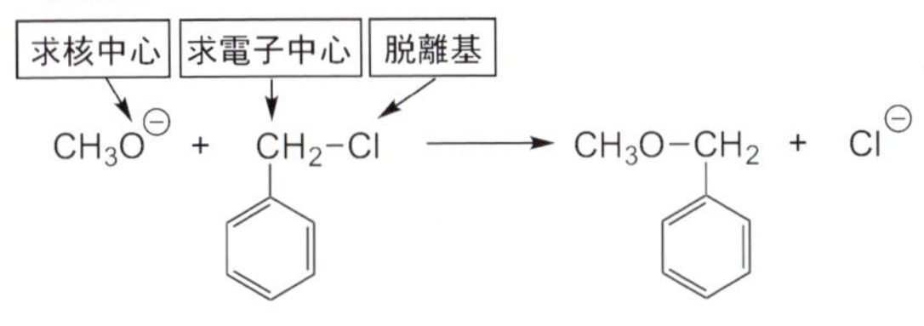

図14・1　SN2反応の一般式と反応例

置換反応）と呼ばれる。「SN2」は、substitution（置換反応）＋ nucleophilic（求核的な）＋ 二次反応という符号である。SNの部分は「求核剤による置換反応」を意味し、Nは小さい大文字で書く。SN2反応は、求核剤と求電子剤が直接反応する2分子反応であるので、二次反応となる*1。

＊1 求核剤と求電子剤が直接反応するため、反応速度は求核剤の濃度と求電子剤の濃度のそれぞれに一次比例し、あわせて二次となる。

脱離基となるのは、−Cl、−Br、−Iなどのように、その水素化物（それぞれHCl、HBr、HIなど）が強酸であるような置換基である。したがって、脱離基のアニオン（Cl^-、Br^-、I^-など）は安定で、求核剤の攻撃によって生成しやすい。脱離基が結合している炭素原子を**求電子中心**と呼び、求核剤がアニオンであればその負電荷のある原子を**求核中心**と呼ぶ。SN2反応では、求核中心が求電子中心に結合すると同時に、脱離基が負電荷をもって（安定なアニオンとして）抜けていく。この結果、求電子剤の脱離基は求核剤に置換される。これが**求核置換反応**という名称の由来である。

求電子中心 electrophilic center

求核中心 nucleophilic center

求核置換反応 nucleophilic substitution

SN2反応に限ったことではないが、反応を引き起こすのは電子対であって原子そのものではない。また、電子対の中でも、特定の電子対のみが反応に関わる。SN2反応の場合では、求核中心上の非共有電子対と、求電子剤と脱離基の間の**共有電子対**（結合）で反応が起こる。それぞれの電子対がSN2反応でどのように変化するのかを**図14・2**に示す。

共有電子対 shared electron pair あるいは bonding electron pair

Nu: + R:L ⟶ Nu:R + :L

反応例

$CH_3\ddot{O}$: + CH_2:Cl (benzyl) ⟶ $CH_3\ddot{O}$:CH_2 (benzyl) + :Cl

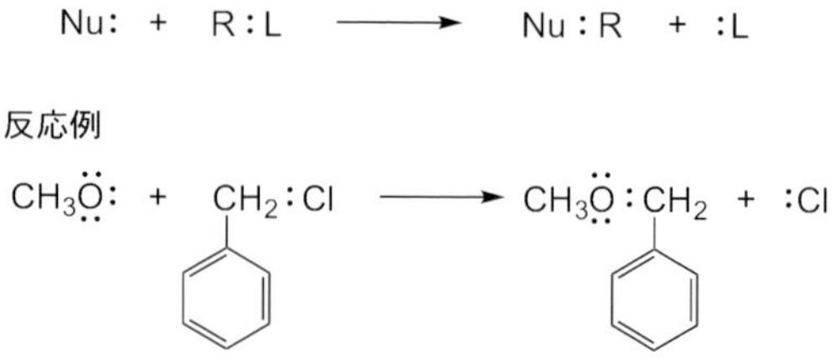

図14・2 SN2反応に伴う電子対の変化

求核中心上の非共有電子対は、求電子中心との間の共有電子対に変化する。また、求電子中心と脱離基の間の共有電子対は、脱離基に非共有電子対として受け渡される。なお、図14・2の反応例では、求核中心のO原子上には三つの等価な非共有電子対があるが、そのうち一つ（どれだと考えてもよい）がアニオンの負電荷に相当している。

反応機構 reaction mechanism

反応が起こるときの電子対の変化の様子のことを**反応機構**という。反応機構は電子対の動きを示す矢印で表現する。SN2反応では矢印は2本で1組となる。1本は、求核中心上の非共有電子対が求電子中心との間の共有電子対に変化することに対応し、求核中心の非共有電子対（負電荷）から求電子中心に向かって書かれる。もう1本は、求電子中心と脱離基の間の電子対が脱離基の非共有電子対に変化することに対応し、求電子中心と脱離基の間の共有電子対（結合）から脱離基に向かう。矢印の通りに電子対は動いて移り変わり、矢印の通りに負電荷が移動していく（**図14・3**）。

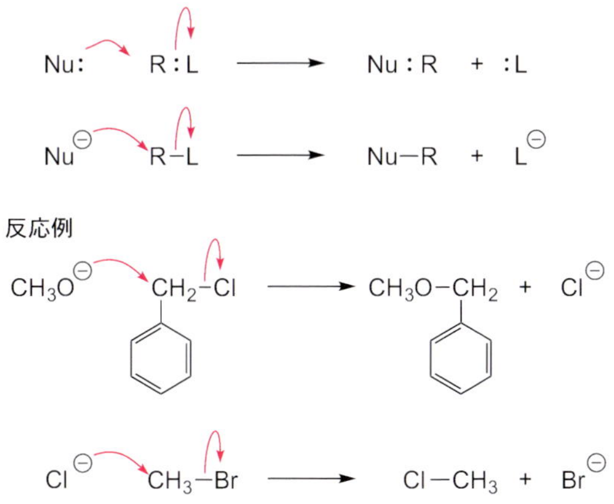

Nu:　R：L ⟶ Nu：R ＋ :L

$Nu^{\ominus}$　R−L ⟶ Nu−R ＋ $L^{\ominus}$

反応例

$CH_3O^{\ominus}$　CH_2−Cl（ベンジル） ⟶ CH_3O−CH_2（ベンジル） ＋ $Cl^{\ominus}$

$Cl^{\ominus}$　CH_3−Br ⟶ Cl−CH_3 ＋ $Br^{\ominus}$

図 14・3　SN2 反応の反応機構

14・2 ワルデン反転

SN2 反応では、求核中心と求電子中心の間の結合の形成と、求電子中心と脱離基の間の結合の解離が同時に起こる。このため、SN2 反応の遷移状態は、**図 14・4** に示すように、求核中心と求電子中心と脱離基が一直線状に並び、三つの原子の間を二つの電子対（4 個の電子）が橋渡ししたような電子状態となっている。求核中心のもつ非共有電子対が、求電子中心と脱離基の間の共有電子対を追い出すような形である。

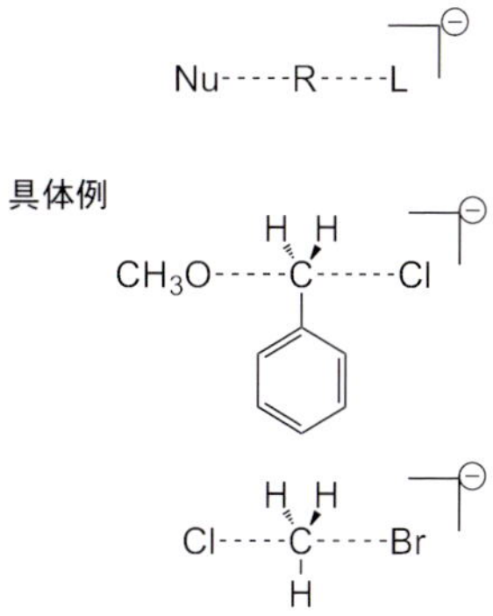

SN2 反応の遷移状態の形から、求核剤は、求電子中心をはさんで脱離基の真後ろから攻撃しなければならない、ということが分かる。すなわち、求核剤は脱離基の裏側から接近するのである。

次のページの**図 14・5** に、最も単純な SN2 反応として、臭化メチル CH_3-Br に塩化物イオン Cl^- が**求核攻撃**し SN2 反応が起こるときの分子の形の変化を示す。下から接近してくるのが Cl で求核中心、上に抜けていくのが Br で脱離基である。最初に Br が結合している C が求電子中心となる。雨傘が風にあおられて反転するように、メチル基 CH_3 の C-H 結合でできた傘が Cl^- の求核攻撃によって反転していることが分かる。

SN2 反応に伴う、求電子中心での立体の反転のことを**ワルデン反転**という。ワルデン反転は、SN2 反応で求核剤が脱離基の裏から攻撃するために必然的に見られる現象である。

図 14・5 に示したように、CH_3-Br から CH_3-Cl に変化する過程でワルデン反転が起こるが、三つの H は区別できないので、ワルデン反転が起こっていることを証明することはできない。ワルデン反転が起こっていると明らかにできるのは、求電子中心が不斉中心である場合である。**図 14・6** に、キラルで不斉中心に脱離基をもつ化合物 **14-1** に塩化物イオン Cl^- が求核

$[Nu\text{-----}R\text{-----}L]^{\ominus}$

具体例

$[CH_3O\text{-----}C(H)(H)(C_6H_5)\text{-----}Cl]^{\ominus}$

$[Cl\text{-----}C(H)(H)(H)\text{-----}Br]^{\ominus}$

図 14・4　SN2 反応の遷移状態

求核攻撃 nucleophilic attack

ワルデン反転 Walden inversion

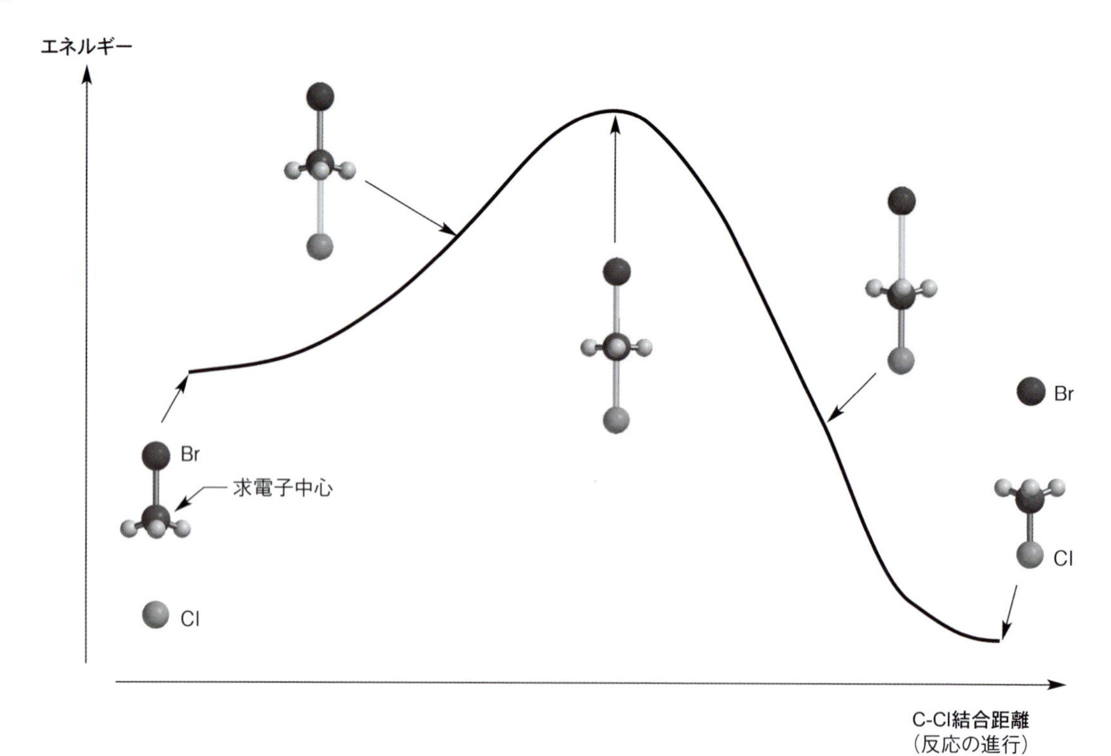

図 14・5　SN2 反応に伴う分子の形の変化とエネルギーダイヤグラム

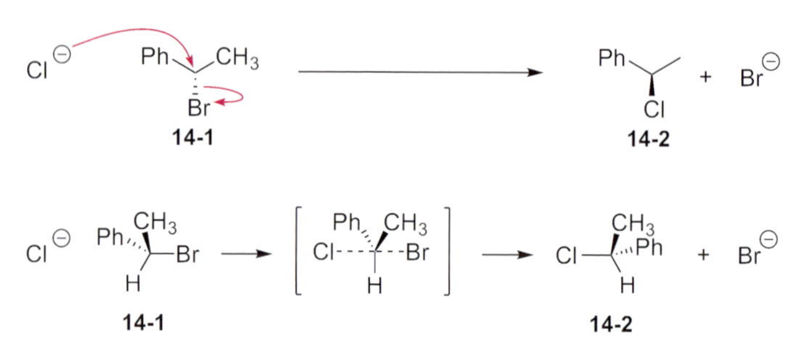

図 14・6　SN2 反応による立体の反転（ワルデン反転）

攻撃し SN2 反応が起こるときの分子の形の変化を示す。立体が分かるように書いてみると（上段）、**14-1** では C-Br 結合が奥に向いているのに対して、生成物 **14-2** では、C-Cl 結合が手前に向いていることが分かる。このように、求電子中心が不斉中心である場合、SN2 反応によってワルデン反転が起こり、立体は必ず反転する。

14・3　SN1 反応

求電子剤と求核剤が反応して置換反応が起こるとき、特殊な条件下では、結合の形成と解離が同時に起こるのではなく、求電子中心と脱離基の間の結合の解離が先に起こる。このような反応を **SN1 反応**（**1 分子求核置換反応**）という。SN1 反応が起こるためには、

条件 1：求電子中心が第三級*2であること。第二級でも起こらないことはないが、第一級では起こらない。

条件 2：溶媒として**プロトン性溶媒**を用いること。

条件 3：反応を酸性条件下で行うこと。中性条件でも起こらないことはないが、塩基性条件では起こらない。

の三つの条件がすべて揃うことが必要である。

SN1 反応の電子対の動きは、全体としては SN2 反応とまったく変わらないが、タイミングが異なる。SN1 反応では、まず、求電子中心と脱離基の間の結合が解離する。この反応は求電子剤の内部で起こるので、1 分子反応である。そのため、一次反応であり、SN1 反応と呼ばれる*3。SN1 反応の反応機構を**図 14・7** に示す。

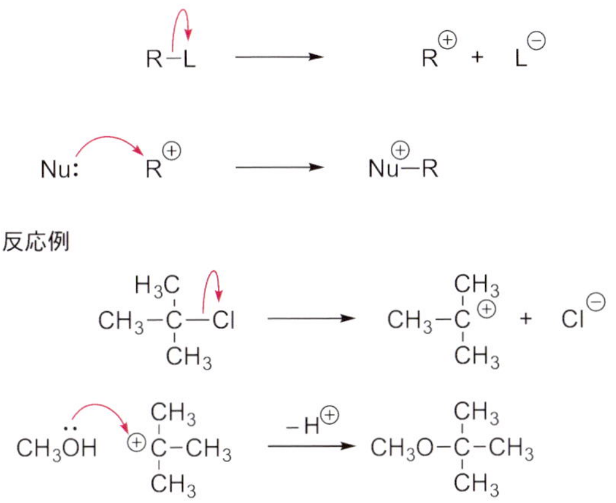

R−L ⟶ $R^{\oplus}$ + $L^{\ominus}$

Nu: $R^{\oplus}$ ⟶ $\overset{\oplus}{Nu}$−R

反応例

$(CH_3)_3C{-}Cl$ ⟶ $(CH_3)_3C^{\oplus}$ + $Cl^{\ominus}$

$CH_3\ddot{O}H$ $^{\oplus}C(CH_3)_3$ $\xrightarrow{-H^{\oplus}}$ $CH_3O{-}C(CH_3)_3$

図 14・7　SN1 反応の反応機構

SN1 反応では、脱離基がアニオンとして脱離して生じる高反応性のカチオンが重要な中間体となる。このカチオンが生成すると、直ちに求核剤が結合していき、反応が完結する。カチオンは不安定な中間体であり、極めて生成しにくい。SN1 反応を起こすための三つの条件とはカチオンを生成させるための条件であり、カチオンが生成すれば反応が進行する。カチオンの生成を促進する要因を**図 14・8** に示した。

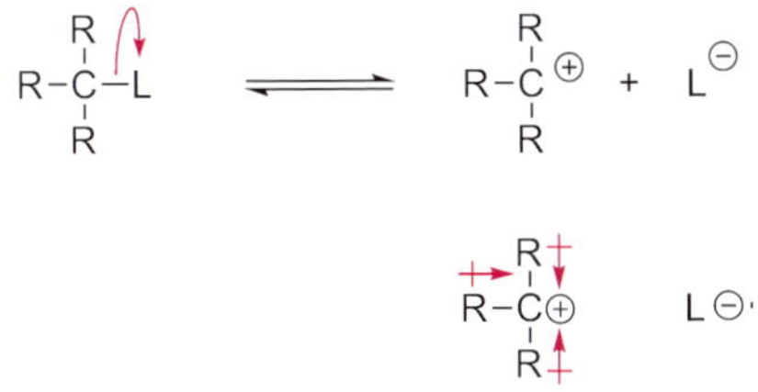

$R_3C{-}L$ ⇌ $R_3C^{\oplus}$ + $L^{\ominus}$

$R_3C^{\oplus}$　　$L^{\ominus}\cdots H^{\delta+}{-}O^{\delta-}R$

図 14・8　カチオンの生成の促進により SN1 反応が起こる

SN1 反応 SN1 reaction

1 分子求核置換反応 unimolecular nucleophilic substitution reaction

*2　求電子中心が炭素置換基を三つもつとき、第三級であるという。炭素置換基を二つもつときは第二級、一つだけのときは第一級という。炭素置換基をもたないとき（メチル基など）は第何級という表現はしない。

プロトン性溶媒 protic solvent

*3　結合の解離に求核剤が関係しないため、反応速度は求電子剤の濃度の一次だけに比例し、求核剤の濃度によらない（求核剤の濃度に対して 0 次）。

電子供与性基
electron donating group：
しばしば EDG と書かれる。

条件 1 求電子中心が第三級：アルキル基は**電子供与性基**であり、カチオンを安定化して生成させやすくする働きがある。したがって、求電子剤としては、求電子中心にアルキル基が三つ結合した第三級のもので SN1 反応が最も起こりやすい。

条件 2、3 溶媒はプロトン性で酸性条件：プロトン性化合物とは、-OH 基や $-NH_2$ 基のような酸性の高い水素をもつ化合物のことである。プロトン性化合物を溶媒とすると、脱離基が脱離してできたアニオンを**水素結合**で安定化するので、カチオンの生成を助ける働きがある。酸性の高いプロトン性化合物ほど強い水素結合を形成することから、酸性条件下では脱離基の脱離が促される。

水素結合 hydrogen bonding

SN1 反応は塩基性条件では起こらないので、求核剤はアニオンでないことが多い。SN1 反応での求核剤は、多くの場合用いたプロトン性溶媒そのもので、その O や N 上にある非共有電子対が求核中心となる。そのような場合、SN1 反応は**加溶媒分解**とも呼ばれる。図 14・7 の反応例にあるように、プロトン性溶媒が求核剤となるときには、生成物は生じたカチオンから**脱プロトン化**したものとなる。

加溶媒分解 solvolysis

脱プロトン化 deprotonation

14・4 SN1 反応の立体化学

SN1 反応では、中間体にカチオンが生成して反応が進む。中間体のカチオンは、炭素の周りに電子が六つ（三つの共有電子対）しかないので、四面体の sp^3 **混成**ではなく、平面構造の sp^2 混成をとる。そのため、求電子中心が不斉中心であったとしても、キラリティーの情報は失われてしまう。すなわち、どちらのエナンチオマーから出発しても、同一のカチオン中間体を生じる（**図 14・9**）。

混成 hybridization

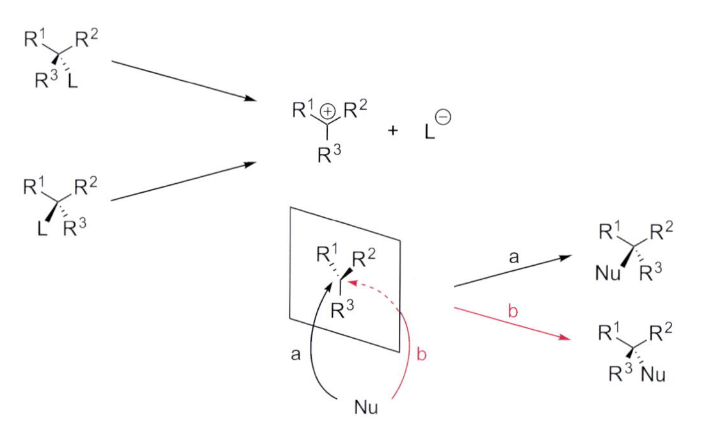

図 14・9 SN1 反応では中間体のカチオンが平面であるためラセミ体が得られる

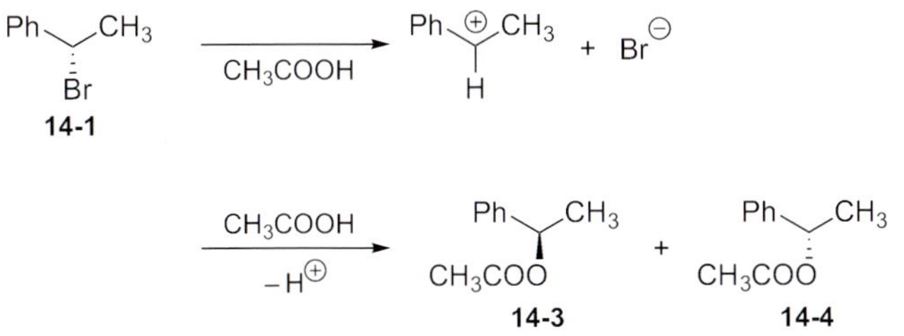

Ph, CH_3, Br (**14-1**) —CH_3COOH→ Ph, ⊕, CH_3, H + $Br^{⊖}$

—CH_3COOH / $-H^{⊕}$→ Ph, CH_3, CH_3COO (**14-3**) + Ph, CH_3, CH_3COO (**14-4**)

図 14・10 SN1 反応の立体化学

平面構造のカチオンに求核剤が攻撃していくとき、面のどちらから求核剤が攻撃するか、その確率は等しい。したがって、SN1 反応ではラセミ体が得られる (8・1 節)。つまり、SN2 反応と異なり、求電子中心が元々もっていた立体化学的情報が失われる。**図 14・10** に示すように、**14-1** を酢酸中で加溶媒分解すると、**14-3** とそのエナンチオマー **14-4** が等量生じる。

演習問題

14・1 次のそれぞれの反応について、生成物を立体が分かるように書き、反応物と生成物について、不斉中心の立体配置を *RS* 表示法で示せ。

(a) Br + PhSNa →

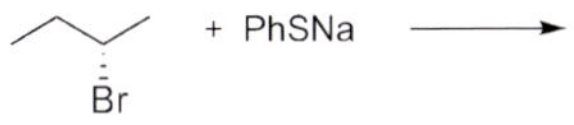

(b) CH_3O, Cl + CH_3ONa →

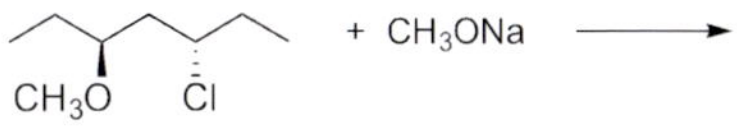

(c) Cl, H, CH_3, CH_3, CH_3, H + KCN →

(d) CH_3O, CH_3, $COOCH_3$, Br + CH_3COOK →

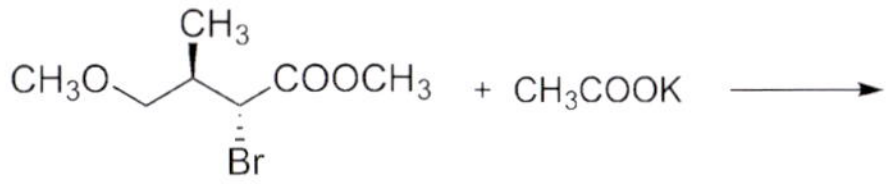

(e) S, Cl, O + OK →

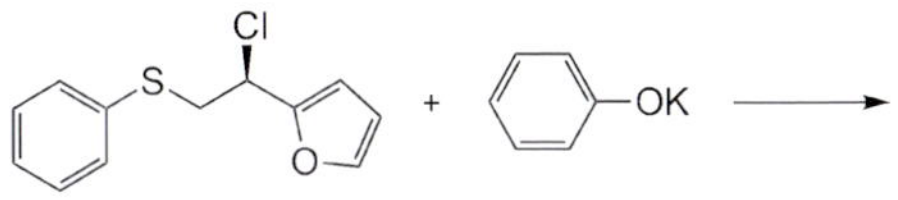

(f) CHO, H, Br, CH_3 + NaSH →

(g) Br, H, CH_2CH_3, H, CH_2CH_3 + KSCN →

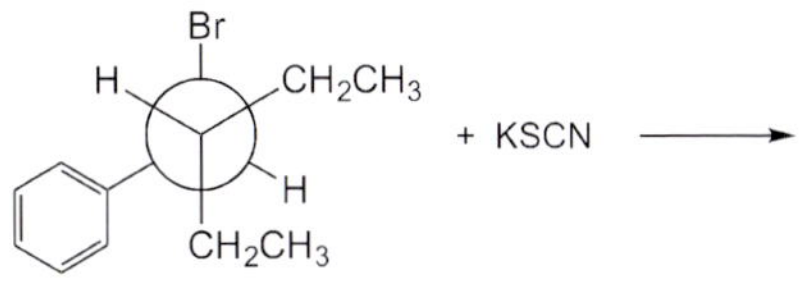

14・2 一置換シクロヘキサンで、置換基がエクアトリアルからアキシアルに反転したときのエネルギー上昇は表3・1（24ページ）に示されているとおりである。この表を参照しながら、化合物**A**、**B**、**C**について以下の問に答えよ。

(a) すべての不斉中心について、立体配置を*RS*表示法で示せ。

(b) 最も安定な立体配座と、そのシクロヘキサン環が反転した立体配座をそれぞれ書き、二つの立体配座の間のエネルギー差を推測して求めよ。

(c) それぞれの化合物について、CH_3ONaとのSN2反応を行った。生成物の最も安定な立体配座を書け。

(d) 生成物のすべての不斉中心について、立体配座を*RS*表示法で示せ。

14・3 化合物**D**とCH_3ONaとの反応を行い、二つの–Brのうち一つをSN2反応によって$-OCH_3$で置換した。この反応について次の問に答えよ。

(a) 化合物**D**のジアステレオマーは一つしかないことを示せ。

(b) 化合物**D**とそのジアステレオマーについて、最も安定な立体配座を書け。

(c) 化合物**D**には–Brが二つあるが、どちらと反応しても同じ化合物が生成することを示せ。

(d) 生成物のすべての不斉中心について、立体配置を*RS*表示法を用いて表せ。

14・4 右のように化合物**E**とCH_3ONaとの反応を行った。この反応について、次の問に答えよ。

(a) 反応生成物の構造を立体が分かるように書け。

(b) 生成物の最も安定な立体配座を書け。

(c) 化合物**E**の比旋光度を予測せよ。予測できないときには、予測できないと答えよ。

(d) 生成物の比旋光度を予測せよ。予測できないときには、予測できないと答えよ。

14・5 化合物**F**について、次の問に答えよ。

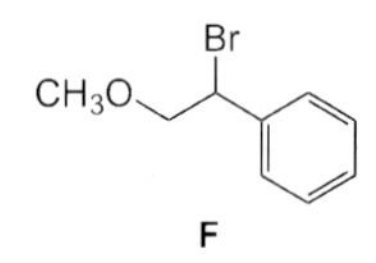

(a) 不斉中心の立体配置が*R*のものを立体が分かるように書け。

(b) 不斉中心の立体配置が*R*のエナンチオマーに、ある求核剤を作用させてSN2反応を行ったところ、生成物の不斉中心の立体配置も*R*であった。そのような求核剤の例をあげよ。

14・6 次の反応の生成物を、立体が分かるように書け。

(a)

(b)

(c)

COLUMN　どのようにして求核剤は脱離基の真後ろを探すのか

S_N2反応では、求核剤は、求電子中心をはさんで脱離基の真後ろから攻撃してくる。求核剤には目も脳みそもないので、脱離基が見えているわけではない。脱離基の後ろ側に道があるわけでも、求電子中心からロープが出ているわけでもない。むしろ、求電子中心に近づくにつれてエネルギーが上がっていくような、押し返されるような不利な道筋である。それなのにどうして、求核剤は自分のいる位置が脱離基の真後ろだと、そして、それが正しい道筋だと知り、突き進むのだろうか？

その答えは、求核剤は何も知らない、ということである。求核剤は溶液中をふらふらとさまよい、ときに求電子剤に衝突する。もちろん、適当にぶつかっているのであるから、脱離基の真後ろからぶつかる可能性などほとんどない。しかし、「ほとんど0」と「0」は違う。可能性は0ではない。100万回も衝突すれば、1回ぐらいは脱離基の真後ろからぶつかることもあるだろう。そのとき、たまたま充分のエネルギーをもっていて（第2章コラム「分子のもつエネルギーと活性化エネルギー」参照）、遷移状態の山を越えることができれば、反応が起こる。

このように、フラスコの中で起こる反応とは、非常に効率が悪い、極めて稀なできごとなのである。と同時に、そのようなできごとは、むやみと起こるものではなく、起こるようにしか起こらない。したがって、私たちは選択的に反応を起こすことができるのである。

私たちが利用する役に立つ反応とは、当たりが1等しかない宝くじのようなものである。当たるのは極めて稀だとしても、当たれば1等である。分子の時間スケールと人間の時間スケールの間には何桁もの差があるので、分子にとってはごく稀なできごとでも、人間からすればそれなりに起こるできごとに感じられ、待っていれば目的の生成物がきちんと得られることになる。それに対して、2等も3等もあるような宝くじでは、どれが当たるか分からないし、そもそも、大事な1等よりも、どうでもよい2等や3等ばかり当たってしまう。そんな宝くじのような反応では、目的の生成物（1等）を得ることはできないのである。

COLUMN　S_N1反応でのラセミ化

本文中ではS_N1反応でラセミ体が得られるとしたが、実際には完全な（e.e.0％の）ラセミ体は得られず、多少の光学活性が残ることが多い。これは、カチオン中間体の寿命が非常に短いことから起こる現象である。

カチオン中間体が生成した直後には、脱離基のアニオンはカチオン中心の近傍にまだ存在している。この脱離基のアニオンのため、カチオンの平面の両側は必ずしも同等ではない。求核剤（負電荷あるいは非共有電子対をもっている）はこのアニオンの負電荷に邪魔をされ、アニオンがある側（脱離基があった側）からの接近が妨げられる。そのため、立体が反転したものが多少優先して生じることになる。

どれほどラセミ化が起こるのかはカチオンの安定性（寿命）で決まる。カチオンが安定であれば（寿命が長ければ）、脱離基は遠く離れて行ってしまうので反応する面の選択性に関与しなくなり、本当のラセミ体が得られることになる。

第15章 トランス脱離

求核剤と求電子剤との反応で、求核中心あるいは求電子中心が嵩高くて互いに接近することができず、しかも、求核中心がプロトン親和性の高い強塩基性のアニオンである場合には、求電子中心の隣の炭素上の水素が引き抜かれ、脱離反応により二重結合が生成する。このような反応を E2 反応と呼び、引き抜かれる水素と脱離基はトランスの配置となるように反応は進む。SN1 反応の中間体として生成したカチオンからも、カチオンの隣の炭素上の水素の脱離により二重結合が生成する。このような反応を E1 反応と呼ぶ。E1 反応では安定な二重結合が生成する。

15・1 E2 反応

SN2 反応を起こすような求電子剤と求核剤の組合せでも、必ず SN2 反応が起こるわけではない。特に、求核中心や求電子中心あるいはその近傍が嵩高いと、求核中心は求電子中心に接近することができなくなる。このようなとき**立体障害**があるといい、立体障害が大きいと SN2 反応は起こらない。

立体障害 steric repulsion

図 15・1 に示す **15-1** および **15-2** は典型的な嵩高い求核剤である。**15-1** では求核中心の O が極めて嵩高い *tert*-ブチル基をもつことで、**15-2** では求核中心の N に二つのイソプロピル基があることで、求核中心は大きい立体障害をもっている（3・4 節）。そのため、**15-1** や **15-2** の求核中心は求電子中心に接近できない。

15-1 に見られるように、第三級炭素は嵩高い。そのため、**15-3** のように求電子中心が第三級であるときには、立体障害の小さい求核中心でも求電子中心に接近できない。

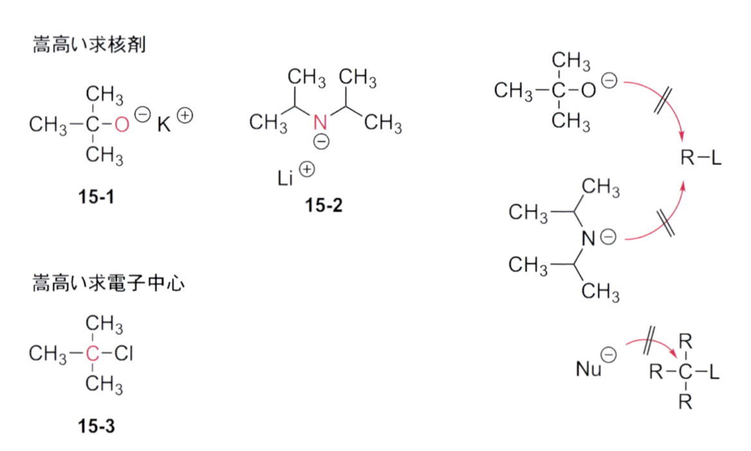

図 15・1 嵩高い求核中心と求電子中心

このように、大きい立体障害のために求核中心が求電子中心に接近できない場合でも、求核中心のアニオンは、脱離基に電子を渡し、より安定なアニオンを生成させたい。そこで、特に求核中心が**プロトン**(水素イオン)と親和性が高い場合には、求電子中心の隣の炭素上の水素に仲介を頼む。小さい水素なら、立体障害があっても接近できるからである。水素を介した電子の受け渡しは**図 15・2** に示したように進む。

プロトン proton

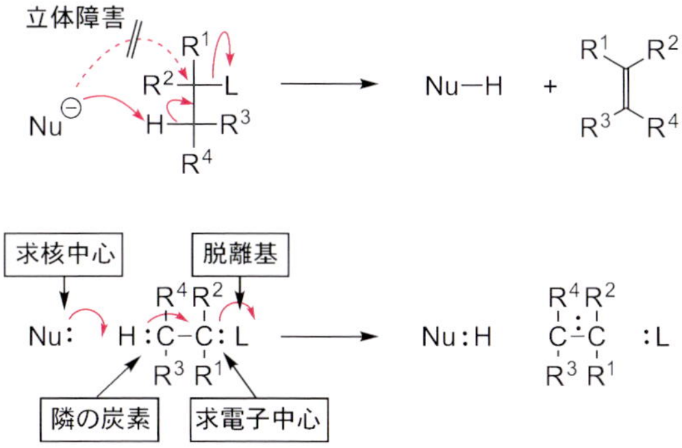

図 15・2 E2 反応の反応機構

求核中心は、求電子中心に直接電子を渡せないので、求電子中心の隣の炭素上の水素に電子を渡す。水素は、自分がもっている C–H 結合の共有電子対を、求電子中心との間の C–C 結合に「2 番目の結合」として渡す。それで電子が余った求電子中心は、脱離基との間の共有電子対を脱離基に渡す。それによって、脱離基はアニオンとして脱離していく。この電子のリレーにより、電荷は求核中心から脱離基に流れていき、より安定な脱離基のアニオンに受け渡される。

電子対の変化で見ると、求核中心上の非共有電子対は H との間の共有電子対に変わる。H と C との間の共有電子対は C−C 間の二本目の結合の共有電子対に変わる。そして、求電子中心と脱離基との間の共有電子対を脱離基がもって抜けていく。E2 反応の反応機構を表す 3 本の矢印は、このような電子対の変化に対応している。

この反応では、求電子剤の隣り合った二つの炭素から、それぞれ H と脱離基 L が脱離して C=C 二重結合が生成しており、**E2 反応**と呼ばれる。「E2」は、elimination (脱離反応) + 二次反応という符号である。E2 反応は、SN2 反応と同様に、求核剤と求電子剤が直接反応する 2 分子反応であるので、二次反応となる。

E2 反応
E2 reaction または bimolecular elimination reaction

E2 反応の他の生成物は、求核剤がプロトン化されたものと、脱離基 L のアニオンである。E2 反応では二重結合を生成するため、脱離する H と L は隣り合っていなければならない。また、E2 反応では、SN2 反応と同様に、求核中心が H に結合すると同時に、脱離基が負電荷をもって (安定な

COLUMN　塩基性と求核性

アニオンや非共有電子対をもつ求核剤は、求電子剤と反応して、求電子中心に攻撃したり（SN2 反応）、水素をプロトンとして引き抜いたり（E2 反応）する。また、カチオンとも反応する。

アニオンや非共有電子対のもつ、このような反応性のうち、プロトンとの反応性を「**塩基性**（basicity）」という。それに対して、炭素求電子中心との反応性を「**求核性**（nucleophilicity）」という。「塩基性」と「求核性」は同じものではない。たとえば、RO^- の形のアニオンは「塩基性」は高いが「求核性」は低い。それに対して、RS^- の形のアニオンは「塩基性」が低く、「求核性」が高い。

アニオンやカチオンのこのような性質の差は、「**硬さ**（hardness）」と「**軟らかさ**（softness）」と呼ばれる。

イオン半径が小さくコンパクトなアニオンやカチオンは「**硬い**（hard）」といわれる。このようなイオンは、イオンが接近してきても電子軌道が変形しにくく、軌道相互作用よりもイオン相互作用が優先する。そのため、硬いアニオンは硬いカチオンと相互作用しやすい。RO^- は典型的な硬いアニオンであり、H^+ は典型的な硬いカチオンである。硬いアニオンは塩基性が高い。

イオン半径が大きく、電荷の密度が低いアニオンやカチオンは「**軟らかい**（soft）」といわれる。このようなイオンは、イオンが接近すると容易に電子軌道を変形させ、軌道相互作用する。そのため、軟らかいアニオンは軟らかいカチオンと相互作用しやすい。RS^- は典型的な軟らかいアニオンであり、炭素求電子中心は典型的な軟らかい求電子中心である。軟らかいアニオンは求核性が高い。

アニオンとして）抜けていく。

以上のように、E2 反応は

条件1：求核剤が、O^- や N^- のような求核中心をもつこと

条件2：求核中心、求電子中心、またはその近傍が嵩高いこと

条件3：求電子中心の隣の炭素上に水素があること

の三つの条件がすべて揃ったときに起こる。

O^- や N^- はプロトンとの親和性が高い強塩基であり、H を攻撃しやすい。**15-1** や **15-2** は非常に嵩高く、また、**15-1** は O^- を、**15-2** は N^- をもつ塩基性の高い求核剤であるので、求電子剤に **15-1** や **15-2** を作用させると、SN2 反応は起こらず、必ず E2 反応が起こる。また、求電子中心が第三級である場合には、求核剤が嵩高くなくても、CH_3O^- や OH^- のように塩基性の高いアニオンを作用させると、やはり SN2 反応は起こらず、E2 反応が起こる。

15・2　トランス脱離

SN2 反応では、求核中心が脱離基に電子対を渡したのに対して、E2 反応では、C–H 結合の共有電子対が脱離基に渡される。SN2 反応では、求核中心が電子対を渡すために、脱離基の真後ろから求電子中心に接近した。それとまったく同様に、E2 反応では C–H 結合は、求電子中心をはさんで脱

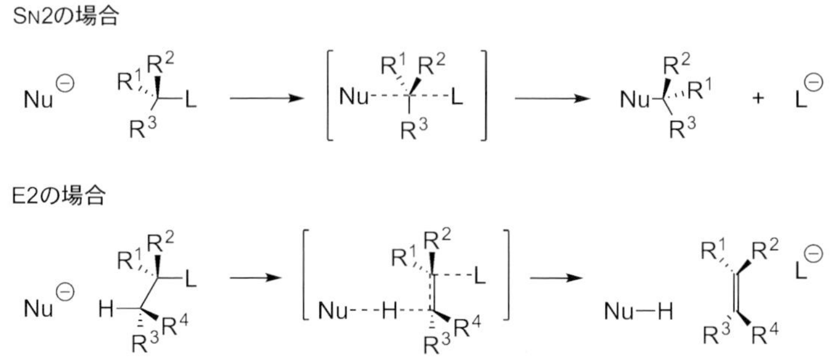

SN2の場合

E2の場合

図 15・3　E2 反応の立体化学

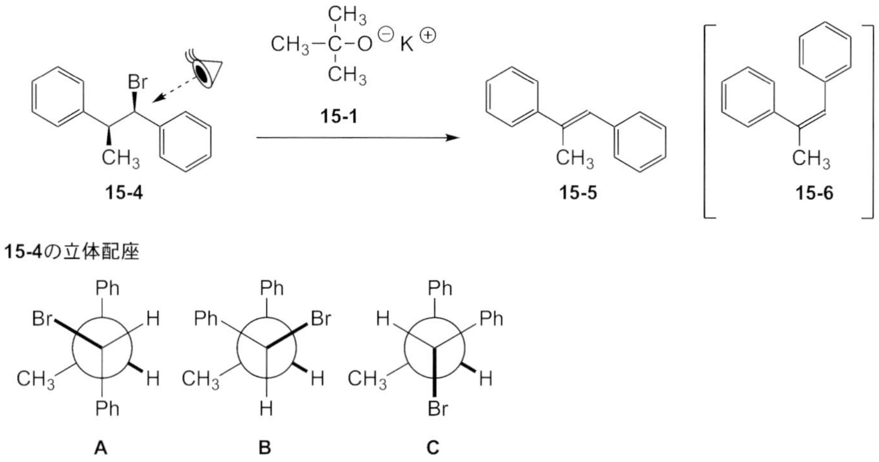

15-1　15-4　15-5　15-6

15-4の立体配座

A　B　C

図 15・4　トランス脱離による立体選択性

離基の真後ろにいなければならない（**図 15・3**）。

図 15・4 に示す **15-4** に **15-1** を作用させると E2 反応が起こる。図 15・4 には、**15-4** の立体配座について、求電子中心とその隣の炭素を軸としてニューマン投影図（2・1 節）で表したものも示している。**15-4** の立体配座には **A**、**B**、**C** の三つが考えられるが、このうち **A** だけが求電子中心上の C–Br 結合とその隣の炭素上の C–H 結合（いずれも太線で示してある）がアンチになっており、**B** と **C** ではゴーシュとなっている。C–H 結合は C–Br 結合の真後ろにいなければならないので、E2 反応は **A** のアンチの立体配座だけで可能である。生成物は **A** の立体配座の置換基配置がそのまま反映され、*E* 体の **15-5** となり、*Z* 体の **15-6** は生成しない。

このように、E2 反応は、二重結合となる C–C 結合について、脱離基と引き抜かれる H がアンチ（トランス）の位置関係となるようにして起こる。このことを、E2 反応は**トランス脱離**であるという。

トランス脱離 *trans* elimination

次のページの**図 15・5** に示す **15-7** に **15-1** を作用させたときも E2 反応が起こる。**15-7** の立体配座は図 15・5 に示すように **D**、**E** の二つがあるが、

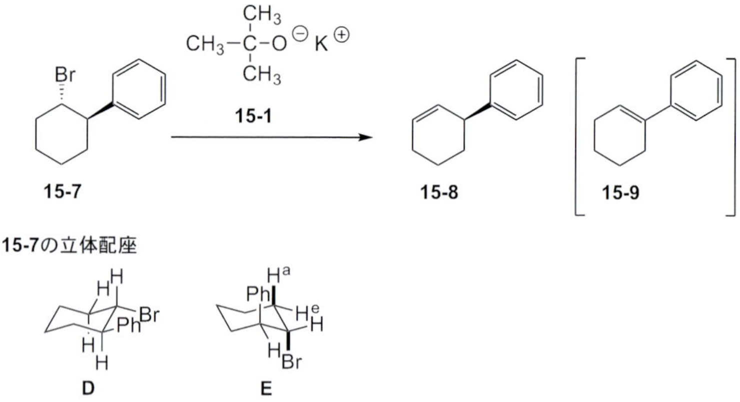

15-7　15-1　15-8　15-9

15-7の立体配座

D　E

図 15・5　トランス脱離による位置選択性

このうち、脱離基となる Br がエクアトリアルに位置する **D** には、C–Br 結合とアンチになる C–H 結合は存在しない。したがって、**D** の立体配座からは E2 反応は起こらない。Br がアキシアルに配置する **E** では、アキシアルにある H^a のみが C–Br 結合とアンチになっている（太線で示している）。したがって、E2 反応は **E** の立体配座からだけ起こる。**15-1** は **E** の H^a を選択的に攻撃し（それ以外の H を攻撃しても E2 反応は起こらない）、その結果 **15-8** のみが得られ、**15-9** は生成しない。

15・3　E1 反応

SN1 反応が起こる反応条件では、求電子剤から脱離基が脱離し、カチオンが生じる。このカチオンに求核剤が結合していくと SN1 反応であるが、その他に、**図 15・6** に示すように、カチオン中心の隣の炭素上からプロトンが脱離して二重結合となるような反応が起こる可能性がある。カチオンは求電子剤から 1 分子反応で生じ、そこから起こる脱離反応であるので、このような反応は **E1 反応**と呼ばれる。E1 反応でも E2 反応でも、脱離反応が求電子中心とその隣の炭素の間で起こることに変わりはない。

E1 反応
E1 reaction または unimolecular elimination reaction

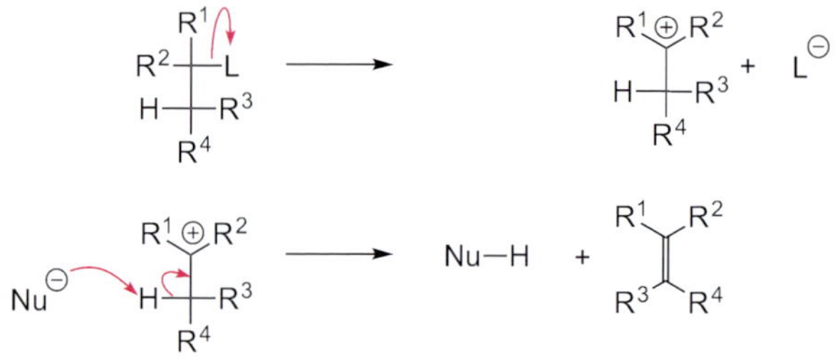

図 15・6　E1 反応の反応機構

SN2 反応では、求核剤の攻撃と脱離基の脱離が同時に起こるのに対して、SN1 反応では、脱離基の脱離が先に起こる。同様に、E2 反応では、プロトンの引き抜きと脱離基の脱離が同時に起こるのに対して、E1 反応では、脱離基の脱離が先に起こる。電子対の移動のタイミングを除けば、どのように電子対が組み換わるかについて両者に違いはない。しかし、次節で述べるように、タイミングの違いは立体化学に大きく影響する。

SN1 反応と E1 反応は共通の中間体（カチオン）を経るので、カチオンから SN1 反応が起こるのか E1 反応が起こるのかは反応条件によって決まる。一般に、低温では SN1 反応が起こりやすく、高温では E1 反応が起こりやすいが、混在して起こることが多い。気相で反応を行うと、求核剤となる溶媒がないので E1 反応が起こることになる。

15・4　ザイツェフ則

E1 反応の中間体のカチオンは平面構造をしており（14・4 節）、脱離基がもっていた立体の情報は失われている。そのため、E1 反応では、カチオン中心の隣の炭素上の水素はどれもプロトンとして脱離する可能性がある。

一般に、E1 反応では、生成する二重結合が安定なものができやすい。このような選択性を**ザイツェフ則**と呼ぶ。二重結合の安定性については**図 15・7** に示した。二重結合は多置換のものが安定である。二置換のものではトランス体が最も安定で、同一炭素上に二つ置換基をもつもの（*gem* 体と呼ぶ）が次ぎ、シス体は置換基同士の立体障害のために最も不安定である。

ザイツェフ則 Saytzeff rule

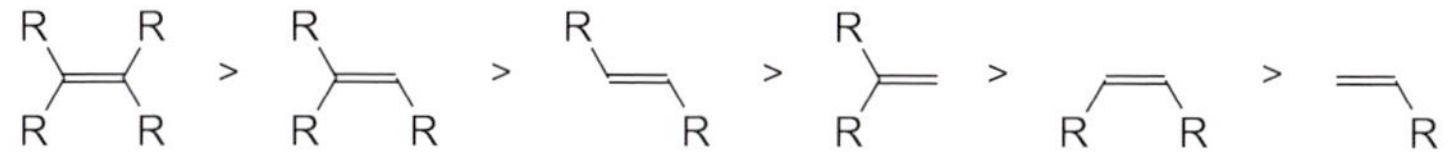

図 15・7　オレフィンの安定性

図 15・5 にも示した **15-7** から E1 反応が起こると、**15-8** よりも **15-9** の方が安定であるため、**15-9** が主生成物として得られる（**図 15・8**）。

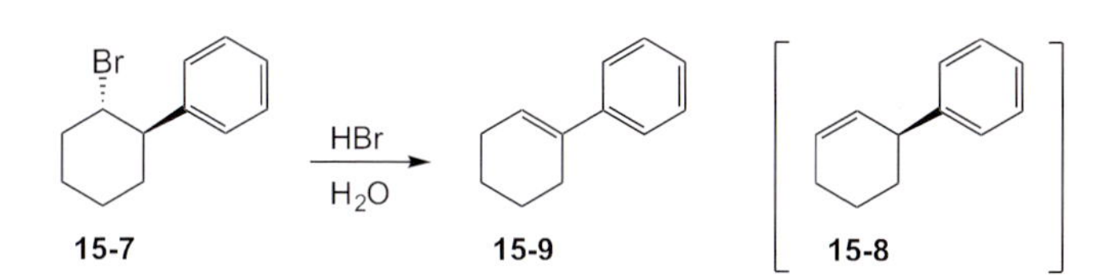

図 15・8　E1 反応では安定なオレフィンが生成する

15・5 選択性と特異性

選択性 selectivity

特異性 specificity

立体特異的 stereospecific

ある反応で、いくつかの生成物の可能性があって、その中からある特定の生成物が他よりも優先して生成するとき、それを**選択性**という。それに対して、反応機構からある特定の生成物の可能性しかないとき、それを**特異性**という。

SN2 反応では、ワルデン反転した生成物を**立体特異的**に与える。また、E2 反応ではトランス脱離で反応が進行するので、**15-4** からは **15-5** が、**15-7** からは **15-8** が、それぞれ特異的に得られる。

SN1 反応ではラセミ化が起こるので、一般的には立体選択性がない。しかし、反応条件や基質の構造によっては一方のエナンチオマーが選択的に得られることもある。また、E1 反応ではザイツェフ則に従って、より安定なオレフィンが選択的に得られる。しかし、最も安定なオレフィンだけが得られるわけではない。これが特異性との違いである。選択性は反応条件によるので、反応条件や試薬を変えることで選択性は変わる。

演習問題

15・1 次の E2 反応の生成物を予測せよ。

(a)

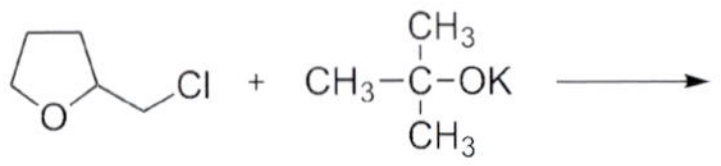

Cl + $CH_3-C(CH_3)_2-OK$ ⟶

(b)

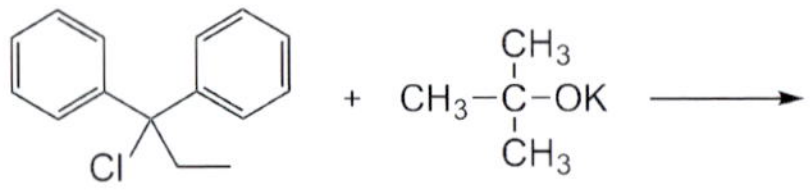

Cl + $CH_3-C(CH_3)_2-OK$ ⟶

(c)

Br, CH_3 + $CH_3-C(CH_3)_2-OK$ ⟶

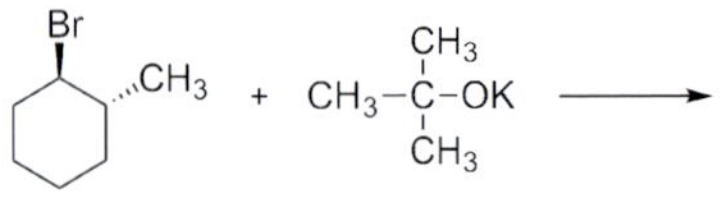

(d)

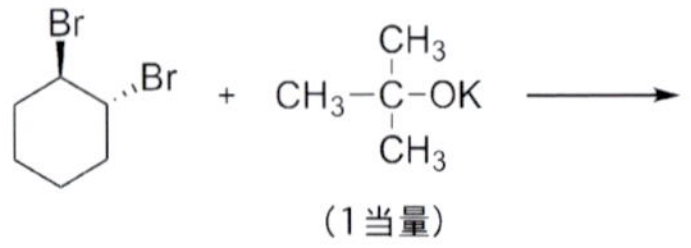

Br, Br + $CH_3-C(CH_3)_2-OK$ ⟶

(1当量)

(e)

Br, Br + $CH_3-C(CH_3)_2-OK$ ⟶

(2当量)

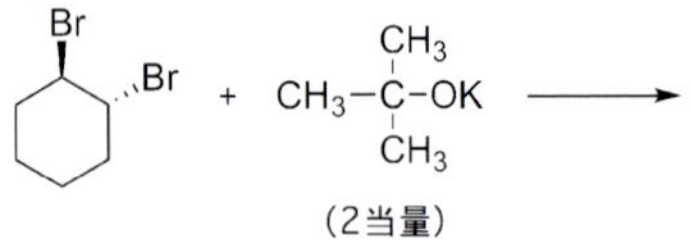

(f)

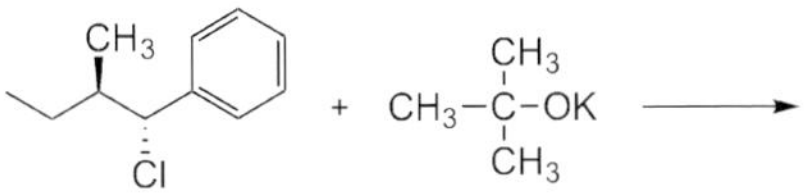

CH_3 / Cl + $CH_3-C(CH_3)_2-OK$ ⟶

(g)

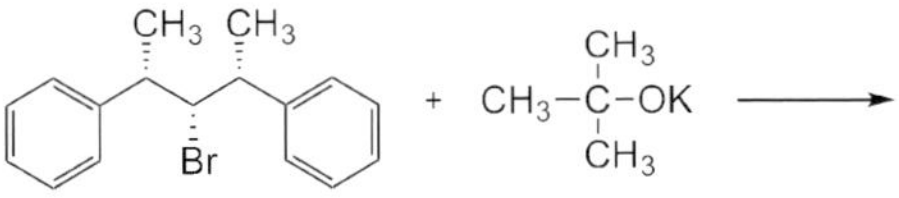

CH_3 CH_3 / Br + $CH_3-C(CH_3)_2-OK$ ⟶

(h)

CH_3 CH_3 / Br + $CH_3-C(CH_3)_2-OK$ ⟶

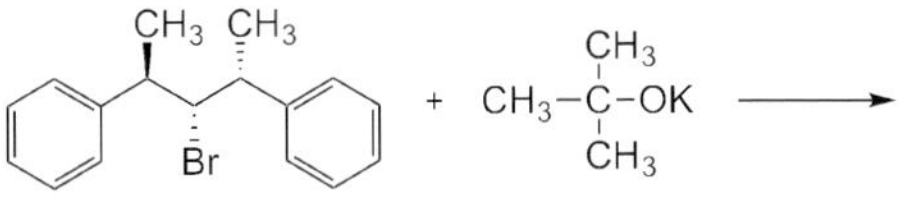

15・2 次のような E2 反応を行った。

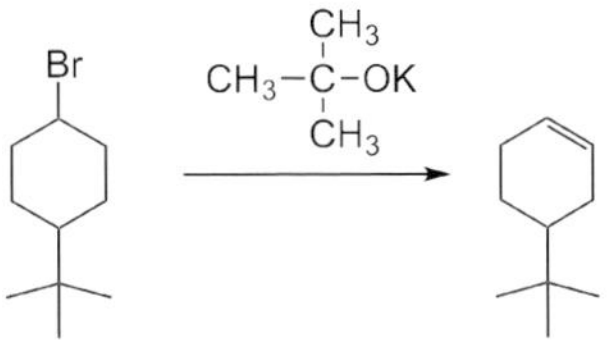

Br ⟶ ($CH_3-C(CH_3)_2-OK$)

この反応は、シス体からは容易に進行したが、トランス体からはほとんど起こらなかった。*tert*-ブチル基が極めて嵩高く、アキシアル位を占めることができないことから、この結果を説明せよ。

15・3 次のように、化合物 **J** で E2 反応を行ったところ、

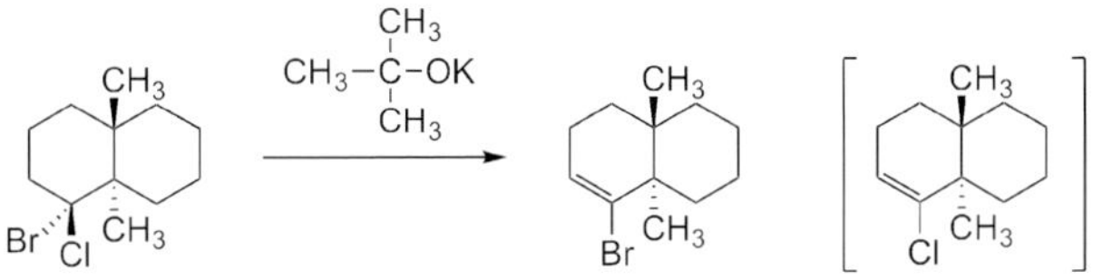

J (CH_3, CH_3, Br, Cl) ⟶ ($CH_3-C(CH_3)_2-OK$) **K** (CH_3, CH_3, Br) [**L** (CH_3, CH_3, Cl)]

となり、**K** が収率よく得られたが、**L** はほとんど得られなかった。臭素化合物は塩素化合物よりも反応性が高いにもかかわらず、より反応性の高い -Br が残った理由を述べよ。

15・4 E2 反応を用いて **M** を立体特異的に合成するためには、どのようなハロアルカン（ハロゲン化アルキル）に *tert*-BuOK を作用させればよいか、答えよ。

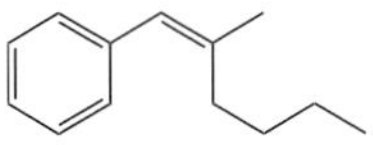

M

COLUMN 環化付加反応の選択性と特異性

選択性や特異性が現れる反応として、**ディールス-アルダー反応**（Diels-Alder reaction）に代表される**環化付加反応**（cycloaddition reaction）は重要である。ディールス-アルダー反応は、**ジエン**（diene）とオレフィンから**シクロヘキセン**（cyclohexene）ができる反応である。ディールス-アルダー反応では、ジエンとオレフィンにある六つのπ電子が、二つのπ電子と四つのσ結合の電子に変わる。

R1 + R2 ディールス-アルダー反応 → R1 R2

R1 R2 → R1 R2

ディールス-アルダー反応では、S_N2 反応や E2 反応と同様に、結合の組換えが同時に起こる。このようなタイプの反応を**協奏的反応**（concerted reaction）という。協奏的反応では、結合の組換え（反応）の間に分子は立体を変えることができない。そのため、協奏的反応では反応前の立体を反映した生成物が特異的に得られる。たとえば、シスのオレフィンからはシス体が、トランスのオレフィンからはトランス体が、それぞれ立体特異的に得られる。トランスのオレフィンからシス体を得ることはできない。

R R → R R

R R → R R

一方、**F** と **G** との反応では、**H** と **I** の二つの生成物が得られる可能性がある。**H** と **I** では、**I** の方が熱力学的に安定であるため、反応を長時間行い、系が平衡に達すると（ディールス-アルダー反応は平衡反応である）、**I** が選択的に得られる。

F + G（CHO） → H（CHO） + I（CHO）

それに対して、低温でルイス酸を触媒として反応を行うと、**G** のカルボニル基の π^* 軌道（脚注）と **F** のジエンの π 軌道との相互作用によって、カルボニル基がジエン側を向いている **H** が選択的に得られる。

F

O G

すなわち、**H** が生成するか **I** が生成するかは反応条件によって変わる。反応条件を選べば、一方を選択的に得ることができる。

【π^* 軌道】多重結合に $2n$ 個の π 電子があると、π 電子の軌道は $2n$ 個できる。各軌道には2個ずつ電子が入るので、π 電子はエネルギーの低い方の n 個の軌道に納まり、エネルギーの高い方の n 個の軌道は空のままとなる。電子が詰まった軌道を π 軌道と呼び、空の軌道を π^* 軌道と呼ぶ。ディールス-アルダー反応は、一般に、ジエンの π 電子と、オレフィンの π^* 電子の軌道の間の相互作用を駆動力にして進む。

演習問題解答

第1章　異性体と立体配座異性体

1・1

(a)  HO　OH　(b) 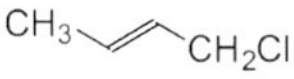 CH_3　CH_2Cl　(c) 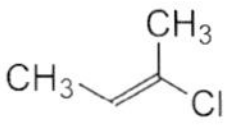 CH_3　CH_3　Cl　(d) 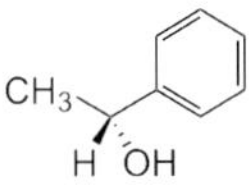 CH_3　H　OH

1・2

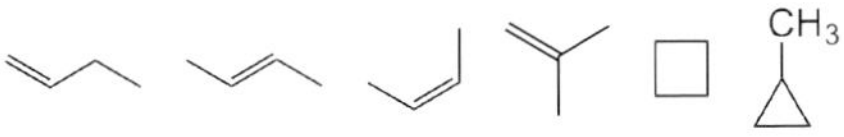

CH_3　幾何異性体は 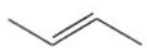　と

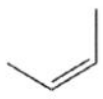

1・3

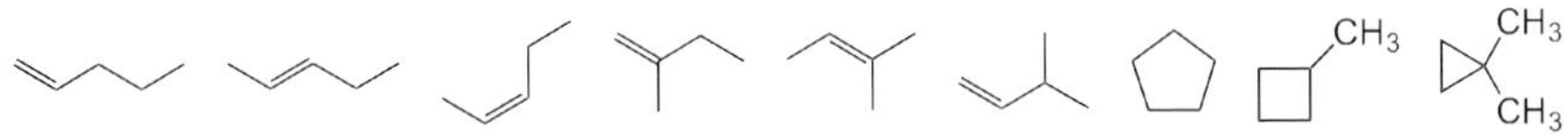

CH_3　CH_3　CH_3

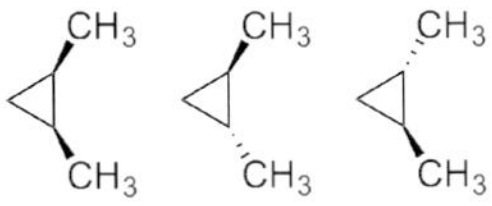

CH_3　CH_3　CH_3　CH_3　CH_3　CH_3

幾何異性体は 　と 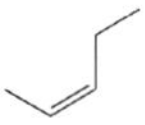　鏡像異性体は　CH_3　CH_3　と　CH_3　CH_3

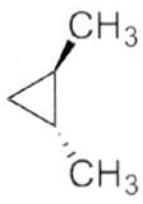

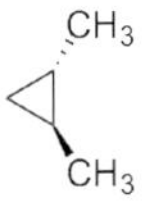

1・4

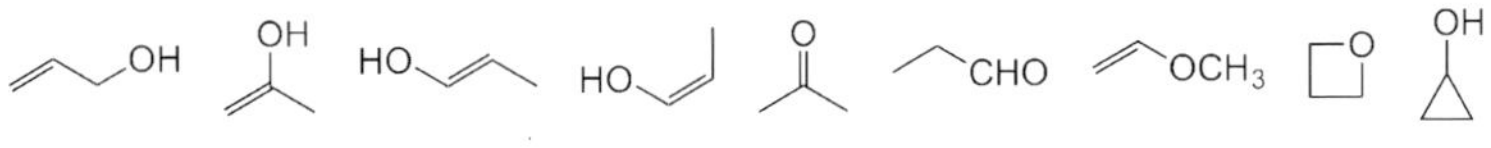

OH　OH　HO　HO　O　CHO　OCH_3　O　OH

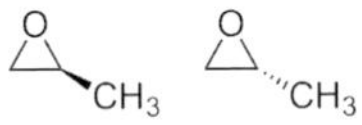

O　CH_3　O　CH_3

幾何異性体は 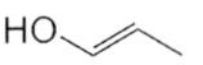　HO　と 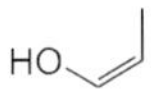　HO　鏡像異性体は 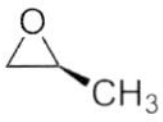　O　CH_3　と　O　CH_3

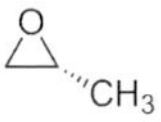

1・5

(a) 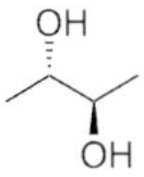 OH　OH　(b) 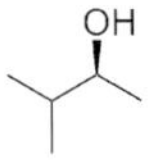 OH　(c) 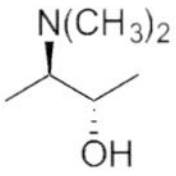 $N(CH_3)_2$　OH　(d) 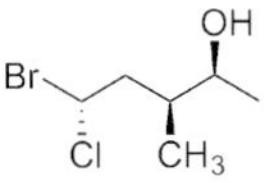 OH　Br　Cl　CH_3

(e) 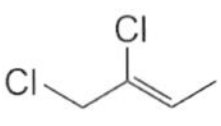 Cl　Cl　(f) 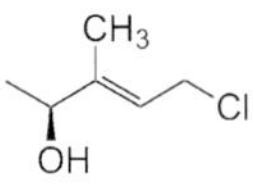 CH_3　OH　Cl　(g) 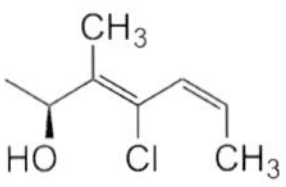 CH_3　HO　Cl　CH_3　(h) 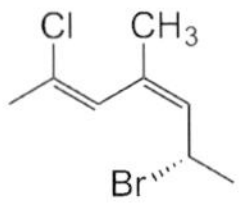 Cl　CH_3　Br

1・6

(a) 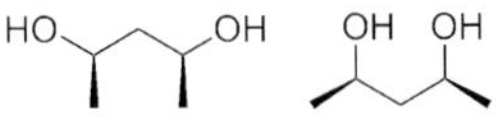 HO　OH　OH　OH　(b)  HO　OH　(c) 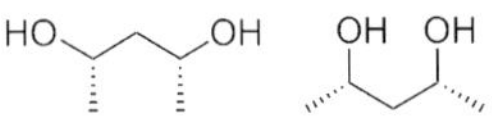 HO　OH　OH　OH

1・7

(a)　立体異性体：H　H　CH_3　Cl　Br　H　　立体配座異性体：H　H　CH_3　H　Br　Cl

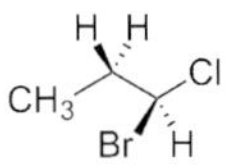

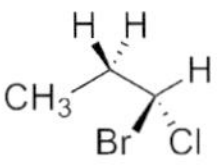

(b)　立体異性体：Br　H　Cl　Cl　H　H　　立体配座異性体：Br　Cl　H　Cl　H　H　　H　Br　Cl　Cl　H　H　は同じものである。

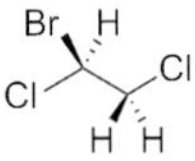

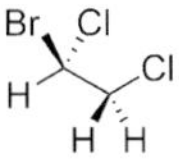

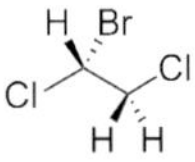

(c)　立体異性体：H Br Cl Br Cl H　　立体配座異性体：H Cl Br H Br Cl

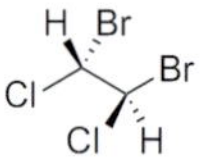

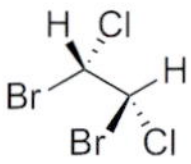

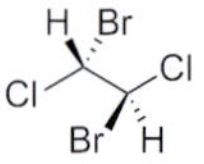

H Br Cl Cl Br H　と　Cl H Br Br H Cl　は同じものである。

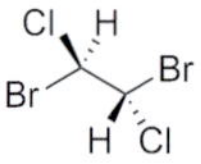

(d)　立体異性体：CH_3 Cl H Cl Br　　CH_3 Br Cl Cl H　　立体配座異性体：CH_3 Cl Cl H Br

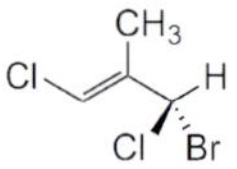

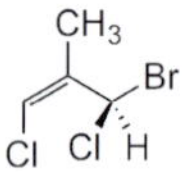

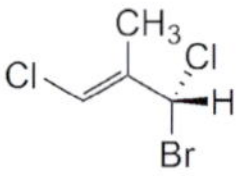

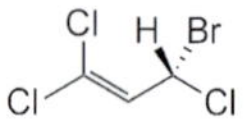

(e)　立体異性体：Cl H Br Cl Cl　　立体配座異性体：Cl H Cl Cl Br　　Cl Br H Cl Cl　は同じものである。

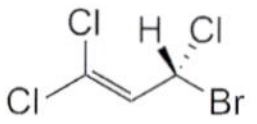

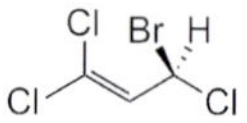

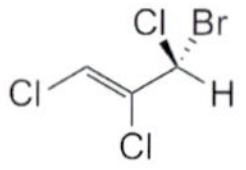

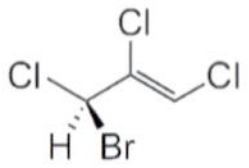

(f)　立体異性体：Cl Br H Cl Cl　　立体配座異性体：Cl Br Cl H Cl

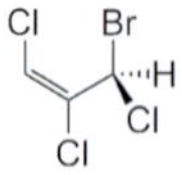

Cl Cl Cl H Br　と　Br H Cl Cl Cl　は同じものである。

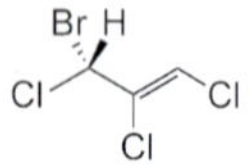

第2章　ニューマン投影図・アンチとゴーシュ

2・1

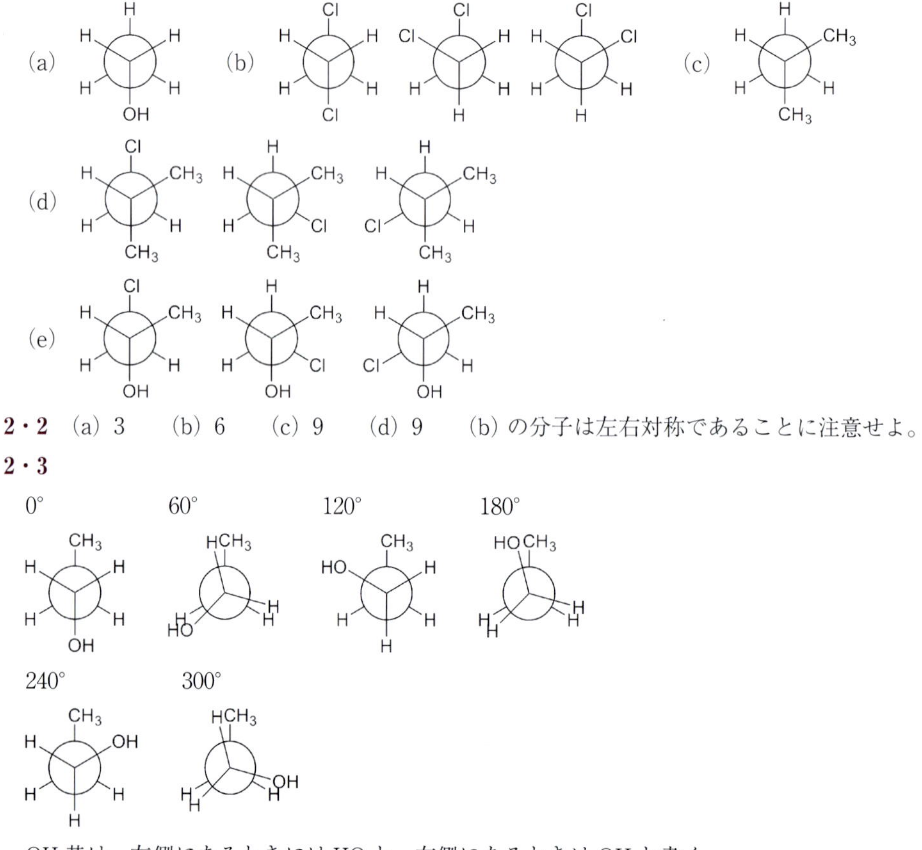

2・2　(a) 3　(b) 6　(c) 9　(d) 9　(b) の分子は左右対称であることに注意せよ。

2・3

OH 基は、左側にあるときには HO と、右側にあるときは OH と書く。

2・4

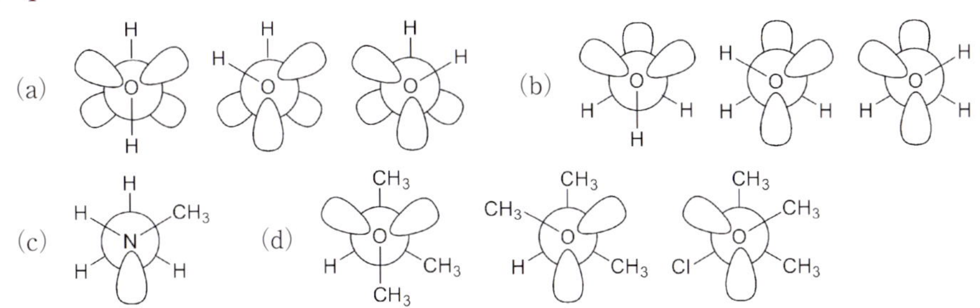

2・5 (a) $K = 0.17$ なので、アンチ：(＋)-ゴーシュ：(－)-ゴーシュ ＝ 74.6：12.7：12.7

(b) $K = 0.30$ なので、アンチ：(＋)-ゴーシュ：(－)-ゴーシュ ＝ 62.4：18.8：18.8

温度が無限に高いときは、$K = 1$ となり、アンチ：(＋)-ゴーシュ：(－)-ゴーシュ ＝ 1：1：1

無限に高い温度では、エネルギー差は無視できることになる。

第3章 シクロヘキサン・アキシアルとエクアトリアル

3・1 (a) エクアトリアル位：メチル基　　アキシアル位：メチル基

(b) エクアトリアル位：ヒドロキシ基、シアノ基、アミノ基　　アキシアル位：メチル基

(c) エクアトリアル位：クロロ基、ヒドロキシ基　　アキシアル位：ブロモ基

(d) エクアトリアル位：ない　　アキシアル位：クロロ基、メチルエステル、メトキシ基

3・2 (a) 安定： 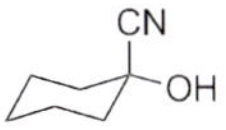　不安定： 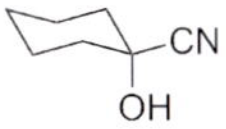　エネルギー差：3.0 − 1.8 ＝ 1.2 kJ/mol

(b) 安定： 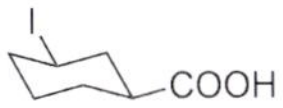　不安定： 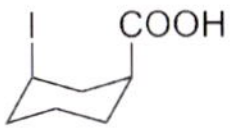　エネルギー差：5.1 ＋ 3.4 ＝ 8.5 kJ/mol

(c) 安定： 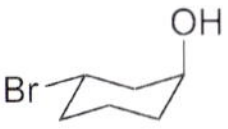　不安定： 　エネルギー差：3.9 − 3.0 ＝ 0.9 kJ/mol

(d) 安定： 　不安定： 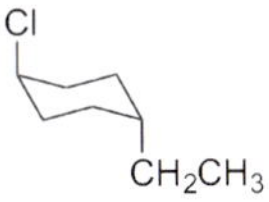　エネルギー差：7.3 ＋ 3.5 ＝ 10.8 kJ/mol

(e) 安定： 　不安定： 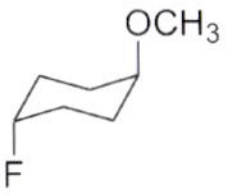　エネルギー差：1.3 ＋ 2.8 ＝ 4.1 kJ/mol

(f) 安定： 　不安定： 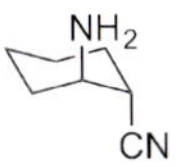　エネルギー差：6.0 ＋ 1.8 ＝ 7.8 kJ/mol

(g) 安定： 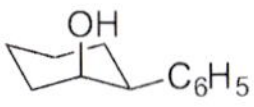　不安定： 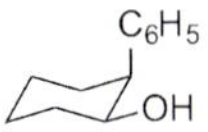　エネルギー差：15.8 − 3.0 ＝ 12.8 kJ/mol

(h) 安定： 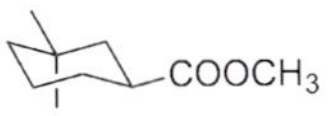　不安定： 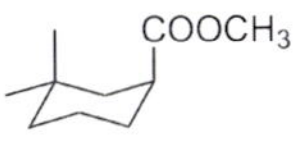　エネルギー差：5.7 kJ/mol

(i) 安定： 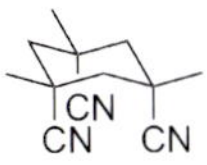　不安定： 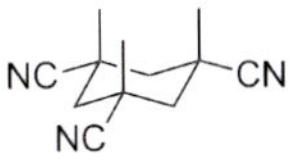　エネルギー差：(7.1 − 1.8) ×3 ＝ 15.9 kJ/mol

3・3 (a) 安定： 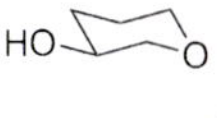　不安定： 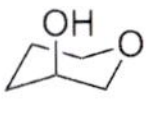　エネルギー差：3.0 kJ/mol

(b) 安定： 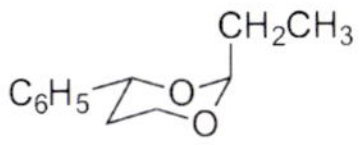　不安定： 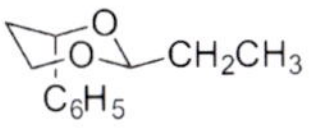　エネルギー差：15.8 − 7.3 ＝ 8.5 kJ/mol

(c) 安定：CH_3COO O O 不安定：CH_3COO O O エネルギー差：3.7 kJ/mol

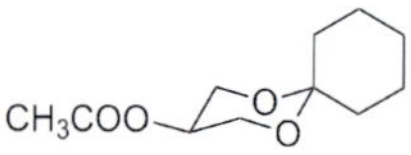

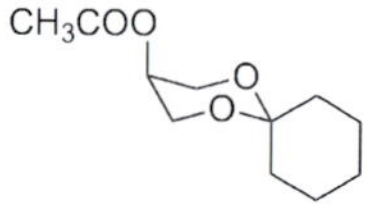

(d)  O と O エネルギー差：0 kJ/mol

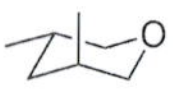

3・4 1,1-型：立体異性体は存在しない

1,2-型：安定：R R と R R 不安定：R R

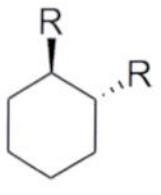

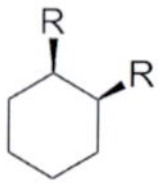

1,3-型：安定：R R 不安定：R R と R R

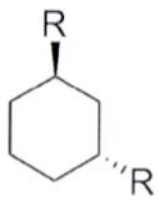

1,4-型：安定：R R 不安定：R R 立体異性体の数に注意せよ。

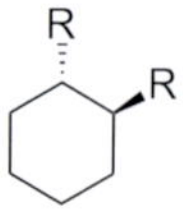

3・5 (a) 1：0.618 (b) 1：0.033 (c) 1：0.697 (d) 1：0.013 (e) 1：0.193 (f) 1：0.044 (g) 1：0.006 (h) 1：0.102 (i) 1：0.002

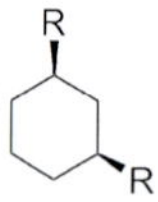

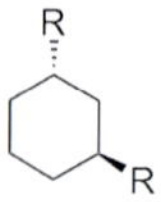

3・6

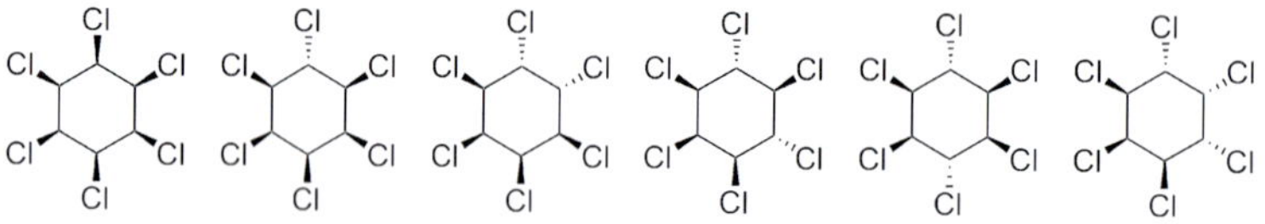

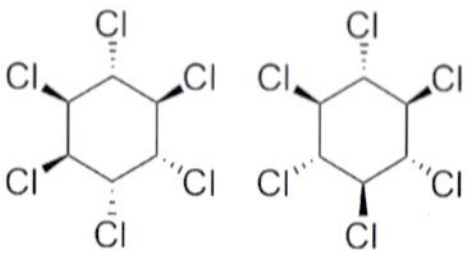

Cl Cl Cl Cl Cl Cl　Cl Cl Cl Cl Cl Cl　Cl Cl Cl Cl Cl Cl　Cl Cl Cl Cl Cl Cl　Cl Cl Cl Cl Cl Cl　Cl Cl Cl Cl Cl Cl

Cl Cl Cl Cl Cl Cl　Cl Cl Cl Cl Cl Cl

の八つの異性体がある。このうち、アキシアルとエクアトリアルの数が等しく、シクロヘキサン環が反転してもエネルギーが変化しないものは

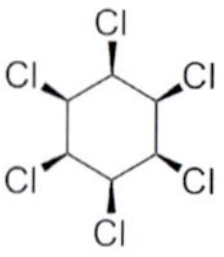

Cl Cl Cl Cl Cl Cl と Cl Cl Cl Cl Cl Cl と Cl Cl Cl Cl Cl Cl である。

3・7 エクアトリアル型

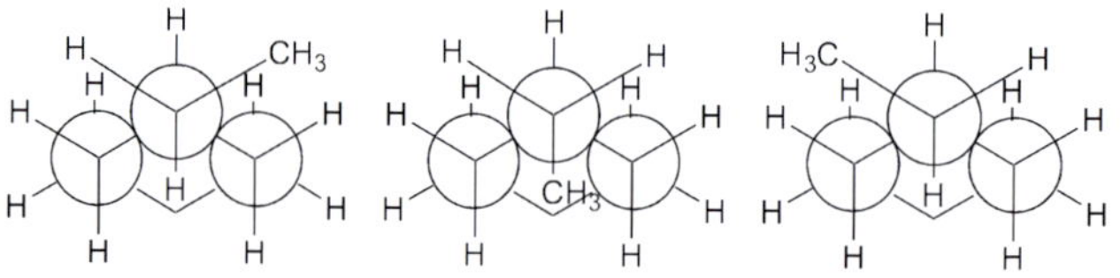

H H CH_3 H H H H H H H H H　H H H H H H H H CH_3 H H H　H_3C H H H H H H H H H H H

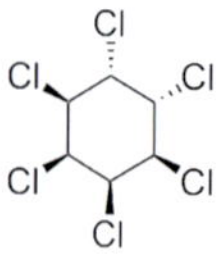

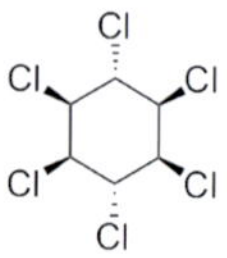

アキシアル型

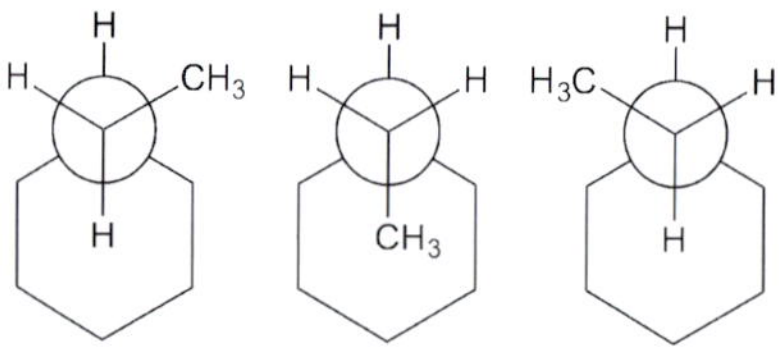

H H CH_3 H　H H H CH_3　H_3C H H H

第4章 シクロアルカン

4・1 (a) 安定：I COOH H H 不安定：I COOH H H

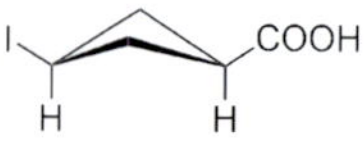

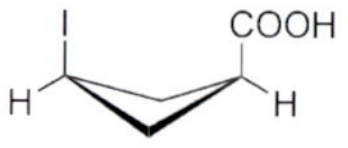

(b) 安定： 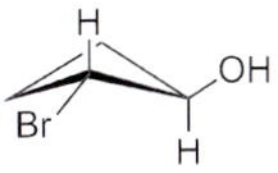　不安定：

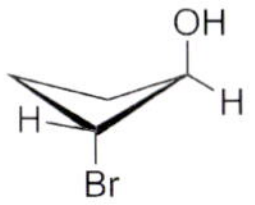

(c) 安定： 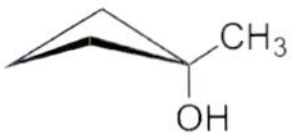　不安定：

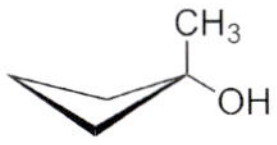

4・2 シクロデカンでは、下線を付けた水素がぶつかってしまい、不安定化の要因になる。それに対して、化合物 A はそのような水素がなく、安定である（第 5 章）。

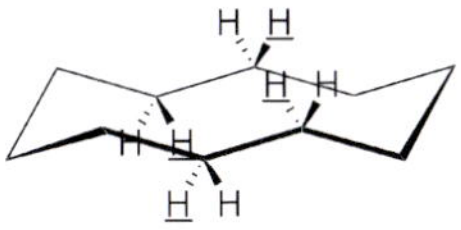

4・3 (a) 　(b)

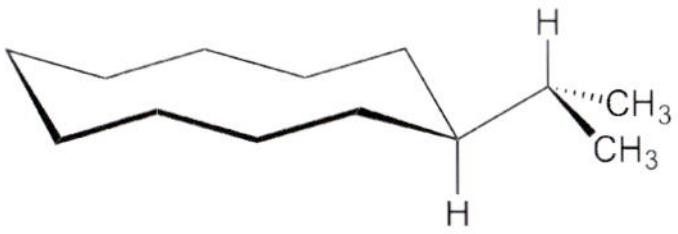

第5章　シスとトランス、シンとアンチ

5・1 (a) シス体： 　トランス体： 　と

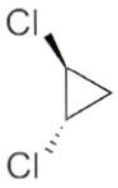

(b) シス体： 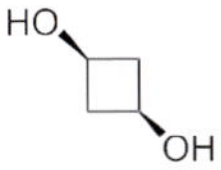　トランス体：

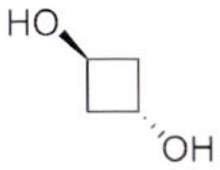

(c) シス体： 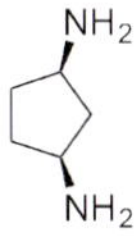　トランス体： 　と

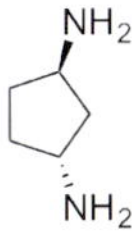

(d) シス体： 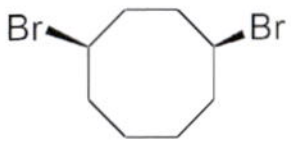　トランス体： 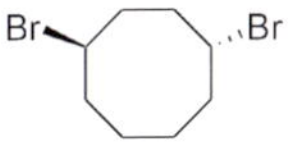　と

(e) シス体： 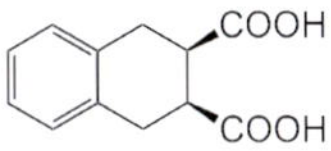　トランス体： 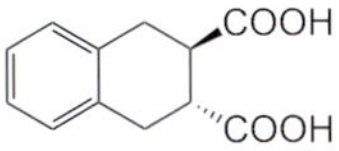　と

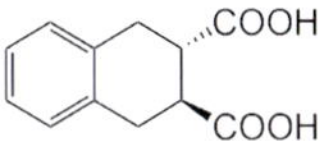

(f) シス体： 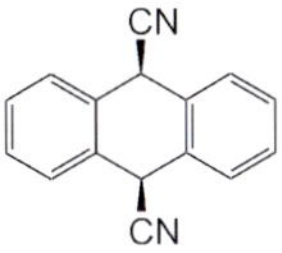　トランス体：

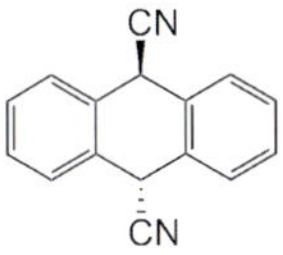

(g) シス体： 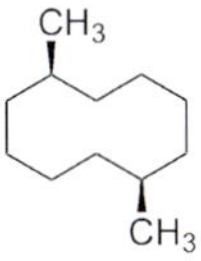　トランス体：

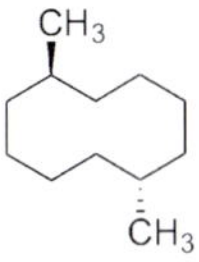

(h) シス体： 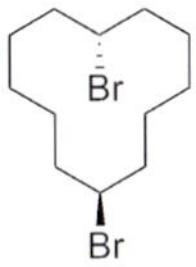　トランス体：

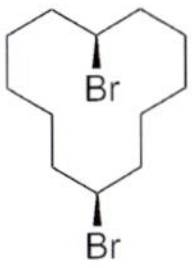

トランス体が一つしか書いていないものは、一つしかない。

5・2 1,3-ジアキシアル相互作用のため、トランス-デカリンの方が安定である。それぞれのシクロヘキサン環に、エチル基に相当するシクロヘキサン環のアルキル鎖がアキシアルに一つずつあることから、7.3×2＝14.6 kJ/mol 程度不安定であると推測される。実際の計算値は 14.5 kJ/mol で、よく一致している。

5・3 (a) 安定：Br H H　不安定：Br H H　エネルギー差：3.9 kJ/mol

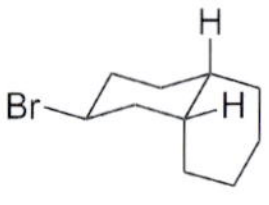

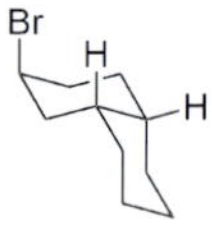

(b) 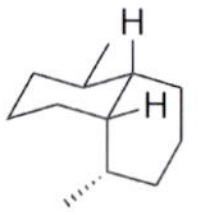 H H ≡ 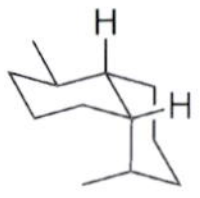 H H と 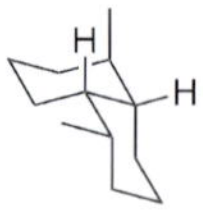 H H　エネルギー差：なし

(c) 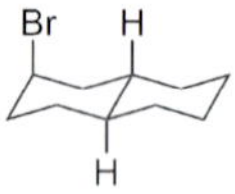 Br H H のみ　(d) 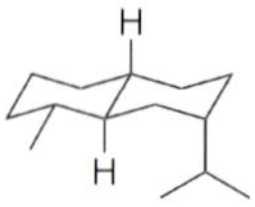 H H のみ

5・4 (a) 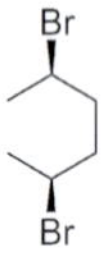 Br Br ≡ 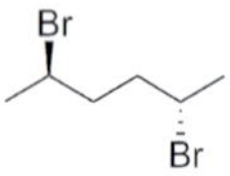 Br Br　シン体：Br Br と  Br Br　アンチ体：Br Br

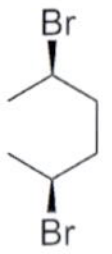

(b) シン体： 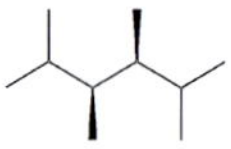　と 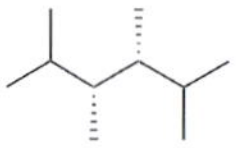　アンチ体：

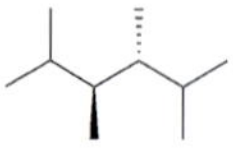

(c) シン体：Cl Cl Cl Cl と 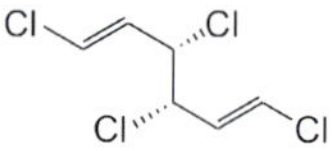 Cl Cl Cl Cl　アンチ体：Cl Cl Cl Cl

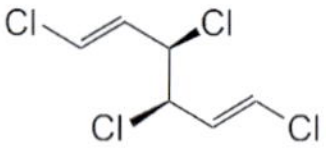

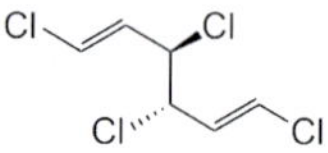

(d) 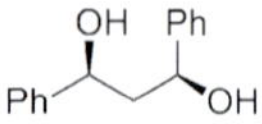 OH Ph Ph OH ≡ OH OH Ph Ph

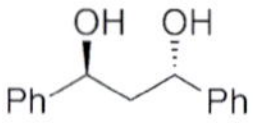

シン体：OH Ph Ph OH　アンチ体：OH Ph Ph OH と OH Ph Ph OH

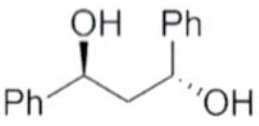

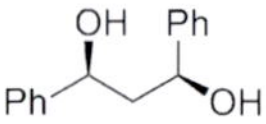

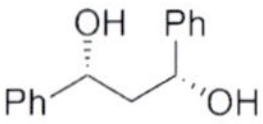

(e) 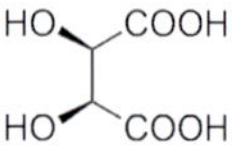 HO COOH HO COOH ≡ OH HOOC COOH OH ≡ OH HOOC COOH OH

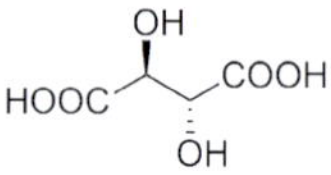

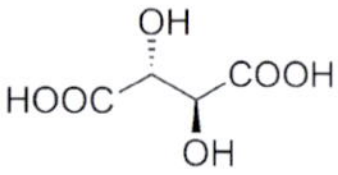

シン体：HO COOH HO COOH と 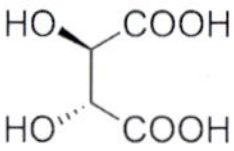 HO COOH HO COOH　アンチ体：HO COOH HO COOH

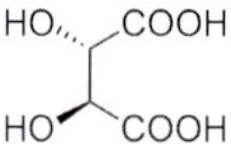

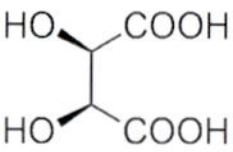

5・5 すべてアキシアル　Me H Me H H H

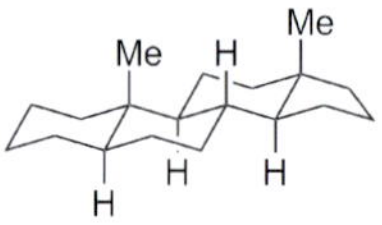

5・6 歪みの原因は、右の図で示すような、2ヶ所の重なり形の立体配座である。　H H H H H H CH　化合物 A を横から見たところ

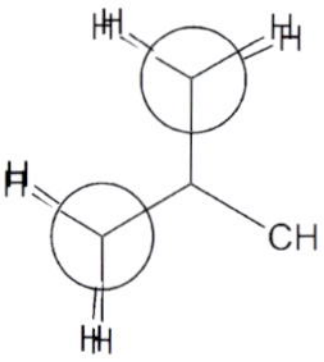

第6章 キラリティー

6・1 (a) 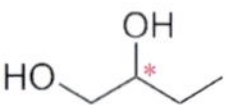 OH HO *　(b) 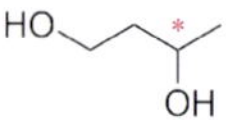 HO * OH　(c) ない　(d) ない　(e) 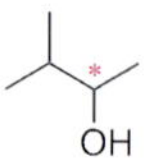 * OH

(f) ない　(g) 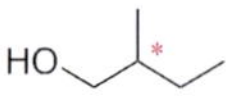 HO *　(h) ない　(i) 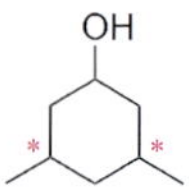 OH * *

(h) と (i) については、「不斉中心」の定義によって解答が変わる。本書では不斉中心を chiral center の意味で使っているのでこのような解答になる。

(j) 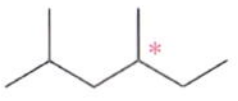 (k) ない (l) 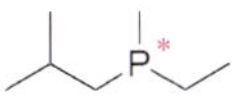 P (m) N O (n) P O

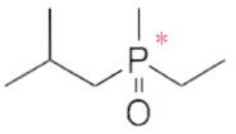

(o) ない (p) 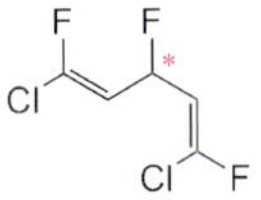 F F Cl Cl F (q) ない (r) ない (s) 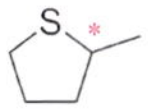 S (t) 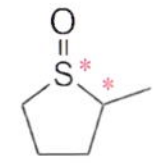 O S

(u) 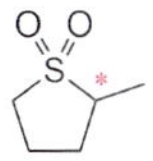 O O S (v)  (w)  N (x)  N (y) 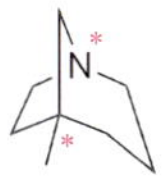 N

6・2 (a), (b), (e), (g), (i), (k)

6・3

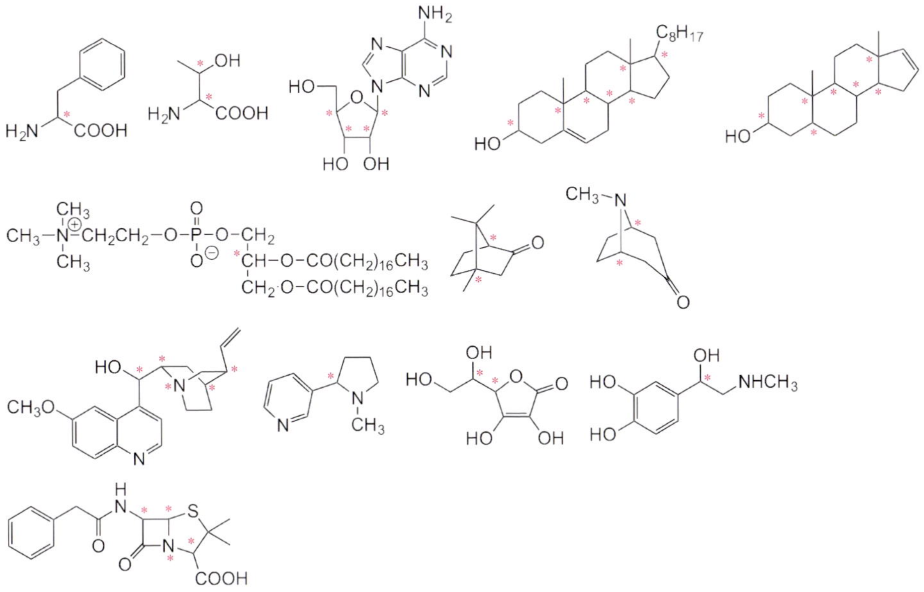

H_2N COOH　OH H_2N COOH　NH_2 N N N N HO O HO OH　C_8H_{17} HO　HO

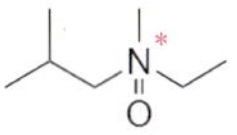

CH_3 $CH_3-N^{\oplus}-CH_2CH_2-O-P(=O)(O^{\ominus})-O-CH_2$ CH_3 $CH-O-CO(CH_2)_{16}CH_3$ $CH_2-O-CO(CH_2)_{16}CH_3$　O　CH_3-N O

HO N CH_3O N　N N CH_3　OH HO O O HO OH　OH HO $NHCH_3$ HO

H N O S N O COOH

6・4 (a) 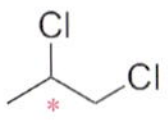 Cl Cl (b) 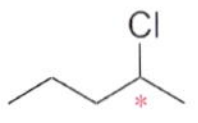 Cl (c) 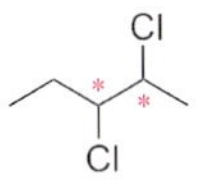 Cl Cl および Cl Cl

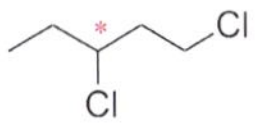

(d) 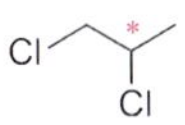 Cl Cl (e) 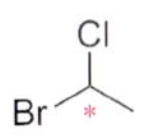 Cl Br

6・5 CH_3 CH_3　CH_3 CH_3　CH_3 CH_3

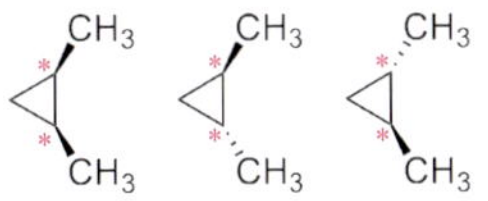

6・6 O CH_3　O CH_3

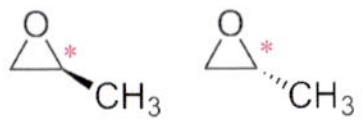

第7章　エナンチオマーとジアステレオマー

7・1 (a) 同一化合物 (b) 同一化合物 (c) エナンチオマー (d) 同一化合物 (e) エナンチオマー (f) 同一化合物 (g) 構造異性体 (h) 構造異性体 (i) エナンチオマー (j) 同一化合物 (k) 同一化合物 (l) 構造異性体 (m) エナンチオマー (n) ジアステレオマー (o) 同一化合物 (p) 構造異性体 (q)

構造異性体 (r) 同一化合物

7・2 (a) エナンチオマー 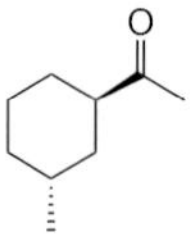　ジアステレオマー

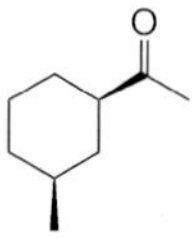

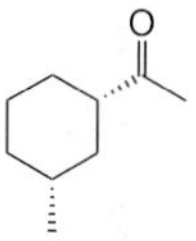

(b) エナンチオマー 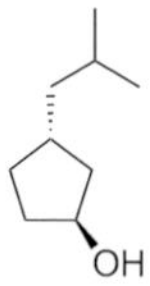　ジアステレオマー

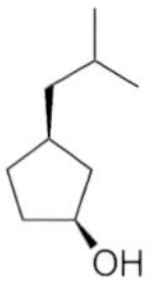

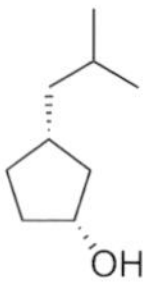

OH OH OH

(c) エナンチオマー

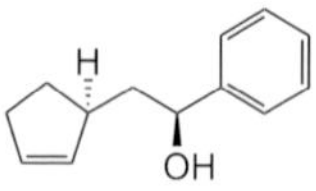

H OH

ジアステレオマー

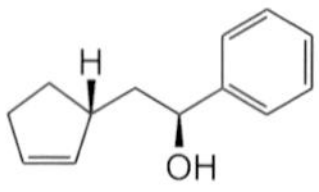

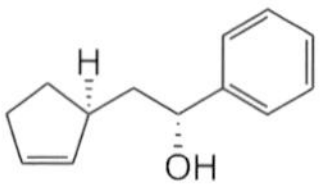

H OH H OH

(d) エナンチオマー

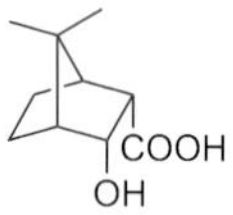

COOH OH

ジアステレオマー

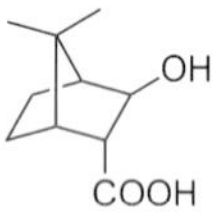

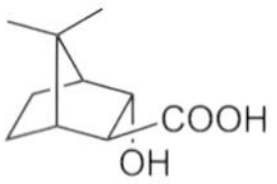

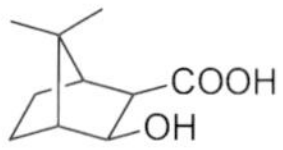

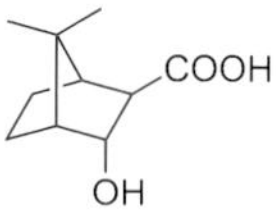

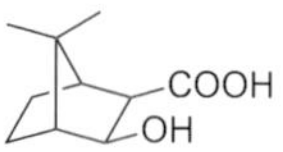

OH COOH　COOH OH　COOH OH　COOH OH　OH COOH　COOH OH

(e) エナンチオマー

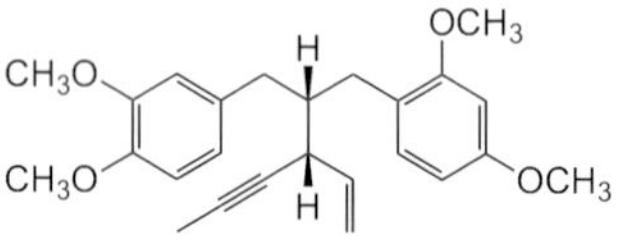

OCH_3 CH_3O CH_3O H H OCH_3

ジアステレオマー

OCH_3 CH_3O CH_3O H H OCH_3　OCH_3 CH_3O CH_3O H H OCH_3

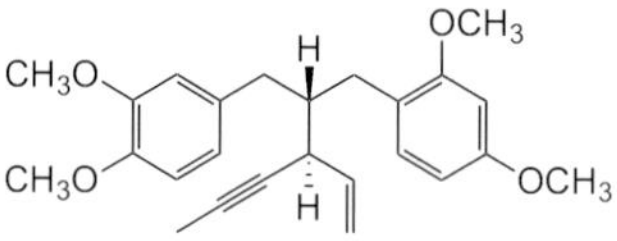

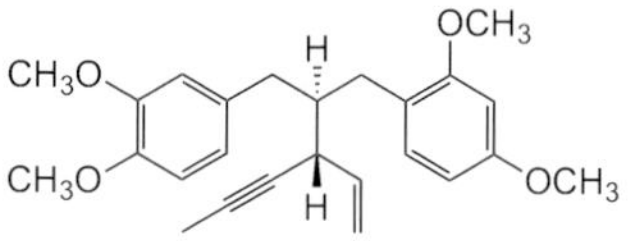

7・3 エナンチオマーをもたないもの：グリシン

ジアステレオマーをもつもの：イソロイシン、トレオニン

7・4 Cl Cl Cl Cl Cl Cl と Cl Cl Cl Cl Cl Cl

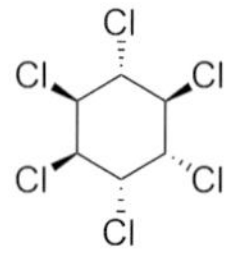

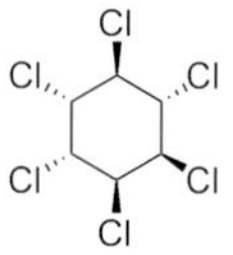

7・5 Cl Cl Cl (Cl Cl Cl)　Cl Cl Cl (Cl Cl Cl)　Cl Cl Cl (Cl Cl Cl)

Cl Cl Cl (Cl Cl Cl) の四つ。このうち、エナンチオマーの関係にあるものは

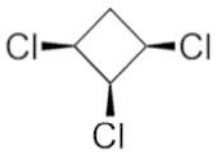

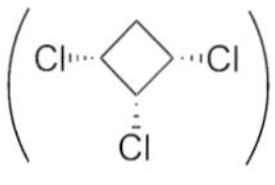

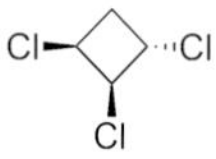

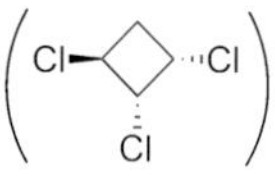

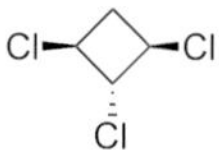

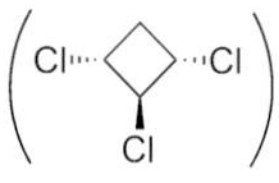

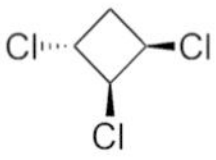

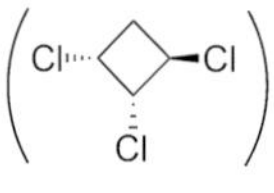

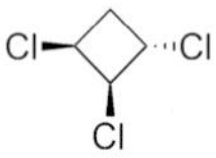

Cl Cl Cl と Cl Cl Cl

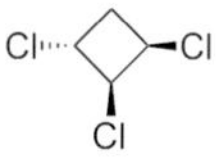

第8章　ラセミ体およびメソ体とラセモ体

8・1　メソ体：(b)，(c)，(f)，(k)　　ラセモ体：(d)，(e)，(h)，(m)

8・2　メソ体は対称面をもつ。

Cl Cl Cl Cl　　Cl Cl Cl Cl　　Cl Cl Cl Cl

8・3　何らかの不斉要素があればラセミ体にはならない。(c)，(g)，(i)

8・4　(a)，(b)，(d)，(h)

不斉中心をもつもの（(c)，(g)，(i)）はラセミ体を与えない。

α 水素がないもの、不斉中心が α 位でないものはラセミ化しない。(e)，(f)

8・5　(a)　ラセミ体を与える水素　H H Br

(b)　ラセミ体を与える水素　H H

(c)　ラセミ体を与える水素　Cl H H H H H H　　メソ体を与える水素　Cl H

(d)　ラセミ体を与える水素　Cl H H H H H H

(e)　ラセミ体を与える水素　H H H H H H H H H H

(f)　ラセミ体を与える水素はない　　メソ体を与える水素　Cl H

(g)　ラセミ体を与える水素　Cl H H H H　　メソ体を与える水素　Cl H H H H

8・6　Dに0.5当量のEを加え、生じた塩を再結晶する。ろ液にEのエナンチオマーを加え、生じた塩を再結晶する。それぞれの塩の水溶液に水酸化ナトリウムを加えて塩基性とし、生じたDを抽出する。得られたDは、さらに、蒸留により精製する。

第9章　順 位 規 則

(a)　$-CH_2OH > -C(CH_3)_3$　　(b)　$-NH_2 > -CH_2Cl$　　(c)　$-NH_2 > -CBr_3$

(d)　$-SCH_3 > -Cl$　　(e)　$-SO_2OH > -Cl$　　(f)　$-CH(OCH_3)_2 > -CHO$

(g)　$-CH$(O, O 環) $> -CHO$　　(h)　$-CHO > -CH$(N-CH_3, O 環)　　(i)　$-CH_2F > -CHO$

(j)　$-CH_2F > -COOH$　　(k)　$-COOH > -CHO$　　(l)　$-COCl > -COOCH_3$

(m)　$-C(Cl)=CH_2 > -C(Cl)(CH_3)_2$　　(n)　$-C(CH_3)_3 > -CH=CH_2$　　(o)　$-C(CH_3)_2CH_2OH > -C_6H_5$

(p)　$-CH_2Cl >$ (S, S 環)　　(q)　$-CH_2SCH_3 > -C(CH_3)_2OCH_3$　　(r)　$-C_6H_4OH$ (HO) $> -C\equiv C-CH_3$

(s) 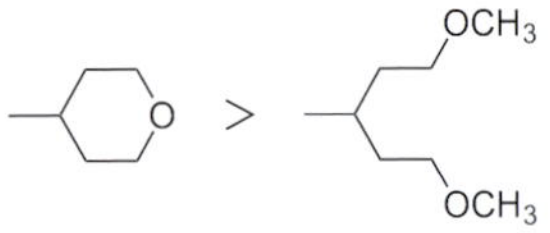 > OCH_3, OCH_3 (t)  > $-CHOCH_3$ / CH_2OCH_3 (u) 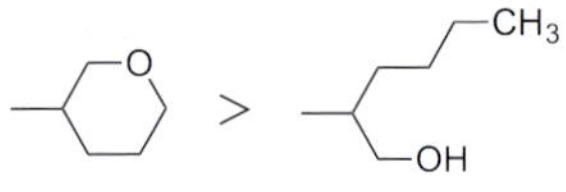 > CH_3, OH

(v) 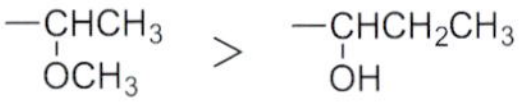 $-CHCH_3$ / OCH_3 > $-CHCH_2CH_3$ / OH (w) 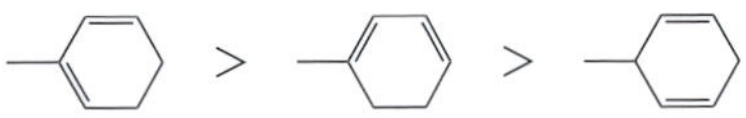 > >

(x) 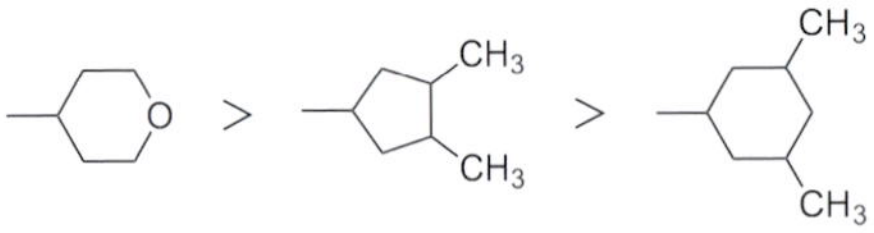 > CH_3, CH_3 > CH_3, CH_3 (y) $-COCl$ > $-CF_3$ > $-COOH$

(z) 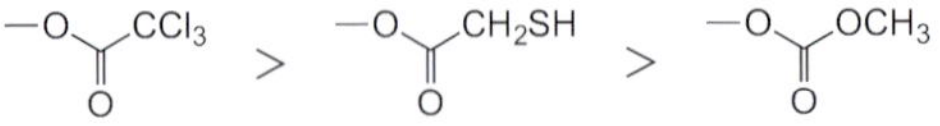 $-O-C(=O)-CCl_3$ > $-O-C(=O)-CH_2SH$ > $-O-C(=O)-OCH_3$ (A) 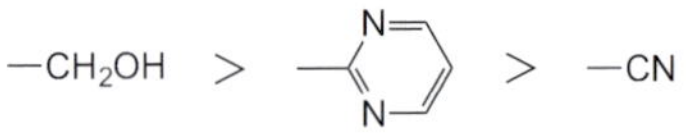 $-CH_2OH$ > (N, N) > $-CN$

(B) 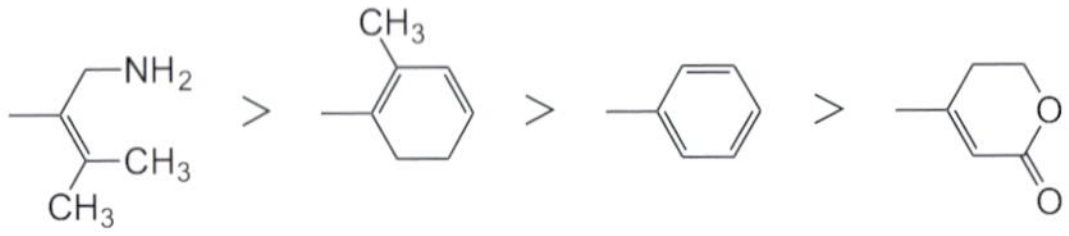 NH_2, CH_3, CH_3 > CH_3 > > O, O

(C) O > H N > > NH

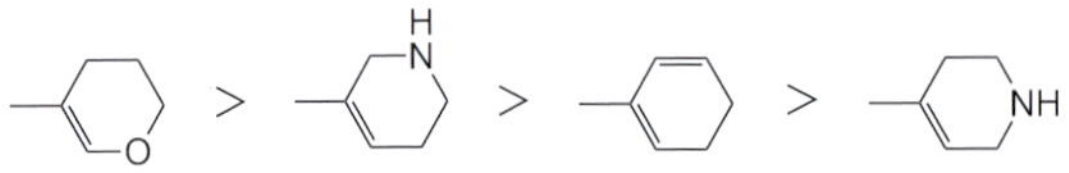

(D) 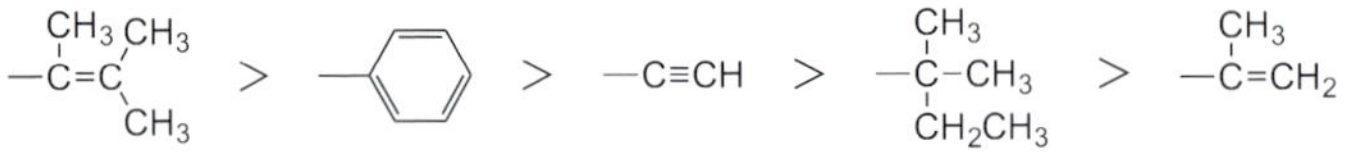 CH_3 CH_3 $-C=C$ CH_3 > > $-C{\equiv}CH$ > CH_3 $-C-CH_3$ CH_2CH_3 > CH_3 $-C=CH_2$

第 10 章 *EZ* 表示法・*RS* 表示法

10・1 *R* 体： 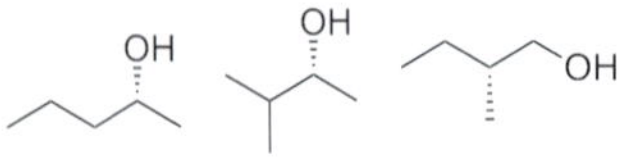 OH OH OH *S* 体： OH OH OH

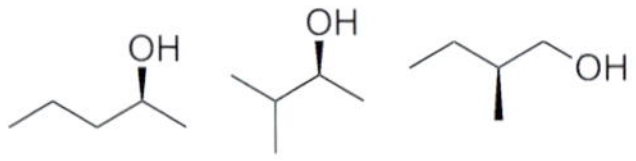

10・2 (a) *Z* (b) *Z* (c) *E* (d) *E* (e) *Z* (f) *Z* (g) *Z* (h) *Z* (i) *E* (j) *E* (k) *Z*

10・3 (a) *R* (b) *R* (c) *R* (d) *S* (e) *R* (f) 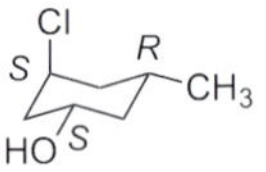 Cl *S* *R* CH_3 HO *S* (g) *R* (h) *S* (i) *R* (j) *S* (k) *R*

10・4 (a) 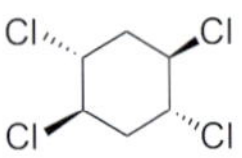 Cl Cl Cl Cl (b) 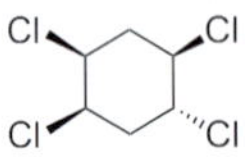 Cl Cl Cl Cl のみ (c) 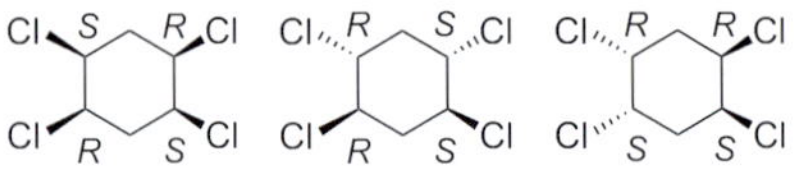 Cl *S* *R* Cl Cl *R* *S* Cl Cl *R* *S* Cl Cl *R* *S* Cl Cl *R* *R* Cl Cl *S* *S* Cl

10・5 *R* CH_3 *S* CH_3 *R* CH_3 *R* CH_3 *S* CH_3 *S* CH_3

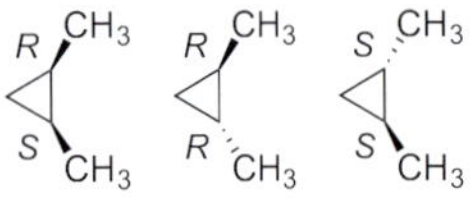

10・6 O *R* CH_3 O *S* CH_3

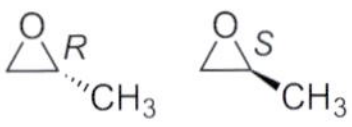

10・7 B OH *R* *S* Cl OH *R* *R* Cl OH *S* *S* Cl OH *S* *R* Cl

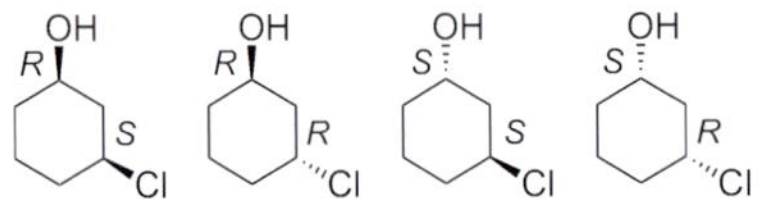

C CH_2CH_3 H_2N *R* *S* CH_2CH_3 H_2N *S* *S* CH_2CH_3 H_2N *R* *R* CH_2CH_3 H_2N *S* *R*

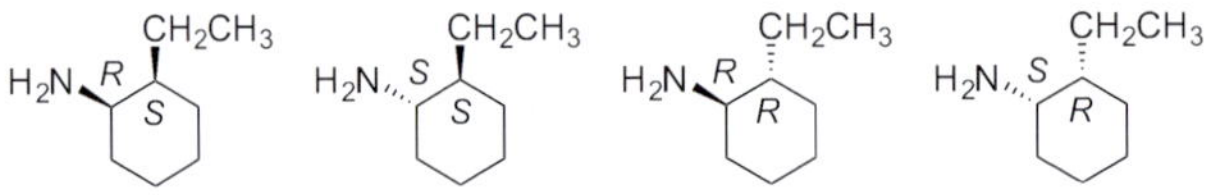

10・8 (a) *S* (b) *R* (c) *R* (d) *R*

10・9 (a) 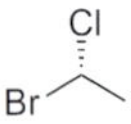 Cl Br (b) 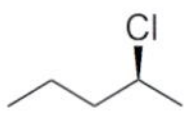 Cl (c) 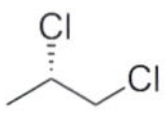 Cl Cl

(d) 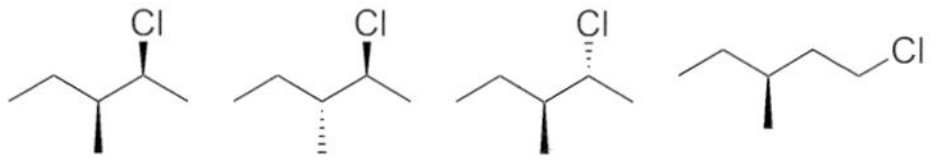　(e)

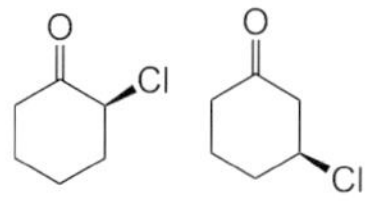

10・10

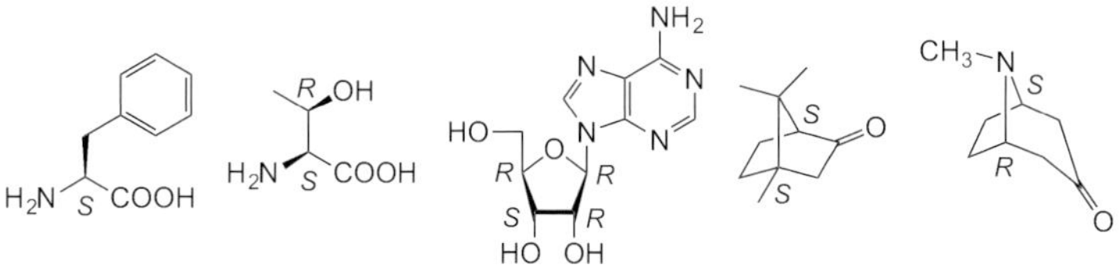

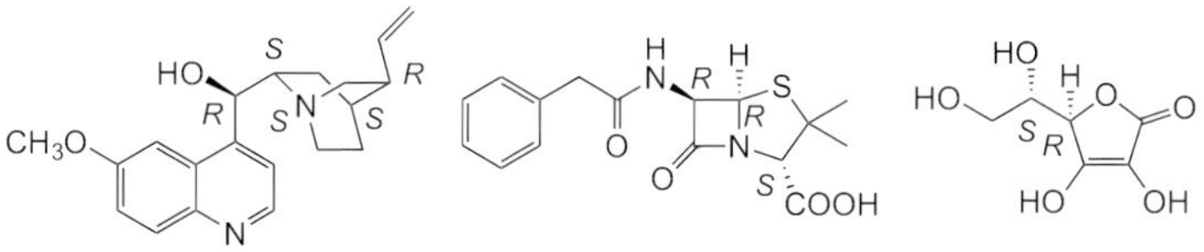

窒素が不斉中心となるとき、非共有電子対は原子番号 0 と扱う。

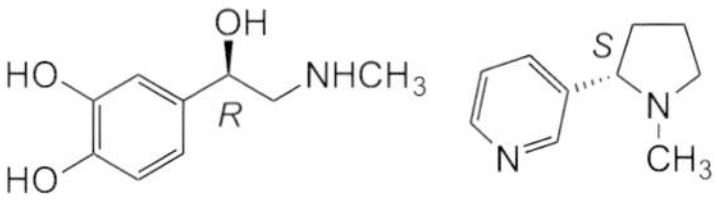

10・11

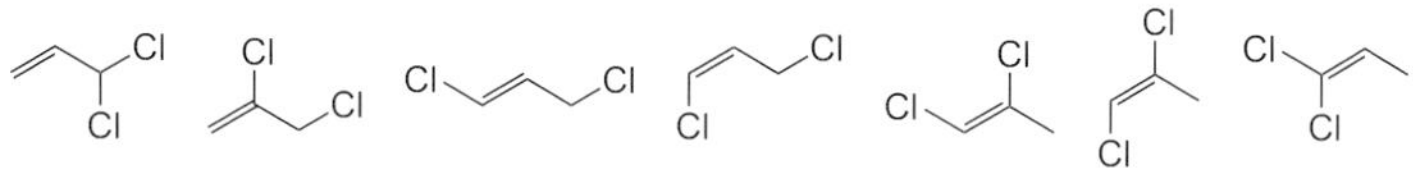

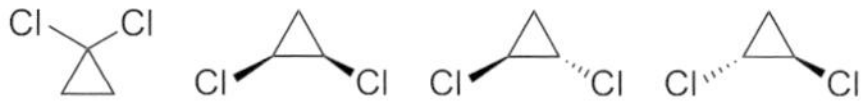

(a) 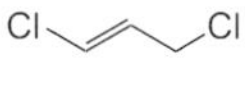 (*E*) と 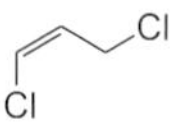 (*Z*) 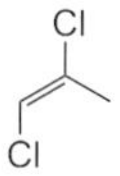　(*E*) と 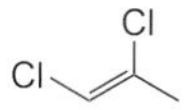 (*Z*)

(b) 　(c) 　(d)  と

(e)  と  　と

第 11 章　フィッシャー投影式・DL 表示法

11・1　(a) 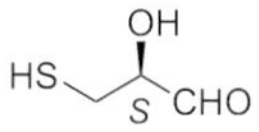 *S*　(b) 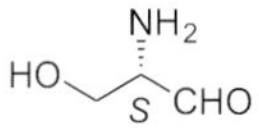 *S*　(c) 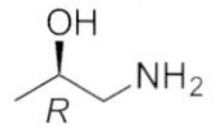 *R*　(d) 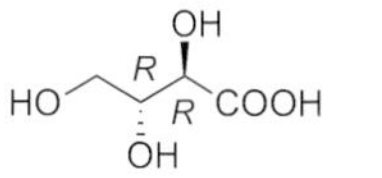 *R*, *R*

(e) 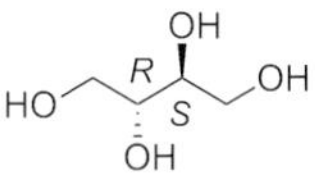 *R*, *S*　(f) 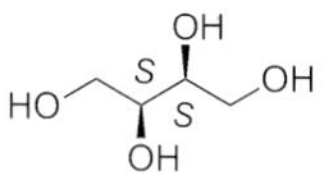 *S*, *S*　(g) 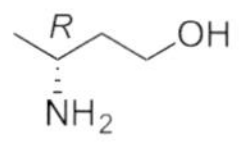 *R*　(h) 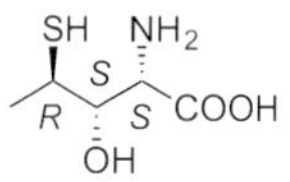 *R*, *S*, *S*

11・2　(a) 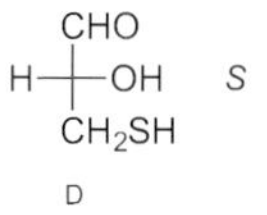 *S*　D　(b) *S*　L　(c) *R*　L　(d) *R*, *S*　L

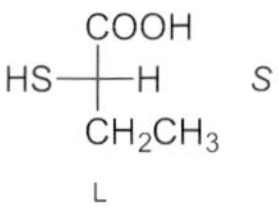

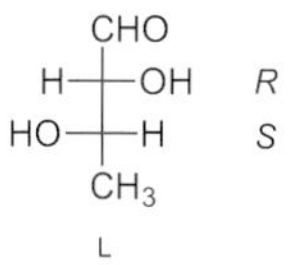

(e) 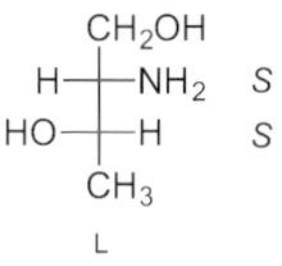 *S*, *S*　L　(f) 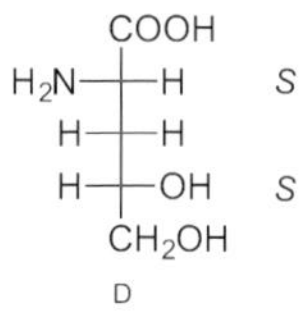 *S*, *S*　D　(g) 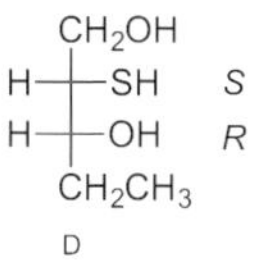 *S*, *R*　D　(h) 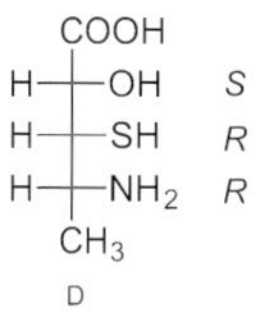 *S*, *R*, *R*　D

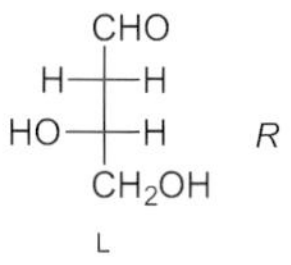

11・3　(a) エナンチオマー　(b) エナンチオマー　(c) 同一化合物　(d) 同一化合物　(e) 同一化合物

(f) 同一化合物 (g) 同一化合物 (h) 同一化合物 (i) エナンチオマー (j) 位置異性体 (k) 位置異性体 (l) ジアステレオマー (m) 同一化合物

11・4 グルコース： 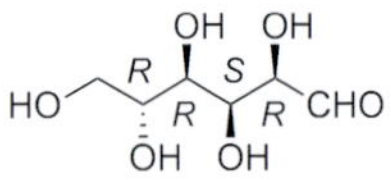 ガラクトース：

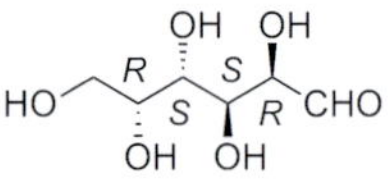

マンノース： 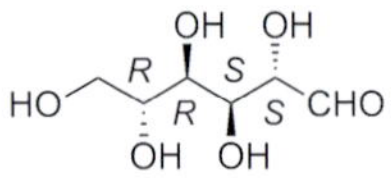 リボース：

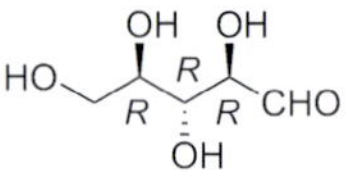

デオキシリボース： 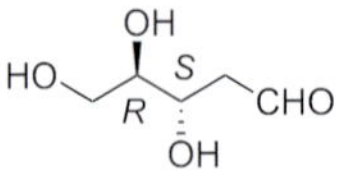 ノイラミン酸：

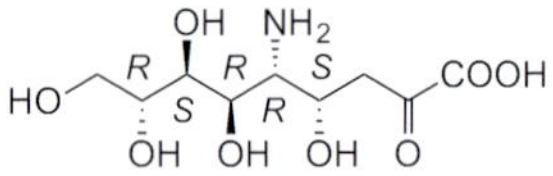

第12章 光学活性と旋光度

12・1 (a) **A**は＋102、**B**は＋94 (b) いずれも0 (c) **A**は－0.51°、**B**は－0.47°

12・2 (a) －6.2° (b) *c* 2.2 (2.2 g/dL あるいは 22 g/L)

12・3 (a), (b) **D**： 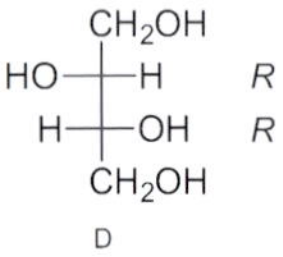 **E**： 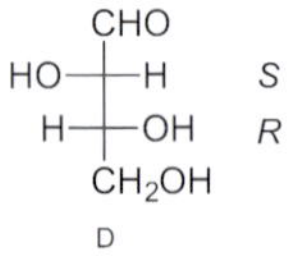 **F**：

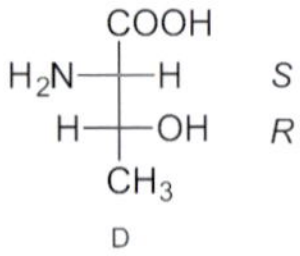

化合物**F**は天然のアミノ酸の一つのトレオニンである。天然のアミノ酸がすべてL体であるというのは規則ではなく、 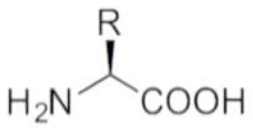 というアミノ酸の一般構造について述べたにすぎない。DL表示法は「一番下の不斉点、あるいは、注目している不斉点」で決める。どちらをとるかによって変わる可能性がある。これは、DL表示法が相対的な方法であって絶対的な方法ではないからである。

(c) **D**：－14 **E**：＋20 **F**：－28.5 (d) **D**：0 **E**：推測不可能 **F**：推測不可能

12・4 アミノ酸は、酸性、中性、塩基性ではそれぞれカチオン、双性イオン、アニオンの状態をとり、それぞれの状態 (構造) に応じた光学活性をもつから。

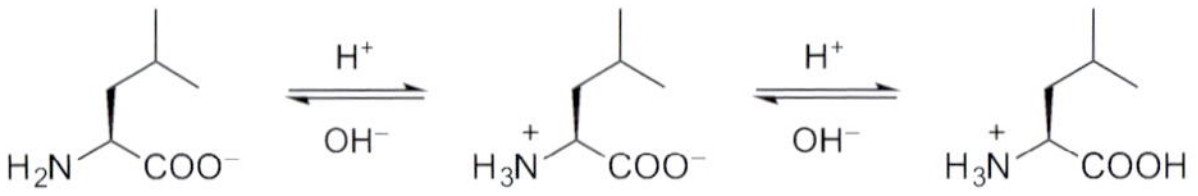

12・5 (a) ＋3.0° (b) －12.0°

12・6 －60

第13章 光学純度とエナンチオマー過剰率

13・1 光学純度 50 % **D**：**D**のエナンチオマー ＝ 75：25

13・2 光学純度 80 % (＝ 4.0/5.0) **E**：**E**のエナンチオマー ＝ 90：10

13・3 (a) 光学純度 50 % *R*：*S* ＝ 25：75 (b) 光学純度 70 % D：L ＝ 85：15

(c) 光学純度 80 % *R*：*S* ＝ 90：10 (d) 光学純度 60 % D：L ＝ 20：80

(e) 光学純度 90 % *R*：*S* ＝ 95：5 どちらのエナンチオマーが多いのか、注意すること。

13・4 (a) 光学純度 60 % L-セリンの 20 %がD-セリンに異性化した。(b) 1：1 e.e. 0 %

(c) トレオニンはそのエナンチオマーに異性化するのではなく、そのジアステレオマーに異性化する。したがって、ジアステレオマーの比旋光度が必要である。

13・5 e.e. 33 % (＝ 5/15) したがって、比旋光度 ＋16

13・6 e.e. 53 %

第14章 ワルデン反転

14・1 (a) 反応物：*S*, Br 生成物：*R*, SPh

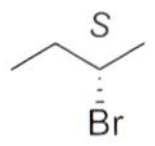

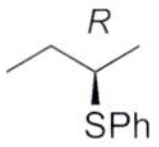

(b) 反応物：*S*, *S*, CH_3O, Cl 生成物：*S*, *R*, CH_3O, OCH_3

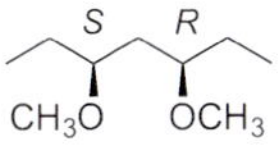

(c) 反応物：Cl, *R*, CH_3, CH_3, H, CH_3, H 生成物：H, CH_3, CH_3, CH_3, NC, *S*, H

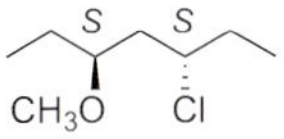

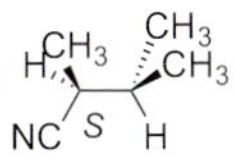

(d) 反応物：CH_3O, CH_3, $COOCH_3$, *R*, Br 生成物：CH_3O, CH_3, $COOCH_3$, *S*, CH_3COO

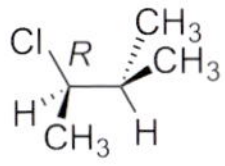

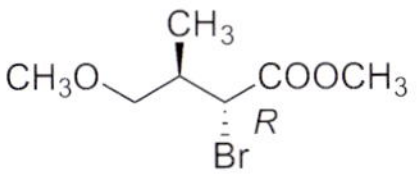

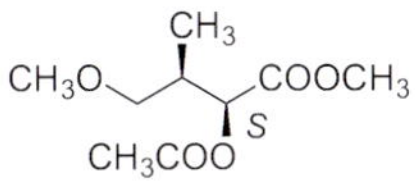

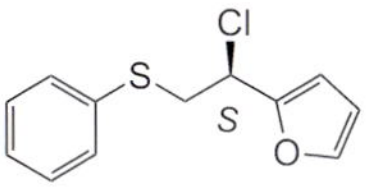

(e) 反応物：S, Cl, *S*, O 生成物：O, S, *R*, O

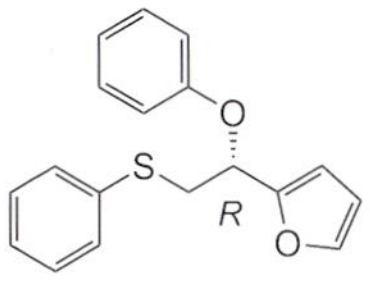

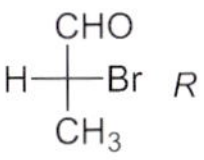

(f) 反応物：CHO, H, Br, CH_3 *R* 生成物：CHO, HS, H, CH_3 *S*

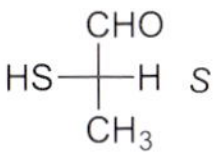

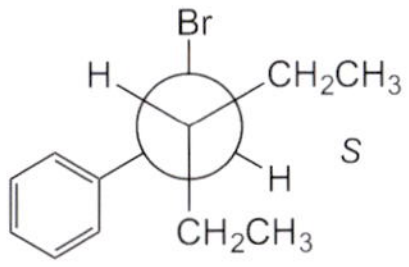

(g) 反応物：Br, H, CH_2CH_3, H, CH_2CH_3 *S* 生成物：H, H, CH_2CH_3, SCN, CH_2CH_3 *R*

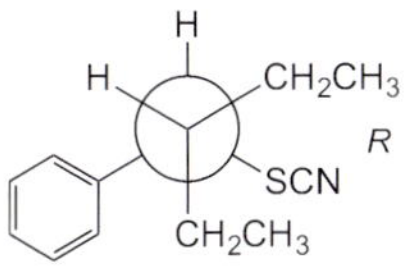

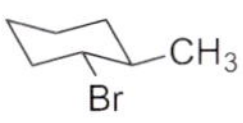

14・2 (a) 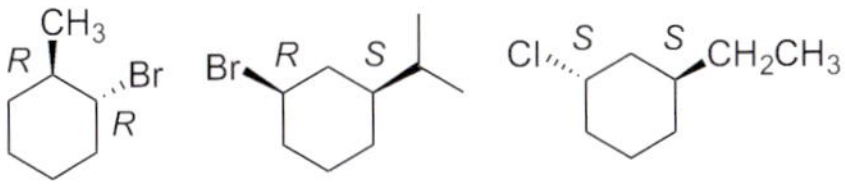 CH_3, *R*, Br, *R*　Br, *R*, *S*　Cl, *S*, *S*, CH_2CH_3

(b) **A** 安定：CH_3, Br 不安定：CH_3, Br エネルギー差：7.1＋3.9＝11.0 kJ/mol

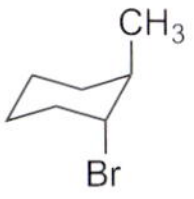

B 安定：Br 不安定：Br エネルギー差：9.2＋3.9＝13.1 kJ/mol

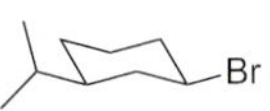

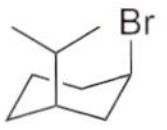

C 安定：CH_3CH_2, Cl 不安定：CH_2CH_3, Cl エネルギー差：7.3－3.5＝3.8 kJ/mol

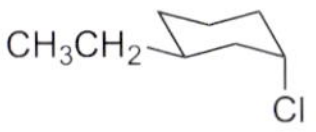

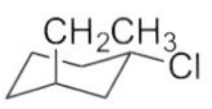

(c), (d) **A** OCH_3, CH_3, *S*, *R* **B** *S*, *S*, OCH_3 **C** CH_3CH_2, OCH_3, *S*, *R*

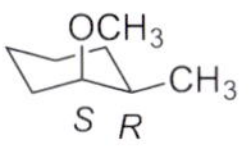

14・3 (a) 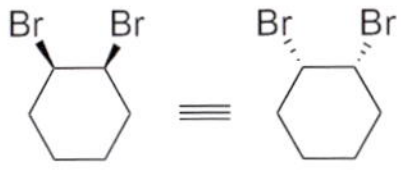 Br, Br ≡ Br, Br (b) **D**：Br, Br ジアステレオマー：Br, Br

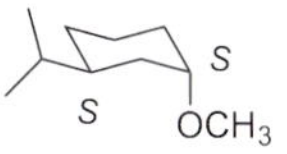

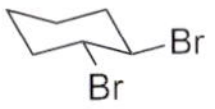

(c), (d) Br, OCH_3 ≡ CH_3O, Br　Br, OCH_3, *R*, *S*

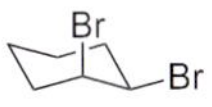

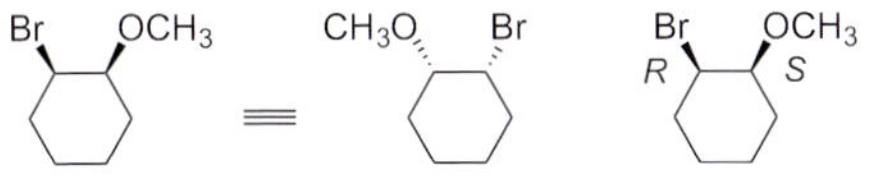

14・4 (a), (b) CH_3O, OCH_3　CH_3O, OCH_3 (c) 予測できない (d) 0

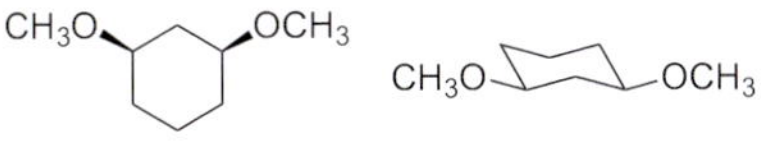

14・5 (a)

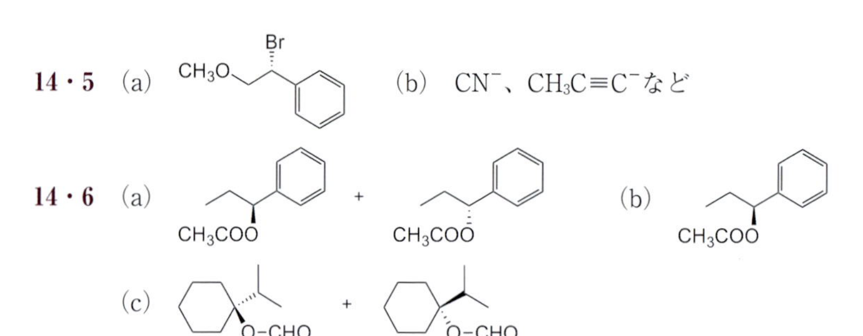

(b) CN^-、$CH_3C{\equiv}C^-$など

14・6 (a) + (b)

(c) +

第15章 トランス脱離

15・1 (a) (b) (c) (d) (e)

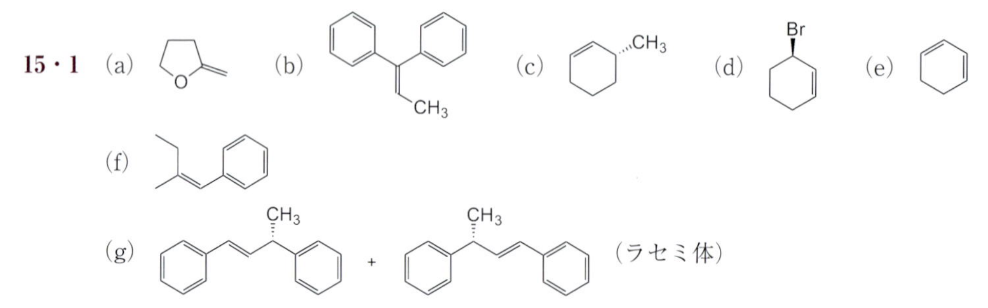

(f)

(g) CH_3 + CH_3 (ラセミ体)

反応物がメソ体（アキラル）なのでラセミ体（アキラル）が得られる。

(h) CH_3 CH_3 + CH_3 (混合物)

それぞれの異性体は分離可能で、単一エナンチオマーとして得られる。

15・2 *tert*-ブチル基が極めて嵩高く、アキシアル位を占めることができないため、シス体とトランス体の立体配座は右のようになる。シス体にはトランス脱離するための水素があるが、トランス体にはそのような水素はない。そのため、トランス体からはE2反応はほとんど起こらない。

15・3 トランスデカリンは立体配座が固定されているため、化合物 **J** の立体配座は右のようになる。
アキシアルにあって、トランス脱離ができるClだけがE2反応を起こす。

CH_3 Cl Br CH_3

15・4 E2反応で **M** を合成するための反応物としては **N** と **O** が考えられる。

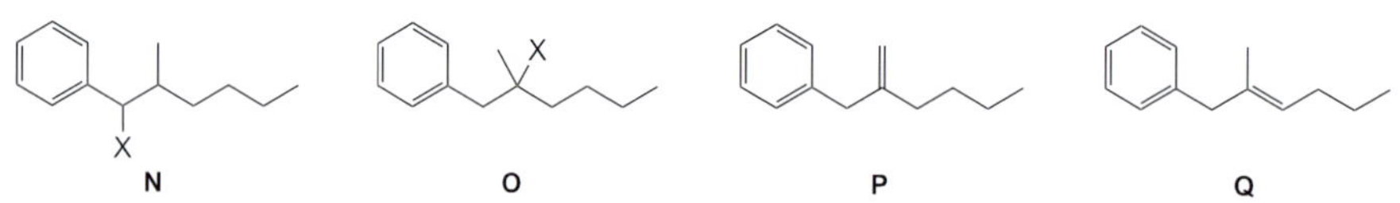

しかし、**O** を使うと、E2反応生成物として **P** や **Q** も生成してしまう。したがって、**N** を使う。**N** の立体異性体のうち、E2反応で **M** を与えるのはアンチ体である。

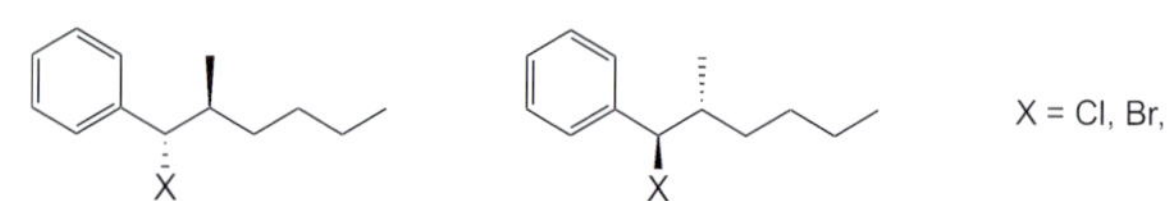

索 引

著者略歴

き はら のぶ ひろ
木原伸浩

1963年　宮城県に生まれる
1986年　東京大学工学部工業化学科卒業
1988年　東京大学大学院工学系研究科合成化学専攻修士課程修了
1989年　東京大学大学院工学系研究科合成化学専攻博士後期課程中途退学
1989年　東京工業大学資源化学研究所助手
1998年　大阪府立大学工学部応用化学科講師、翌年助教授等を経て
2005年　神奈川大学理学部化学科教授
現在に至る
専門　有機化学、高分子化学　博士（工学）

有機化学スタンダード 立体化学

2017年11月10日　第1版1刷発行

検印省略

定価はカバーに表示してあります.

著作者	木　原　伸　浩
発行者	吉　野　和　浩
発行所	東京都千代田区四番町 8-1 電　話　03-3262-9166(代) 郵便番号　102-0081 株式会社　裳　華　房
印刷所	三報社印刷株式会社
製本所	牧製本印刷株式会社

社団法人
自然科学書協会会員

JCOPY 〈㈳出版者著作権管理機構 委託出版物〉
本書の無断複写は著作権法上での例外を除き禁じられています．複写される場合は，そのつど事前に，㈳出版者著作権管理機構（電話03-3513-6969，FAX03-3513-6979，e-mail: info@jcopy.or.jp）の許諾を得てください．

ISBN 978-4-7853-3423-9

© 木原伸浩，2017　　Printed in Japan

有機化学スタンダード

各B５判，全５巻

裾野の広い有機化学の内容をテーマ（分野）別に学習することは、有機化学を学ぶ一つの有効な方法であり、専門基礎の教育にあっても、このようなアプローチは可能と思われる。本シリーズは、有機化学の専門基礎に相当する必須のテーマ（分野）を選び、それぞれについて、いわばスタンダードとすべき内容を盛って、学生の学びやすさと教科書としての使いやすさを最重点に考えて企画した。

基礎有機化学
小林啓二 著　184頁／定価（本体2600円＋税）

立体化学
木原伸浩 著　154頁／定価（本体2400円＋税）

有機反応・合成化学
小林　進 著　2018年刊行予定

生物有機化学
北原 武・石神 健・矢島 新 共著　2018年刊行予定

有機スペクトル分析
小林啓二・木原伸浩 共著　2019年刊行予定

（未刊書籍の書名は変更する場合がございます）

化学の指針シリーズ

各Ａ５判　既刊10巻 以下続刊

有機反応機構
加納航治・西郷和彦 共著　262頁／定価（本体2600円＋税）

反応機構別の章立てをとらず，反応試剤別に分類・章立てし，その反応機構を解説した．工夫された演習問題を多数配し，具体的な有機反応機構を学べるように配慮されている．

生物有機化学 －ケミカルバイオロジーへの展開－
宍戸昌彦・大槻高史 共著　204頁／定価（本体2300円＋税）

化学の知識に基づいて分子レベルで生命機能を理解し，人工分子の有機化学について学ぶことを目標とする．細胞中における人工分子の化学反応や相互作用を解説し，診断，治療，創薬への応用を提案．

有機工業化学
井上祥平 著　246頁／定価（本体2500円＋税）

合成物質の枚挙的な記述は避け，構造と活性相関，作用機構，合成法などよく知られた事例を挙げながら解説しているので，有機工業化学の本質を無理なく理解できる．

超分子の化学
菅原　正・木村榮一 共編　226頁／定価（本体2400円＋税）

超分子化学の基礎となる「分子間力」の原理を懇切丁寧に解説しながら，超分子の概念とその驚異的な構造，およびそれぞれの超分子の物性と機能とその用途までを，豊富な具体例をもとに概観した．

テキストブック 有機スペクトル解析 －1D，2D NMR・IR・UV・MS－

楠見武徳 著　Ｂ５判／228頁／定価（本体3200円＋税）

理学・工学・農学・薬学・医学および生命科学の分野で，「有機機器分析」「有機構造解析」等に対応する科目の教科書・参考書．ていねいな解説と豊富な演習問題で，最新の有機スペクトル解析を学ぶうえで最適である．有機化学分野の学部生，大学院生だけでなく，他分野，とくに薬剤師国家試験や理科系公務員試験を受ける学生には，最重要項目を随時まとめた【要点】が試験直前勉強に役立つであろう．

【主要目次】 1. ^{1}H核磁気共鳴（NMR）スペクトル　2. ^{13}C核磁気共鳴（NMR）スペクトル　3. 赤外線（IR）スペクトル　4. 紫外・可視（UV-VIS）吸収スペクトル　5. マススペクトル（Mass Spectrum：MS）　6. 総合問題

裳華房ホームページ　**https://www.shokabo.co.jp/**

比旋光度 [α]D 一覧表（測定温度は 20～25 ℃）

L-アミノ酸（水溶液）

アミノ酸	R	酸性	中性	塩基性
アスパラギン	$-CH_2CONH_2$	+28.6	−5.6	−9.4
アスパラギン酸	$-CH_2COOH$	+28.8	−27.0	−4.1
アラニン	$-CH_3$	+14.7	+2.7	+3.0
アルギニン	$-CH_2CH_2CH_2-NH-C(=NH)-NH_2$	+15.8	+12.6	+21.7
イソロイシン	$-CH(CH_3)CH_2CH_3$	+40.6	+11.3	+11.1
グルタミン	$-CH_2CH_2CONH_2$		+4.1	
グルタミン酸	$-CH_2CH_2COOH$	+37.8	+12.5	+12.2
システイン	$-CH_2SH$		−13	
セリン	$-CH_2OH$	+14.5	−6.8	
チロシン	$-CH_2-C_6H_4-OH$	−6.1		−7.2
トリプトファン	$-CH_2-$(3-インドリル, NH)	+2.4	−31.1	+0.6
トレオニン	$-CH(OH)-CH_3$		−28.3	
バリン	$-CH(CH_3)CH_3$	+28.8	+6.4	+10.0
ヒスチジン	$-CH_2-$(4-イミダゾリル, N, NH)	+7.7	−39.3	
フェニルアラニン	$-CH_2-C_6H_5$	−7.1	−35	
メチオニン	$-CH_2CH_2SCH_3$	+15.7	−8.0	
リシン	$-CH_2CH_2CH_2CH_2NH_2$	+17.8	+14.4	
ロイシン	$-CH_2-CH(CH_3)CH_3$	+15.1	−10.7	+7.6
プロリン	(ピロリジン環, NH, COOH)	−53	−85	−93